中国气象局气象干部培训学院
基层台站气象业务系列培训教材

气候与气候变化基础知识

主　编　肖子牛

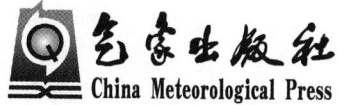

内 容 简 介

本书为基层台站气象业务系列培训教材之一,全书共9章内容,简明易懂地讲述了气候和气候变化方面的基础知识。本书首先讲述了有关气候和气候系统的一些基本概念,重点介绍了气候系统中的物理过程,包括东亚季风及其与中国气候的关系,然后从观测、预估、不确定性、应对政策等角度讲述了气候变化基础知识,最后从气候系统监测、短期气候预测、气候影响评价等方面介绍了目前我国主要的气候基础业务,并结合基层气象台站实际情况,详细介绍了基层气候与气候变化业务。

图书在版编目(CIP)数据

气候与气候变化基础知识/肖子牛主编.—北京:气象出版社,2014.2(2018.1重印)
基层台站气象业务系列培训教材
ISBN 978-7-5029-5879-4

Ⅰ.①气… Ⅱ.①肖… Ⅲ.①气候变化-技术培训-教材
Ⅳ.①P467

中国版本图书馆 CIP 数据核字(2014)第 022281 号

气候与气候变化基础知识

肖子牛 主编

出版发行:气象出版社	
地 址:北京市海淀区中关村南大街 46 号	邮政编码:100081
总 编 室:010-68407112	发 行 部:010-68408042
网 址:http://www.qxcbs.com	E-mail:qxcbs@cma.gov.cn
责任编辑:张 斌 杨柳妮	终 审:黄润恒
封面设计:燕 彤	责任技编:吴庭芳
印 刷:北京中新伟业印刷有限公司	
开 本:787 mm×1092 mm 1/16	印 张:13.25
字 数:336 千字	彩 插:2
版 次:2014 年 2 月第 1 版	印 次:2018 年 1 月第 2 次印刷
定 价:60.00 元	

本书如存在文字不清、漏印以及缺页、倒页、脱页等,请与本社发行部联系调换。

《基层台站气象业务系列培训教材》
编写委员会成员

主　任　高学浩

副主任　姚学祥　肖子牛

委　员（按姓氏笔画排列）

　　马舒庆　王　强　邓北胜　孙　涵　成秀虎
　　余康元　张义军　李集明　陈云峰　郑江平
　　俞小鼎　姜海如　胡丽云　赵国强　曹晓钟
　　章国材　章澄昌

编写委员会办公室成员

主　任　邹立尧

副主任　刘莉红　申耀新

成　员（按姓氏笔画排列）

　　马旭玲　刘晓玲　孙　钢　张　斌　李玉玲
　　李余粮　李志强　侯锦芳　胡宜昌　胡贵华
　　赵亚南　高　婕　黄世银　彭　茹　韩　飞

《气候与气候变化基础知识》编写人员

主　　编　肖子牛

副 主 编　邹立尧

参编人员（按姓氏笔画排序）

　　　　　王启光　王　冀　朱玉祥　宋　燕　李宏毅

　　　　　杨　萍　胡宜昌　钟　琦　郭　军

总　　序

《国务院关于加快气象事业发展的若干意见》(国发〔2006〕3号)提出,要按照"一流装备、一流技术、一流人才、一流台站"的要求,以增强防灾减灾能力、保护人民群众生命财产安全以及满足气候变化国家应对需求为核心,为构建社会主义和谐社会、全面建设小康社会提供一流的气象服务,实现全社会气象事业的协调发展。

基层气象台站是气象工作的基础。中国气象局党组历来高度重视基层气象台站的建设,并始终将其摆在全局工作的重要位置,特别是进入新世纪以来,中国气象局党组强化领导,科学规划,大力推进,不断完善利于基层气象台站发展的政策措施,不断改善基层气象台站的发展环境,不断加大对基层气象台站发展的投入力度,基层气象台站建设取得了明显成效。例如,气象现代化装备和技术在基层气象台站得到广泛应用,气象观测能力显著提高,气象服务能力和效益显著提高,气象队伍素质显著提高,台站工作生活环境和条件显著提高,在保障地方经济社会发展中作用显著提高,地方党委、政府对气象工作的认识也显著提高。可以说,基层气象台站发展面临的形势和机遇前所未有,挑战和任务也前所未有。与经济社会发展对气象预报服务越来越多的需求相比,基层气象台站的气象预报服务能力和水平还难以适应,差距较大,特别是气象服务能力和气象队伍整体素质不适应的问题越来越突出。为此,中国气象局从2009年起开展了全国气象部门县级气象局长的轮训,力图使他们通过培训,能够以创新的思维和求真务实的作风,破解基层气象台站建设与发展中遇到的难题,这样轮训的实际效果超出了预期。

做好基层气象工作,推进一流台站建设,既要有一支政治素质和业务素质高的领导干部队伍,也要有一支踏实肯干、敬业爱岗、业务素质高的气象业务服务队伍,这是新时期加强基层气象工作、夯实气象事业发展基础的必然要求。为此,中国气象局气象干部培训学院组织有关教师和业务一线专家,从基层气象台站实际出发,以建设现代气象业务和一流台站的要求为目标,编写了《基层台站气象业务系列培训教材》。这套教材涵盖了地、县级气象业务服务工作领域,体现"面向生产、面向民生、面向决策"的气象服务要求。我相信,这套教材的编写、出版,将会受到广大基层气象台站工作者的广泛欢迎。我希望,各地气象部门要充分利用好这套教材,通过面授、远程培训等方式,做好基层气象工作者的学习培训工作。我也借此机会,向为这套教材的编写、出版付出努力的专家学者和编辑人员表示衷心的感谢。

郑国光

2010 年 12 月于北京

丛书前言

基层气象工作是整个气象工作的基础,是发展现代气象业务的重要基石。抓基层、打基础是建设中国特色气象事业、实现"四个一流"建设目标的重要任务。基层气象台站承担着繁重的气象业务、服务和管理任务,是气象科技转化成防灾减灾效益的前沿阵地。

全国气象部门现有 2435 个县级基层台站、14050 个乡村信息服务站,36% 的在编职工、45% 的编外人员和 37.5 万气象信息员工作在基层,努力提高基层人才队伍综合素质是当前和今后一段时期气象教育培训面临的一项重要而紧迫的任务。为了全面开展面向基层台站人员的培训工作,加快提高基层台站人员的总体素质,我们根据现代气象业务体系建设对基层气象台站业务服务和管理的总体要求,组织编写了《基层台站气象业务系列培训教材》。

这套教材立足于为基层职工奠定扎实的气象业务理论基础和技术基础,全面提升基层职工岗位业务能力,内容涵盖了地、县级气象业务的主要领域,包括综合观测、分析预测、应用气象、气候变化、气象服务、人工影响天气、雷电灾害防御、信息技术、装备保障、综合管理和气象科普等。教材的编写遵循针对性、实用性、先进性和扩展性的原则,尽可能为基层气象台站人员的学习或省级培训机构培训提供一套实用的系列培训参考教材。

《基层台站气象业务系列培训教材》共分16册,分别是《地面气象观测》《高空气象观测》《天气雷达探测与应用》《卫星遥感应用》《天气预报技术与方法》《雷电防护技术及其应用》《人工影响天气技术与管理》《农业气象业务》《气候与气候变化基础知识》《气候影响评价》《气象灾害风险评估与区划》《风能太阳能开发利用》《基层台站气象服务》《气象台站信息技术应用》《台站气象装备保障》和《县级气象局综合管理》。这套系列培训教材计划用两年左右时间完成,并将随着现代气象业务技术的不断发展随时进行修订和补充。

这套系列教材的编写凝聚了多方的智慧,各省级气象部门、相关高等院校及气象行业的专家、学者以及众多气象部门的领导参加了该套教材的编写与审定工作,《基层台站气象业务系列培训教材》编委会办公室做了大量细致的组织工作,在此,我对他们为此付出的辛勤劳动表示衷心的感谢。由于开展这项工作尚属首次,难免存在不尽如人意之处,诚挚地欢迎大家提出宝贵意见!

高学浩

2010 年 12 月于北京

前　言

气候是人类生产、生活的重要环境条件。理解和把握气候形成、分布和演变规律，及其与其他不同自然因子、人类活动的关系，可以帮助人类更好地认识自身生存环境、适应气候变化。由于气候变化对农业、生态、水资源、人类健康等都有重要的影响，甚至关乎经济社会的可持续发展和人类生存，气候变化不再是单纯的自然环境问题，其已成为涉及环境、科技、经济、政治和外交等多学科领域交叉的综合性重大战略问题，是当今社会关注的焦点。

气候与气候变化是气象业务的重要组成，相关业务服务在基层气象部门也广泛开展，包括气候监测业务、气候咨询服务、气候决策服务等。基层气象部门虽然从研究层面上涉及气候与气候变化问题较少，但在业务服务工作中也非常需要了解和掌握气候与气候变化的基础知识。

目前，介绍气候与气候变化知识的书籍较多，但就阅读对象而言，大多针对高等院校、研究机构的学生、教师、科研人员，或省级以上气象业务部门具有相关专业知识背景的业务人员。如何针对基层气象部门业务人员，编写一本难易程度恰当、针对性较强，并且具有一定实用性的气候与气候变化教材，是编写本书的出发点。

《气候与气候变化基础知识》本着概念简明准确、内容通俗易懂的原则，希望能编写成为一本提供给基层职工学习气候与气候变化知识的参考书，也可以作为基层台站大规模培训的业务教材。本书从基本概念入手，介绍了气候和气候变化的基础知识，包括基本概念、基本理论、观测事实以及相关的业务工作。全书共 9 章内容，首先讲述了有关气候和气候系统的基本概念，重点介绍了气候系统中的物理过程，包括东亚季风及其与中国气候的关系，然后从观测、预估、不确定性、应对政策等角度讲述了气候变化基础知识，最后从气候系统监测、短期气候预测、气候影响评价等方面介绍了目前我国主要的气候基础业务，并结合基层气象台站实际情况，详细介绍了基层气候与气候变化业务。

本书由中国气象局气象干部培训学院组织编写并承担主要的编写工作，肖子牛、邹立尧、宋燕、钟琦、胡宜昌、朱玉祥、杨萍、李宏毅、王启光、王冀、郭军等同志参加编写。全书由肖子牛、邹立尧、胡宜昌负责统稿。在全书编写过程中,有关专家对编写内容提出了很多宝贵意见,《基层台站气象业务系列培训教材》编委会办公室给予了大力支持,彭茹、胡宜昌为本册教材的编写做了大量的组织协调工作,在此对他们付出的辛勤劳动表示衷心的感谢。

由于编者水平有限,书中错误和疏漏之处在所难免,恳请广大专家和读者批评指正。

编者

2013 年 8 月

目 录

总序
丛书前言
前言

第1章 概 述 (1)
  1.1 气候和气候系统 (1)
  1.2 气候异常 (6)
  1.3 气候变化 (7)
  复习思考题 (13)

第2章 气候系统中的物理过程 (14)
  2.1 气候系统辐射平衡 (14)
  2.2 气候系统各圈层相互作用及其变率 (18)
  2.3 气候系统内部变率 (23)
  2.4 气候系统观测 (28)
  复习思考题 (32)

第3章 东亚季风与中国气候 (33)
  3.1 东亚季风区域定义 (33)
  3.2 东亚季风环流系统 (34)
  3.3 东亚季风对中国气候的影响 (41)
  复习思考题 (47)

第4章 极端事件与气候灾害 (48)
  4.1 极端事件 (48)
  4.2 极端事件演变特征 (50)
  4.3 极端事件的影响与气候灾害 (53)
  复习思考题 (57)

第5章 气候变化的观测事实及其影响 (59)
  5.1 全球气候变化 (59)
  5.2 中国气候变化 (62)
  5.3 气候变化对农业的影响 (70)
  5.4 气候变化的其他影响 (72)
  复习思考题 (75)

第6章 气候变化的原因、预估和不确定性问题 (76)
- 6.1 气候变化的原因 (76)
- 6.2 气候变化预估 (81)
- 6.3 气候变化的不确定性 (88)
- 复习思考题 (91)

第7章 减缓和适应气候变化 (93)
- 7.1 应对气候变化的内涵 (93)
- 7.2 国际社会应对气候变化的历程 (94)
- 7.3 中国应对全球气候变化战略 (101)
- 7.4 适应气候变化 (104)
- 7.5 减缓气候变化 (107)
- 复习思考题 (112)

第8章 气候基础业务 (113)
- 8.1 气候业务的需求和内容 (113)
- 8.2 气候系统的监测与诊断 (115)
- 8.3 短期气候预测 (121)
- 8.4 气候影响评价 (127)
- 8.5 气候应用与服务 (129)
- 8.6 气候业务的布局和流程 (136)
- 复习思考题 (138)

第9章 基层气候与气候变化业务 (140)
- 9.1 市(县)级气候监测业务 (140)
- 9.2 市(县)级气候咨询服务 (160)
- 9.3 市(县)级农业气象服务 (167)
- 9.4 市(县)级气候决策服务材料 (173)
- 复习思考题 (175)

参考文献 (177)
- 附录1 (186)
- 附录2 (188)
- 附录3 (190)
- 附录4 (194)

第1章 概 述

> **学习要点**
>
> 本章介绍了气候、气候系统、气候变化和气候变异等基本概念；概述了地球气候演变的过程；并分别从自然因子强迫、气候系统内部因子变率和人类活动强迫的角度简述了它们对不同时间尺度气候变化的影响。学习要点如下：
>
> （1）了解大气圈、水圈、冰雪圈、岩石圈和生物圈的基本属性和主要相互作用，掌握气候系统和气候变化的内涵。
>
> （2）了解地球气候演变的主要时间尺度，理解近百年气候变暖的主要证据。
>
> （3）了解气候变化的可能原因，及其作用的主要时间尺度和空间尺度。

1.1 气候和气候系统

1.1.1 气候

气候是一个地方天气要素（气温、气压、降水等）的多年平均状况，是较长时间内天气特征的综合，主要反映某一地区冷、暖、干、湿等基本特征，一些天气现象的概率分布和极端值也都属于气候范畴。因此，气候通常指较长时间尺度内的平均状况，以及对这种平均状态的可能偏差（一般用平均值和距平值表征）。一般认为 30 年的统计结果是表现气候特征的最短年限，因此世界气象组织（WMO）统一规定把 30 年作为描述气候的标准时段，用 30 年内各种气象要素和气象现象的统计性质作为特征值来表示。WMO 先后规定以 1931—1960 年、1961—1990 年、1971—2000 年平均值为标准，后又建议改用最近 30 年（1981—2010 年）的平均值为标准。

随着科学的发展，人们意识到要解释气候的形成，探讨气候变化的成因，进而预测气候变化，就不能仅仅局限于研究上述地面气候的三个要素（月平均气温、月总降水量及月平均气压）或大气本身，而需要包含大气圈、水圈、冰雪圈、岩石圈及生物圈的整个气候系统。因此，气候系统的概念逐渐取代了经典的气候概念。

1.1.2 气候系统的组成

气候系统是能够决定气候形成及其变化的各种因子的统一体，全球气候系统是由大气圈、水圈（海洋、湖泊等）、冰雪圈（极地冰雪覆盖、大陆冰川、高山冰川等）、岩石圈（平原、高山、盆地、高原等地形）和生物圈（动、植物群落）组成的复杂系统，这些圈层之间发生着明显的相互作用。这个系统在自身的动力学作用和系统外部的强迫作用下(如火山爆发、太阳变化、人类活动引起的大气成分和土地利用的变化)不断随时间演变。其中,太阳辐射是气候系统的主要能量来源,在太阳辐射的作用下,气候系统内部产生一系列复杂的相互作用过程,各组成部分之间通过物质交换和能量交换,紧密地连接成一个非线性的开放系统,如图 1.1 所示。

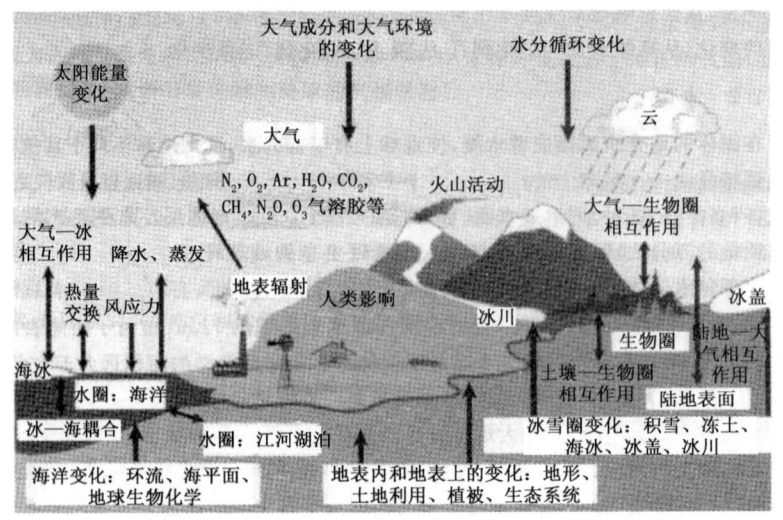

图 1.1　气候系统各组成部分和相互影响示意图(引自 IPCC 2007)

气候系统的各个组成部分(子系统)也都是开放系统,因为大气圈、水圈、冰雪圈、岩石圈和生物圈的内部及其之间普遍存在着能量、动量和物质的输送与交换过程。这些子系统之间复杂的物理、化学和生物作用,共同决定各地区以及全球的气候及其变化特征,并形成了气候系统的多样性和复杂性。下面分别对五大圈层的基本特征作简要概述。

1.1.2.1　大气圈

大气圈是包围地球整个空气层的总称,厚度有 2000～3000 km,总质量 5.2×10^{15} t。大气圈由氮、氢、氧等多种气体混合组成,位于其他四大圈层之上。按照大气物理性质的不同,自下而上可以分为对流层、平流层、中间层、暖层和散逸层。大气圈主要通过大气的成分及其辐射收支的变化影响地球气候。在大气圈中可以发生各种空间和时间尺度的变化,如从高频的天气变化到百年以上尺度的缓慢气候变化。

大气圈从地表到对流层顶的部分称对流层,对流层顶的高度随纬度和季节变化,平均在 10～15 km,其中在赤道地区可高达 18 km,极区 8 km 左右(图 1.2)。虽然与大气总高度相比对流层只占很小一部分,但它却集中了大气总质量的 80% 和几乎全部的水汽,这是人类活动最集中,也是天气活动最剧烈的大气层,其垂直混合过程因对流和湍流活动快速进行。对流层以上到 50 km 左右的部分称为平流层,平流层温度随高度是增加的,主要是由于大气臭氧层吸收了太阳紫外辐射;火山爆发的尘埃和气溶胶喷射到平流层中可以影响地球的气候。平流层之上是中间层和暖层(又称电离层)以及散逸层。在气候系统中主要把它们处理作大气顶部,一般它们并不直接影响气候,而是通过辐射过程来影响地球系统和气候的。

大气圈中的大气成分是由各种气体、水汽以及固、液态质点(气溶胶)和云等组成。其中大气的组成按照浓度可分为:(1)主要成分(一般浓度在 1% 以上),包括氮(N_2)(体积混合比占

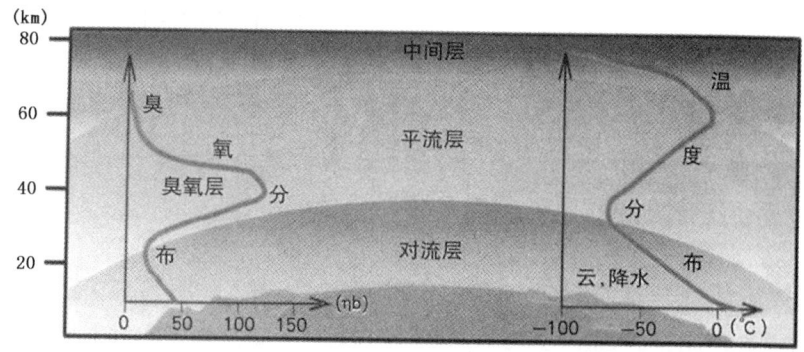

图 1.2 气候系统中大气层的垂直结构（引自丁一汇等 2003）

78.1%)、氧(O_2)(占 20.9%)、氩(Ar)(占 0.93%)，这些气体是惰性气体，一般与入射的太阳辐射相互作用甚小，与地球放射的红外长波辐射也无相互作用，也就是说，他们既不吸收也不放射热辐射；(2)微量成分，其浓度在 $1 \sim 10^4$ ppm(1%)，包括二氧化碳(CO_2)、甲烷(CH_4)、氦(He)、氖(Ne)、氪(Kr)等干空气成分和水汽(H_2O)；(3)痕量成分，其浓度在 1 ppm 以下，主要包括氧化亚氮(N_2O)、二氧化硫(SO_2)、一氧化碳(CO)、一氧化氮(NO)等。此外，还有一些人为产生的污染气体，浓度多为 ppt 量级。对地球气候有重大影响的正是大气中的许多微量和痕量气体，如二氧化碳(CO_2)、甲烷(CH_4)和氧化亚氮(N_2O)。虽然这些气体只占大气总体积混合比的 0.1%以下，但由于它们吸收和放射辐射，是大气中能产生温室效应的气体成分，所以这些气体又称温室气体。大气中的水汽(H_2O)也是一种自然的温室气体，它可以通过相变转化成水滴、云滴与冰晶，因而对大气圈辐射收支影响很大，其体积混合比随时间和地点变化甚大，一般占大气总体积混合比的 1%左右。臭氧(O_3)在地球的能量收支中也起着重要作用。大气圈下层(平流层下部和对流层)的 O_3 是一种温室气体，而平流层中上层的 O_3 浓度很高，形成了自然的臭氧层，它吸收太阳紫外辐射，在平流层的辐射平衡中起着重要作用。大气中悬浮的固、液态物质(如气溶胶)和云以极其复杂的方式与入射太阳辐射和射出地球长波辐射相互作用，进而影响地球的气候变化(丁一汇等 2003)。

大气圈是气候系统中最不稳定、变化最快的部分。大气圈不但受到其他四个圈层的直接作用与影响，而且与人类活动有最密切的关系。气候系统中其他圈层变化产生的最终影响结果都会反映在大气圈中，因而大气圈是气候系统最重要的组成部分。

1.1.2.2 水圈

水圈由所有的液态地表水体和地下水组成，既包括淡水(如江、河、湖及岩层中的水)也包括海洋中的咸水。海洋和陆地的水通过蒸发或蒸散，以水汽的形式进入大气中，尤其是海洋中的水汽大量的被大气环流输送到陆地上空，在那里成云致雨。降水的一部分又以地表径流(主要是在河流中)的形式流入海洋，影响着海洋的盐分和环流；另一部分渗透入地下变成地下径流和地下水。前者又可回流到海洋，后者则储存于地下，补充不断被采汲的地下水。上述水圈循环((彩)图 1.3)周而复始，为地球的各种系统提供必需的水源。

在水圈中，对气候影响最大的是海洋。海洋占地球面积的 70%左右，它可以储存和输送大量的能量。最近的估算表明，地球获得的净能量的 90%都储存于海洋中。同时，海洋还可以溶解与储存大量的 CO_2，是全球碳循环中非常重要的部分。海洋环流比大气环流要慢得多，

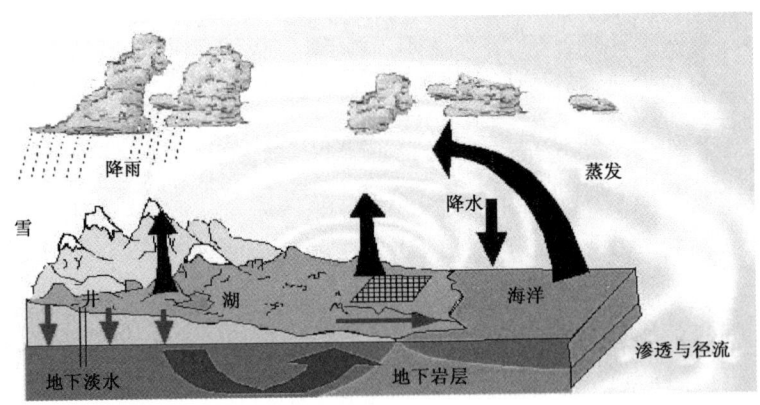

图 1.3 气候系统中水圈示意图(引自李维京 2012)

它是由盐分与温度梯度产生的密度差(即热盐环流)驱动的。海洋有很大的热惯性,这主要是由于海水的热容很大。它一方面可以阻尼或减缓剧烈的温度变化,起到地球气候调节器的作用;另一方面,由于它有较强的记忆力(尤其是在热带海洋),可以长时期通过海—气相互作用影响大气的变化,成为自然气候变率的源。所以对气候变化而言,海洋被称为是一种很重要的耦合强迫,以区别于气候系统的外强迫(火山爆发、太阳活动等)(丁一汇等 2003)。

水圈中所有的水都是通过水循环联系在一起的,它直接涉及自然界中一系列物理、化学和生物过程。水循环对人类生存和人类社会的生产生活过程都有极其重要的意义。一方面,由于水循环的存在,人类赖以生存的水不断得到更新和补充,成为一种可重复利用的再生性资源;另一方面,水循环也使各个地区的气温、湿度等不断得到调整。

1.1.2.3 冰雪圈

冰雪圈包括大陆冰原、高山冰川、海冰和地面雪盖等(表 1.1)。目前全球陆地约有 10.6% 被冰雪所覆盖。海冰的面积比陆冰的面积要大,但是由于世界海洋面积广阔,海冰仅占海洋面积的 6.7%。陆地雪盖有季节性的变化,海冰也有从季节到几十年际的变化,而大陆冰原和冰川的变化要缓慢得多,其体积和范围显示出重大变化的周期在几百年甚至几百万年。冰川和冰原的体积变化与海平面高度的变化有很大关系。由于冰雪对太阳辐射的反射率很大,且在冰雪覆盖下,地表(包括海洋和陆地)与大气间的热量交换被阻止,因此冰雪对地表热量平衡有很大影响。

表 1.1 现代地球冰雪圈(引自丁一汇 2010)

组成	面积 (10^6 km^2)	占全球面积(%)			存留时间(年)
		全球	陆地	海洋	
大陆雪盖	23.7	4.7	15.9		$10^{-2} \sim 10^1$
海冰	24.4	4.8		6.7	$10^{-2} \sim 10^1$
大陆冰川	15.4	3.0	10.3		$10^3 \sim 10^5$
山岳冰川	0.5	0.0	0.3		$10^1 \sim 10^3$
永冻土	32.0	6.2	21.5		$10^1 \sim 10^3$

冰雪圈中的大陆冰原、高山冰川、冻土、海冰等又常称为冰冻圈,它是特定气候(如寒冷)作

用于水体的产物,其变化与气候和水资源的变化有着密切的关系。冰冻圈变化不仅直接影响全球气候、海平面、湖泊水位和河流径流的变化,同时还会对与地表水热平衡密切相关的生态环境及人类活动产生影响。

1.1.2.4 岩石圈

岩石圈是指由地壳和上地幔顶部坚硬岩石组成的地球外壳,其厚度从不足 50 km 到 125 km 以上不等,平均约为 75 km,既包括陆地,也包括海洋。岩石会受大气、水和生物等因素影响而产生机械的和化学的风化作用,使其破碎和形成土壤、化学成分和矿物成分发生改变,其中气候和地形条件是影响岩石风化的重要因子。岩石圈受大气过程的影响会形成覆盖层(如雨水和冰雪)。火山活动是岩石圈运动的一部分,是一种影响地球气候的自然外强迫因子。

岩石圈的这些特征对地质时期的气候变化有巨大影响,地质构造的变化是地质年代气候变化的一个主要驱动力,但对近代在季节、年际、十年际乃至百年际尺度上的气候变化的影响基本可以忽略。在上述近代气候变化的时间尺度内,除火山爆发外,岩石圈对大气的作用主要还是发生在陆地表面。陆地表面具有不同的海拔高度和起伏形势,可分为山地、高原、平原、丘陵和盆地等地表类型。它们以不同的规模错综分布在各大洲,构成崎岖复杂的下垫面并影响着气候。在此下垫面上又因岩石、沉积物和土壤等性质的不同,对气候造成复杂多样的影响。

1.1.2.5 生物圈

生物圈是地球上出现并感受到生命活动影响的地区,是地表有机体(包括微生物)及其自下而上环境的总称,是行星地球特有的圈层,也是人类诞生和生存的空间。

生物圈的概念是由奥地利地质学家休斯在 1875 年首次提出的,是指地球上有生命活动的领域及其居住环境的整体。它在地面以上达到大致 23 km 的高度,在地面以下延伸至 10 km 的深处,其中包括平流层的下层、整个对流层以及沉积岩圈和水圈。但绝大多数生物通常生存于地球陆地之上和海洋表面之下各约 100 m 厚的范围内。

生物圈是一个复杂的、全球性的开放系统,是一个生命物质与非生命物质的自我调节系统。它的形成是生物界与水圈、大气圈及岩石圈长期相互作用的结果,也对大气成分有着重要的影响,例如,海洋通过生物过程吸收大量 CO_2,以此控制大气长期的 CO_2 浓度;通过植物—浮游生物的光合作用减少海洋表层的 CO_2 含量,以此使大气中更多的 CO_2 溶解于海洋中。在海洋上层,植物—浮游生物吸收的碳大约有 25% 又沉入海洋内部,在那里它不再与大气接触,储存于深海达几百或几千年,这称之为生物泵。这种所谓生物泵与上述 CO_2 的溶解过程控制着海洋—大气的 CO_2 交换分布型。因而生物圈在碳循环中起着重要作用。

另外,生物圈还可以获得来自太阳的充足光能,使绿色植物吸收太阳能合成有机物而进入生物循环中,从而为生命物质提供所需的各种营养元素,包括 O、N、C、K、Ca、Fe、S 等。生物的生命活动促进了能量转化和物质循环,并引起生物的生命活动发生变化。

生物圈的各个部分变化的时间尺度有显著差异,但它们对气候的变化都很敏感,且反过来又可以影响气候。生物对于大气和海洋的二氧化碳平衡、气溶胶粒子的产生,以及其他与气体成分和盐类物质有关的化学平衡等都有很重要的作用。植物自然变化的时间尺度为一个季度到数千年不等,其可以影响地面的粗糙度、反射率以及蒸发、蒸腾和地下水循环。由于动物需要得到适当的食物和栖息地,所以动物群体的变化也反映了植物和气候的变化。人类活动既受气候的影响,又通过诸如农牧业、工业生产及城市建设等过程,不断改变土地、水资源等的利用和植被状况,从而改变地表的物理特性以及地表与大气之间的物质和能量交换,对气候产生影响。

1.1.3 气候系统各圈层的相互作用

气候系统的各圈层不是独立存在的,它们之间存在复杂的相互作用,这种相互作用不但有物理的、化学的,也有生物的。陆地、冰雪和海洋表面之间的能量和物质交换是多种多样的,其可以通过各种渠道在各种时空尺度内发生。因而气候系统是一个非常复杂的系统。气候系统的各圈层虽然在组成、物理与化学特征、结构和状态上有明显差别,但它们通过质量、热量和动量交换紧密联系在一起。

在气候系统各圈层的相互作用中,最重要的是海—气相互作用、陆—气相互作用和陆—海相互作用。海洋和大气有大量的物质能量交换,例如,海洋和大气通过感热输送、动量输送和蒸发过程交换热量、动量和水汽;大气与海洋间又存在CO_2的交换,并且是全球碳循环的重要部分。陆—气相互作用是气候系统中另一个最基本的相互作用,包括冰雪圈中的积雪、冰川、冻土及岩石圈与大气的相互作用,其间各种物质、热量、水汽输送与转换,以及土地利用变化等都是陆—气相互作用的重要内容。在陆—海相互作用中,最关键的问题是海岸带地区的变化及跨边界输送问题,包括跨陆—海界面的物质输送及沿岸生态系统对气候变化的影响、气候系统的系统变化对海岸带特别是最脆弱地区的影响以及海—气界面对加热场及大气环流的影响等。

除了上述三种相互作用之外,地球其他圈层间的其他相互作用也是值得注意的。如海冰可阻碍大气与海洋之间的物质能量交换,生物圈通过光合作用和呼吸作用影响CO_2含量,生物圈通过植物的蒸散作用影响水分向大气的输入,陆地表面通过改变地表反射率影响大气的辐射平衡,等等。总之,气候系统中任一圈层的任何变化,不论它是人为的或是自然的,内部或外强迫的,都会通过相互作用造成气候系统的变化或气候的变异(丁一汇等 2003)。

1.2 气候异常

1.2.1 气候变率

气候变率是指在所有空间和时间尺度上气候平均状态和其他统计值(如标准偏差、出现极值的概率等)的变化,这种变化超出了单个天气事件的变化尺度(IPCC 2007)。通常将在 30 年统计时段内各个年份之间的气候差异作为气候变率(潘守文 1994)。气候变率反映了气候要素变化大小的量。气候变率或由于气候系统内部的自然过程(内部变率),或由于自然、人为外部强迫(外部变率)所致。气候系统的自然变率,尤其在季节乃至更长时间尺度上,主要反映了大气环流的动力学特征及其与陆地和海洋表面的相互作用。

1.2.2 气候异常判定指标

气候变化如果超过了一定的标准,就称为气候异常。通常是指月、季时间尺度气候状况与平均值的显著偏差。这是相对正常气候而言的。所谓正常,是指气候的变化接近于多年的平均状况;异常则是不经常出现的,如干旱、特大暴雨、夏季低温、超强台风等。

由于气候在变化,气候异常事件的出现概率也会随时间改变。气候变化影响异常事件频率的方式主要有两种:一是平均值的变化,二是方差的变化。如果两者都发生变化,则有可能出现不同的组合。以温度为例,如果某一年温度比多年平均温度偏高,其距平值超过95%信度水平阈值,则可以称该年气温异常偏高。当然,异常与否的标准是人为制订的,也可以不同。例如,气温接近正态分布,我国常用2倍标准差(σ)作为指标,如果某月的平均气温距平超过$+2\sigma$,则为异常偏高;反之如果距平低于-2σ,则为异常偏低。而一些气候变量并不服从正态分布,如降水量(尤其是日和月降水量)常服从Γ分布。对这些变量如果能估计出相关的统计分布参数,或者转换为正态分布,也可以用类似的方法来判断某一事件是否异常及估计异常或极端事件(如降水)发生的频次(丁一汇 2010)。

气候异常的成因错综复杂,既有自然因素,也有人为因素。气候异常通常由大气、海洋、冰雪、陆面和生物圈等子系统的要素异常所致,太阳活动、地球轨道、火山活动等气候系统外部自然因子也会造成气候异常。人类活动对气候的影响正越来越受到社会关注。因此,气候异常是多因子、多时间尺度综合作用的结果。

1.3 气候变化

1.3.1 气候变化的定义

气候变化原本是一个自然环境的概念,随着气候变化成为一个各界关注的问题,现今已转变为环境、科技、经济、政治和外交等多学科领域交叉的综合性重大战略问题。在不同的领域,针对不同的需求,对气候变化的定义也存在差异。

在科学研究领域,气候变化的学科定义特指气候平均值和离差值两者中的一个或两者同时随时间出现了统计意义上的显著变化。平均值的升降,表明气候平均状态的变化;离差值增大,表明气候变化的幅度越大,气候状态不稳定性增加,气候异常愈明显。

政府间气候变化专门委员会(IPCC)定义"气候变化"为"气候状态的变化,这种变化可以通过其特征的平均值和/或变率的变化予以判别(如通过统计检验),这种变化将持续一段时间,通常为几十年或更长时间。气候变化的原因可能是自然的内部过程或外部强迫,或是大气成分和土地利用中持续的人为变化"。该定义是指气候随时间的任何变化,无论其原因是自然变率,还是人类活动。

《联合国气候变化框架公约》(UNFCCC)定义"气候变化"为"在可比时期内所观测到的在自然气候变率之外的,直接或间接归因于人类活动改变全球大气成分所导致的气候变化"。该定义排除了自然变率部分,只考虑人类活动造成的气候变化,方便应用于考量人类活动的贡献和国际气候谈判。

正确理解气候变化,需要弄清楚其和气候、全球变暖等概念的联系和差别。气候是较长时间内天气特征的综合,通常指较长时间尺度内的平均状况。而气候变化是指这种平均状况随时间的变化,包括气候平均状态和离差(距平)两者中的一个或两个一起出现了统计意义上的显著变化。气候变化不但包括平均值的变化,也包括变率的变化,它可以是由人类引起的变率,也可以是自然的变率。

全球变暖与气候变化的区别在于气候变化统指气候的不同气象要素(如气温、降水、气压等)在不同空间尺度(如全球、区域)和时间尺度(如年、十年、世纪)上的变化,包括各种原因引起的变化。而全球变暖是特指由人类活动引起的温室气体增加所造成的全球地表平均温度升高这一现象。全球变暖常常被误解为全球不同地区的一致变暖,事实上,当世界的一些地区变得更暖时,另一些地区的冷暖变化可能并不明显,甚至是变冷的。

1.3.2 地球气候的演变和近百年的全球气候变暖

1.3.2.1 地球气候的演变

地球气候的演变具有不同的时间尺度,可以是月、季和年,也可以延伸到十年、百年、千年和万年。大致可以划分为3个时间尺度,即地质时期气候、冰后期—历史时期气候和现代气候。

(1)地质时期气候。这一时期包含三次大冰期,即大约6.5亿年前的震旦纪大冰期、2.7亿年前石炭纪——二叠纪大冰期,以及最后开始于240万年前的第四纪大冰期。也有人认为近十几亿年中可能发生过6~7次大冰期。大冰期持续数千万年。大冰期之间隔2亿~3亿年,为大间冰期。大冰期中又可分为若干冰期与间冰期,如在第四纪中每10万~20万年就出现一次冰期—间冰期循环。冰期中最冷也就是冰盖最盛时,气温比现在低10~12℃。间冰期则比目前气候要暖,但不如大间冰期暖,那时气温可能比目前高8~10℃。地球上没有永久性冰盖。

(2)冰后期—历史时期气候。大约1.8万年前冰期达到最盛,1.4万年前冰盖开始迅速融化,从而进入冰后期,即全新世。这段时间是气候回暖时期,全球冰盖消融,大陆冰川后退。在5000~7000年前形成冰后期中的最暖时期,称为"气候最适宜期"。历史时期大约开始于气候最适宜期,以后气候逐渐变冷,最冷的一段时期约出现于公元1550—1850年,称为"小冰期"。在14世纪曾出现一个暖期,成为中世纪温暖期,或中世纪气候异常期。

(3)现代气候。现代气候指近十年到百年时间的阶段,不超过200年。现代气候变化的主要特点,是从19世纪末的冷期逐渐回暖。这段时期开始于小冰期末期的冷期中,气候比较寒冷。此后气温上升,在20世纪20—40年代形成这一世纪的第一次增暖,40年代变暖达到高峰。之后气温有所下降,70年代气温相对偏低,80年代又一次变暖,90年代和本世纪前10年成为近100年最暖的时期。由于变暖主要发生在20世纪,也称为20世纪变暖。

图1.4给出的是距今80万年以来的温度变化和放大后的近期温度变化,在过去的80万年中(图1.4a),大多数时期内温度都比现在的低,冰期温度更低,温差达4~5℃。近万年来(图1.4b)经历了一个全新世大暖期,持续了3000多年。在近千年中(图1.4c),温度经历了中世纪暖期和小冰期,即先暖后冷,以及近百年增暖三个时期。

有人类历史记录以来的气候变化称为历史时期气候变化,其主要时间范围在近数百年至数千年之间,是气候学研究的重要对象,尤其是最近的500~1000年。近千年气候变化可分为三个阶段,即中世纪暖期、小冰期和20世纪增暖。

中世纪暖期又称"小气候适宜期",指公元900—1300,出现在欧洲及北大西洋附近地区相对温暖的气候阶段。

"小冰期"的概念最早由Matthes(1939)提出,当时主要用来描述全新世高温期(大暖期)之后的冰川活动时期,是泛指全新世气候最适宜期之后的寒冷时期,可称为广义小冰期。经过半个世纪的讨论,当前概念下的小冰期则专指近1000年以来中世纪暖期后出现的寒冷时期。

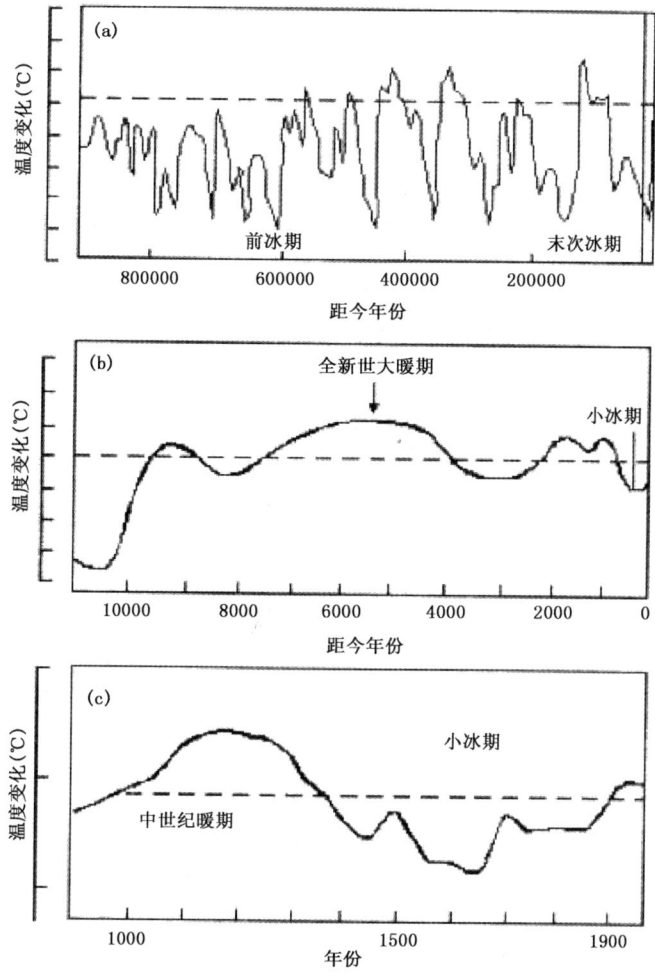

图 1.4　距今 80 万年以来的温度变化和放大后的近期温度变化（引自钱维宏 2009）
(a)过去 80 万年；(b)过去万年；(c)过去千年温度变化
（实线为各年代温度，虚线为 20 世纪初期平均温度）

当前的认识表明：小冰期是全球性的气候异常期，时间跨度约 500 年（公元 1400—1900）；小冰期气候变化的干（湿）/冷（暖）配置在全球存在区域性差异，其变化幅度、起讫和持续时间也因地而异；小冰期的形成受到太阳活动、火山活动、大气环流，以及大气、海洋和陆地间相互作用的影响。这个时期是太阳活动的低值时期，称为蒙德尔最小期（Maunder Minimum）。

1.3.2.2　近百年的全球气候变暖

观测到的气候系统演化事实是气候变化科学研究的基础。科学界对全球变暖问题的关注在很大程度上起因于对地球表面温度等气候要素变化的直接观测和分析。仪器观测记录显示，地球气候正在经历一次显著的变暖过程，过去 157 年以来全球表面温度呈现出非常明显的上升趋势。如（彩）图 1.5 所示，地球气候确实在变暖，而且温度正在加速上升。种种迹象表明，目前正在经历的变暖可能是近千年中地表增温速率最大的一段时期。此外，海洋温度上升、海平面升高、冰川融化、北极海冰减少和北半球积雪减少等现象也证实了全球变暖（IPCC 2007）。

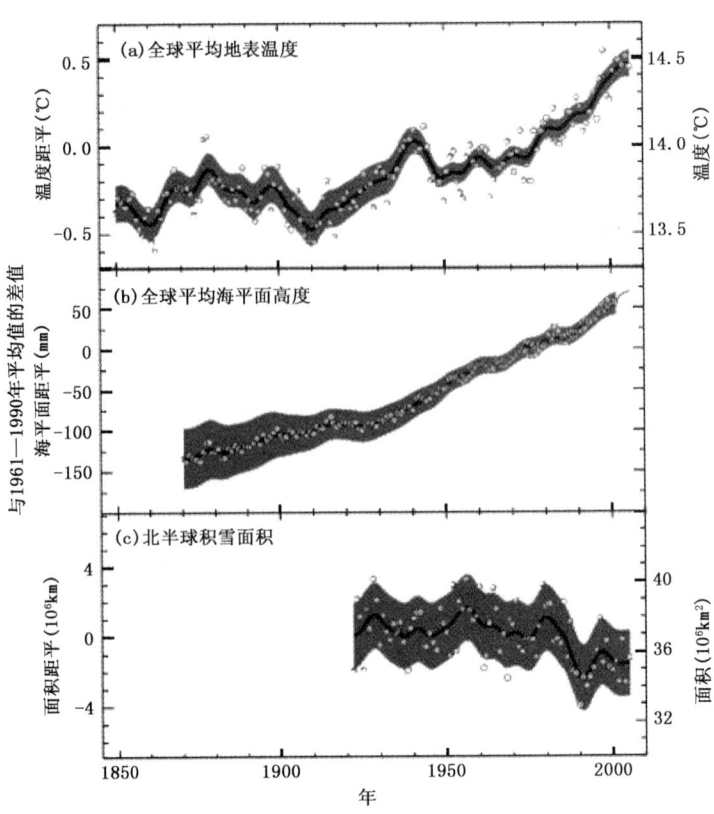

图 1.5 已观测到的全球平均地表温度(a)、分别来自验潮仪(蓝色)和卫星(红色)的全球平均海平面高度(b)以及 3—4 月北半球积雪面积(c)的变化。所有变化差异均相对于 1961 年至 1990 年的相应平均值。各平滑曲线表示十年平均值,各圆点表示年平均值。阴影区为不确定性区间,根据已知的不确定性(a 和 b)和时间序列(c)综合分析估算得出(引自IPCC 2007)

有观测资料显示了世界上许多区域温度极值的长期变化趋势,这些记录显示自 20 世纪 50 年代以来寒冷日数减少,而炎热日数增多,如在北美洲、南美洲南部的部分地区、非洲南部和澳大利亚等地。而在南、北半球中、高纬度大部分地区,无霜季节都变长了。此外,随着地表温度上升,河流、湖泊的封冻期缩短了。在 20 世纪,几乎全世界都出现了冰川质量和面积减少的现象:格陵兰岛冰盖融化的现象最近越来越明显;在北半球的许多地方,积雪减少了;北极海冰的厚度和面积都减少了;海洋在变暖,由于海洋热膨胀和陆地冰的融化,海平面在上升。

除了对地球表面温度的观测以外,从 1958 年以来,利用探空气球也实现了对地表以上不同高度层气温的观测(见(彩)图 1.6),且从 1979 年起又开始获得卫星微波探测数据。就 20 世纪 50 年代末以来的全球观测来看,最近的数据集显示对流层的温度变化趋势与地表基本一致,而且其增温速度稍快于地表。1979 年以来,由卫星微波探空仪得到的对流层温度变暖率为 $0.12\sim0.19$ ℃/10a,而不同资料集得到的全球地表变暖率范围是 $0.16\sim0.18$ ℃/10a;然而由探空、卫星和再分析资料则揭示平流层温度有显著的下降,即 1979 年以来每 10 年变冷 $0.3\sim0.6$ ℃。这与物理学上的推断和大多数模式模拟结果一致,它们显示了温室气体浓度增加在对流层增温和平流层降温过程中所起的作用;臭氧减少也对平流层降温起了很大作用(丁一汇 2010)。

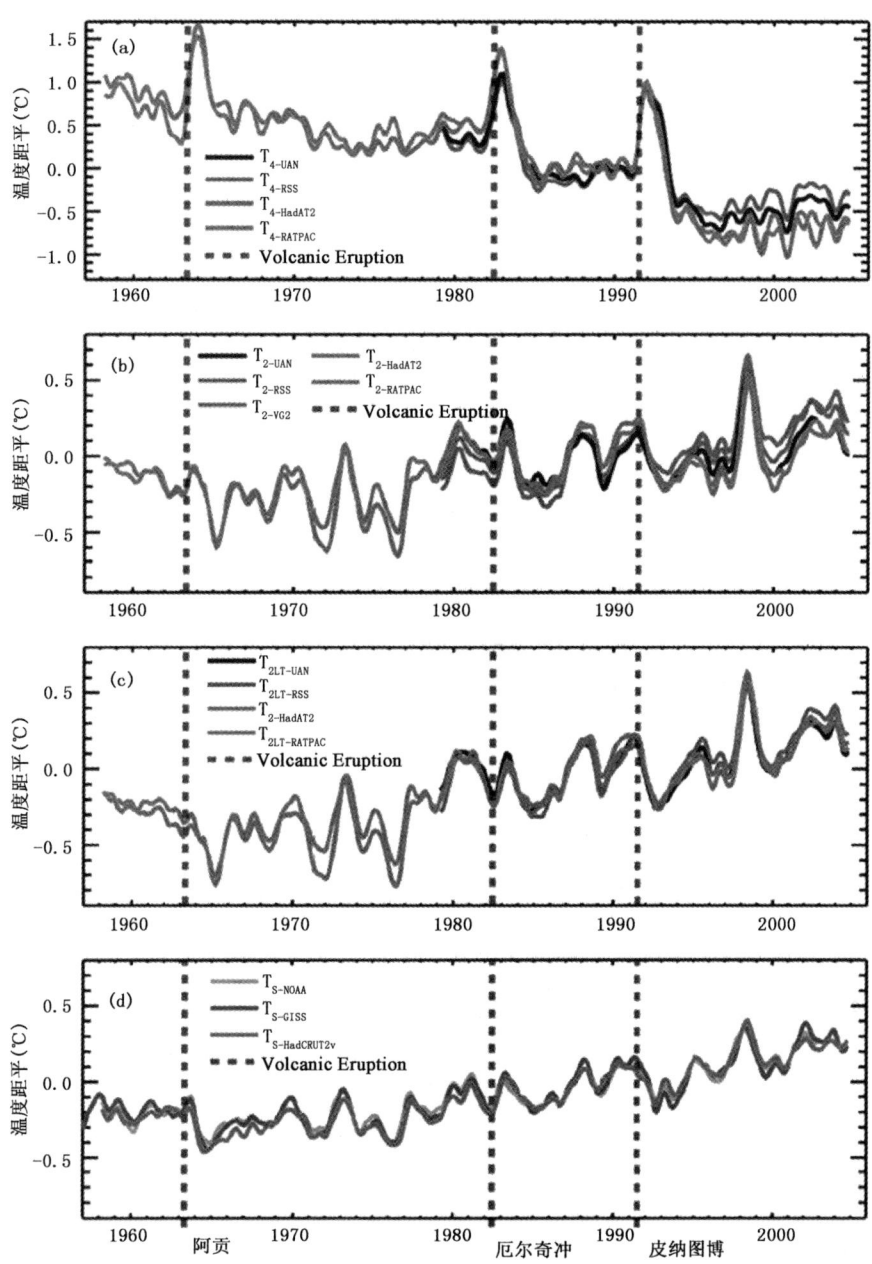

图 1.6 观测的地面和高空温度距平(引自IPCC 2007)

(a)平流层低层 T_4、(b)对流层中高层 T_2、(c)对流层低层 T_{2LT},数据来自 UAH,RSS 和 VG2 的 MSU 卫星分析,以及 UKMO HadAT2 和 NOAA RATPAC 的无线电探空仪观测;(d)地表 T_S,来自 NOAA,NASA/GISS 和 UKMO/CRU(HadCRUT2v)的地表数据记录。所有的时间序列为相对 1979—1997 年的月平均异常。垂直蓝色虚线表示主要的火山喷发线

1.3.3 气候变化的原因

从根本上来说,造成气候变化的原因有两种:(1)自然的原因,包括地球的板块漂移、太阳辐射变化、火山活动等自然外强迫和气候系统内部各子系统相互作用产生的单一或耦合气候变化;(2)人类活动的强迫,包括人类为了改变生存条件所进行的各类活动,例如,温室气体和气溶胶等排放(源于燃烧化石燃料以及毁林等)、土地利用、植被破坏等造成的气候变化。目前,在大多数情况下,气候变化是指由上述两种原因共同造成的。

目前普遍认为,外部强迫是造成气候系统年代际到万年尺度变化的重要原因(表1.2)。例如,四万年和十万年冰期、间冰期循环,就主要与地球轨道要素变化导致的地球接收太阳辐射总量及其分配的万年尺度周期有关。而气候系统内部各圈层之间的相互作用和反馈,是形成年际、年代际、世纪以及千年尺度变率的重要原因。例如,大气圈的变化可以影响大气中的水汽分布、冰雪反照率、大气温度垂直分布、云的分布等,而这些要素的变化又可以反过来影响气候。如果是正反馈过程,气候变化的信号会放大;反之,如果是负反馈过程,则使气候变化强度减弱。气候系统中还存在其他许多类型的反馈过程,如海洋与大气之间反馈、植被变化引起的生物化学反馈等均可造成气候变化。其中海洋与大气在年际和年代际时间尺度上的相互作用,如厄尔尼诺、南方涛动、太平洋年代际振荡,以及温盐环流和经向翻转环流等,对气候变化具有明显影响,特别是可能与全球温度变化存在一定联系。

表1.2 不同气候影响因子及其时间尺度

影响因子	人类导致的地表覆盖的变化	人类导致的大气成分的变化	火山活动	太阳活动	海洋—大气相互作用	地球轨道参数变化	地壳板块运动
时间尺度(a)	$10^0 \sim 10^2$	$10^0 \sim 10^2$	$10^0 \sim 10^3$	$10^1 \sim 10^3$	$10^0 \sim 10^5$	$10^4 \sim 10^5$	$10^5 \sim 10^8$

20世纪后50年的气候变化几乎不可能用自然原因和气候系统内部因子的变率来解释,由此,近百年来日益加强的人类活动对气候的影响越来越引起人们的重视。IPCC第四次评估报告将可辨别的人类活动影响扩展到了气候系统的很多方面,如海洋变暖、大陆尺度的平均温度、温度极值,以及风场等。报告结论认为,20世纪50年代以来全球气温的显著变暖很可能与人类活动有关,主要包括:(1)人类活动排放的温室气体,主要有6种,即二氧化碳(CO_2)、甲烷(CH_4)、氧化亚氮(N_2O)、氢氟碳化物(HFCs)、全氟碳化物(PFCs)和六氟化硫(SF_6)。这些气体中的大部分在大气中有非常长的生命期,如二氧化碳为50~200年,甲烷为12~17年,氧化亚氮为120年,CFC-12为100年。(2)气溶胶,是指悬浮在空气中的微小颗粒(直径在0.001~10 μm)的总称,包括自然过程产生和人类活动产生两种。自然气溶胶有火山灰、尘灰(soil dust,大部分产自北非及亚洲的沙漠地区)、海盐气溶胶(sea salt aerosol)等;人为气溶胶有硫酸盐、化石燃料有机碳、化石燃料黑碳、生物质能燃烧、矿产灰尘气溶胶等。大气气溶胶的气候效应比温室气体复杂得多,它们对大气辐射的总效应与温室气体相反,即产生冷却作用。(3)土地利用变化,分两种类型:一类是直接由人类活动引起的变化,如毁林、造林、农业灌溉以及城市化、交通等;另一类是间接变化,即气候的变化或CO_2含量的变化,可使生物群落的植被结构和功能发生变化或者造成生物群落本身的迁移。

需要注意的一个问题是,研究气候变化的归因必须分清时间尺度。地球气候可以在多种时间尺度上发生变化,而造成这些不同时间尺度气候变化的主要驱动力(强迫)可能是不同的。在某个特定时间尺度的变化是由多种原因造成的,例如,现代百年的气候变化可以看作增暖的趋势与多种尺度变率的叠加结果。目前,气候变化的驱动因子在不同时间尺度下的作用到底是什么?人们的认识还在进一步的深入当中。上述气候变化的影响因子的具体气候效应和影响过程将在7.2节中详细阐述。

复习思考题

1. 传统气候概念和气候系统概念有什么区别?
2. 气候变化、气候异常和气候变率的内涵是什么?
3. 概述历史时期气候变化的主要特征。
4. 近百年全球变暖的主要证据包括哪几个方面?
5. 列举造成气候变化的自然和人为因素,并指出其主要对应的时间尺度。

第 2 章 气候系统中的物理过程

> **学习要点**
>
> 本章从气候系统辐射平衡、各圈层相互作用、气候系统内部变率和气候系统观测等方面对气候系统作了全面介绍。学习要点如下：
>
> (1) 了解气候系统辐射平衡的重要性，温室气体、气溶胶、土地利用及其变化对辐射平衡的影响。
>
> (2) 了解各圈层相互作用在气候系统中的重要作用。
>
> (3) 了解揭示气候系统内部变率的常见大气和海洋现象。
>
> (4) 了解与气候系统观测相关的科学计划。

2.1 气候系统辐射平衡

太阳辐射是驱动气候系统的最根本的能量来源。太阳辐射中大约一半是可见光短波部分；另一半是近红外光部分，其中部分为紫外光。如图 2.1 所示，左边为入射太阳辐射的传播过程，右边描述了气候系统向外的辐射支出及相应过程。大气层顶的太阳辐射强度的全球平均值为 342 W/m²，其中 31% 通过云、大气和地表反射回太空；其余的 235 W/m² 中部分被大气吸收，大多数（168 W/m²）用于加热地球表面。地球表面向外发出长波辐射，同时通过感热输送和高层大气水汽凝结潜热释放的形式返回大气。地球气候系统要维持稳定状态，吸收的太阳辐射和放射的长波辐射在大气层顶必须达到平衡。因此气候系统必须向大气层顶以外放射出平均 235 W/m² 的长波辐射。

任何物体都向外辐射能量，物体的温度越高，其辐射的波长越短。将地球近似看作一个黑体（能够完全吸收照射到其表面的各种波长的电磁波的物体叫做绝对黑体，简称黑体），根据史蒂芬—波尔兹曼定律：

$$M(T) = \sigma \cdot \varepsilon \cdot T^4$$

式中，M 为某物体在温度 T 时单位面积和单位时间的长波辐射总能量，单位为 W/m²；σ 为史蒂芬—波尔兹曼常数，$\sigma \approx 5.67 \times 10^{-8}$ W/(m²·K⁴)；ε 为比辐射率，即物体表面辐射能力与黑体辐射能力的比值，若为黑体，$\varepsilon = 1$；T 为物体的绝对温度，单位为 K。

在大气中不存在温室气体（痕量气体）的情况下，地表应该以 $-19℃$ 的有效放射温度进行辐射，其对应的波长是光谱的红外部分。这个温度比现在地表的平均温度 $14℃$ 要低 $33℃$。为了理解其原因，必须考虑光谱红外波段大气的辐射特征。

大气中含有几种能吸收和放射红外辐射的温室气体。这些气体能吸收地面、大气和云等

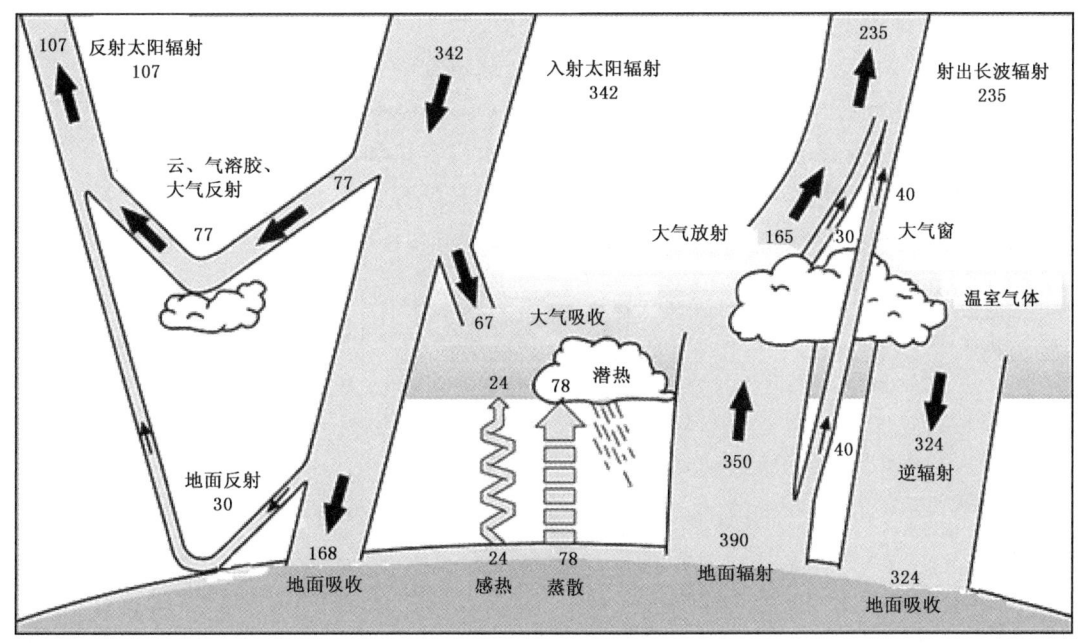

图 2.1　地球全球年平均能量平衡估算示意图（单位：W/m²）（引自IPCC 2001）

放射的红外辐射,同时自身也向外放射红外辐射,包括向下的对地辐射。通过辐射吸收将所捕获的热量存储在地表和大气中并造成增温,这种机制被称为"自然温室效应"它是地球能量平衡的一部分,其净效果是红外辐射从较暖的近地层向较冷的高层转移。在大气平均温度为 $-19℃$ 的高空,红外辐射有效地返回太空,与入射的太阳短波辐射达到平衡;而地面的温度却高很多,平均值为 $14℃$。

地气系统吸收的太阳短波辐射等于大气层顶向外射出的长波（红外）辐射,以使气候系统处于平衡状态。任何能够扰动这种平衡并因此改变气候的因子都被称为辐射强迫因子,它们对地气系统所产生的强迫称为辐射强迫。外强迫,如太阳辐射或火山气溶胶,其变化的时间尺度范围很广,是引起辐射强迫的自然变率。这些辐射强迫或正或负,两种情况下,气候系统都必须发生响应以维持平衡。正的辐射强迫驱使地表平均温度变高,负的辐射强迫驱使地表平均温度变低。气候系统内部变化及反馈过程通过反射太阳辐射、放射红外辐射而引起辐射平衡的变率,这种变率可以放大（正反馈）或减小（负反馈）初始辐射强迫的作用。

同其他生命有机体一样,人类对其所处的环境也存在影响。自18世纪中期工业革命以来,人类活动的影响范围迅速扩展,已影响到大陆甚至全球尺度的气候与环境变化。人类活动,特别是化石燃料、生物质燃烧,产生了大量的温室气体和气溶胶;氟氯碳化物（CFCs）和其他氯、溴化合物的排放不仅影响辐射强迫,而且还导致了平流层臭氧空洞;土地利用变化影响地表的物理和生物特性。这些影响改变了辐射强迫,对全球和区域气候产生潜在影响。

2.1.1　温室气体对辐射平衡的影响

大气中常见的温室气体包括 H_2O、CO_2、CH_4、O_3、N_2O、CFCs 等。H_2O 不仅能直接通过长波吸收量的改变影响辐射平衡（图 2.2）,还能通过改变云量影响大气对长波、短波辐射的吸收。Andrew 等（2010）研究指出,地球温室效应中 H_2O 的辐射强迫贡献占 50%,云占 25%,

CO_2 占 20%，其他温室气体和气溶胶占 5%。然而，与 H_2O 不同，CO_2、CH_4、O_3、N_2O、CFCs 所贡献的约 25%的辐射强迫支撑并维持着整个地球温室效应。CO_2 是地球大气中最重要的温室气体，这是因为在当前的气温状况下，同 CH_4、O_3、N_2O、CFCS 一样，CO_2 不会液化并以降水的形式离开大气，有助于提供能维持目前大气中水汽含量和云量的稳定的气温结构，而剩余 75%的温室效应源自 H_2O 和云的快速反馈过程。如果没有 CO_2 和其他非液化温室气体的辐射强迫，地球温室将不复存在，全球气候将进入一个冰封地球的状态。

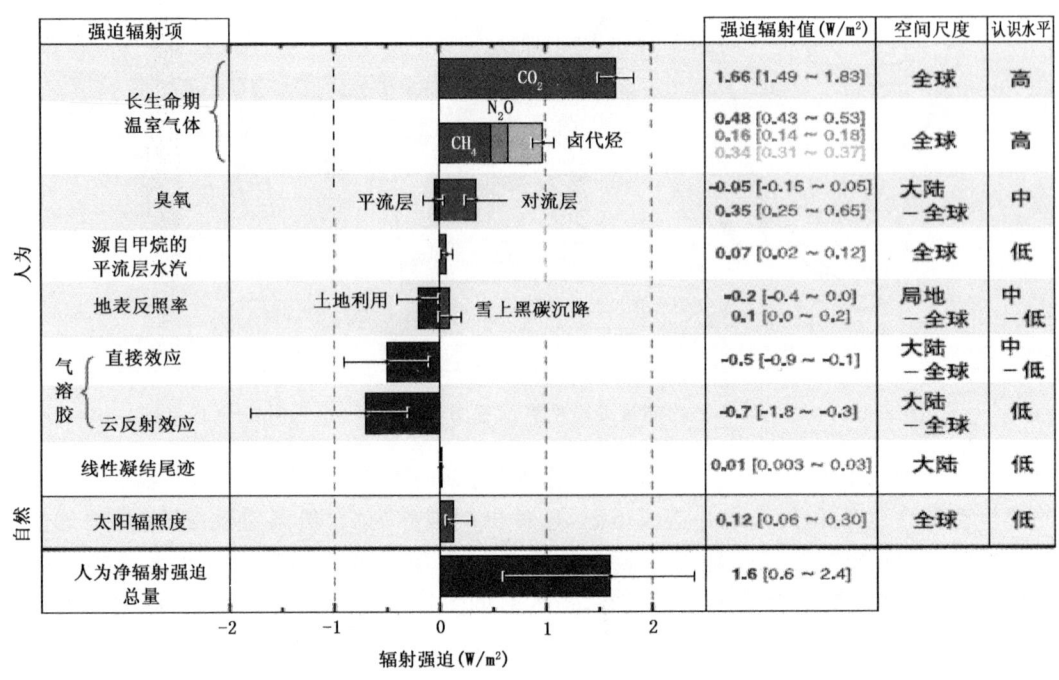

图 2.2　全球平均辐射强迫示意图（引自IPCC 2007）

辐射在大气中传播时，某些波长的辐射被大气中的气体吸收，产生的暗线或暗带组成了大气吸收光谱。从吸收光谱来看（表 2.1），不同温室气体拥有各自的强吸收带。在 2.7 μm 和 6.3 μm 附近以及 21～100 μm，有 H_2O 的强振转吸收带；在 2.7 μm、4.3 μm 和 14.7 μm 附近有 CO_2 的强振转吸收带；可见光区和 8～13 μm 红外区的吸收都不明显，是对遥感探测和大气辐射十分重要的大气窗区。

表 2.1　几种主要的大气红外吸收气体的吸收带中心波长

成分	强吸收(μm)	弱吸收(μm)
H_2O	1.4,1.9,2.7,6.3,13.0～1000	0.9,1.1
CO_2	2.7,4.3,14.7	1.4,1.6,2.0,5.0,9.4,10.4
O_3	4.7,9.6,14.1	3.3,3.6,5.7
N_2O	4.5,7.8	3.9,4.1,9.6,17.0

大气中温室气体浓度的升高增强了大气对红外辐射的吸收和放射。大气的不透明性增加致使地球向太空发射有效辐射的高度升高了。因为在对流层中温度一般随高度的增加而降低，温度降低，更少的能量发散会引起正的辐射强迫，这种不平衡只能通过地面—对流层系统

温度的升高来补偿。这种效果被称为增强的温室效应。

如果CO_2含量在瞬时增加一倍,其他一切维持原状,向外红外辐射将减少约 4 W/m^2,即CO_2浓度加倍其相应的辐射强迫为 4 W/m^2。为了抵消这种不平衡,在不考虑其他气体的情况下,地面—对流层系统的温度将升高 1.2℃(±10%的精度)。在实际情况下,由于各种反馈,气候系统的响应要复杂很多。大气温度的升高又引起水汽增加,即所谓的水汽反馈,它是造成增温加强的最重要的反馈。

有人认为CO_2的吸收已经饱和,其浓度的继续增加将不会再有影响。然而,事实并非如此。CO_2在 15 μm 波段的中间波段吸收红外辐射,在这个波段中间红外辐射是无法逃脱的,虽然这种吸收已经饱和,然而在 15 μm 波段的两端却没有。正是部分饱和效应,以至于辐射强迫和CO_2的浓度增加不成线性比例关系而是对数关系。

2.1.2 气溶胶对辐射平衡的影响

气溶胶含量的增加对辐射强迫的作用很复杂,其直接作用是将入射太阳辐射散射回太空,引起负的辐射强迫。同时,气溶胶能够通过间接作用影响云滴的数量、密度和大小,改变云量和云的光学特性,影响它们的放射和吸收能力,对降水的形成产生影响。一些气溶胶(如黑碳气溶胶)吸收直接太阳辐射导致局地大气增温,放射红外辐射又使增强的温室效应进一步增强。气溶胶还有其他潜在的重要的间接效应,可能导致量级很不确定的强迫作用。就全球平均而言,目前认为气溶胶总的辐射强迫为负(图 2.2)。

(1) 大气气溶胶的直接辐射作用

大气气溶胶可以通过直接散射、吸收太阳辐射和长波辐射而改变地气系统的辐射平衡,这是其影响气候系统的主要物理过程。该机制一般被定义为气溶胶的直接作用。例如,硫酸盐气溶胶对太阳辐射具有强反射作用,因而可以增加地球的行星反照率而使大气和地表冷却。黑碳气溶胶(烟尘)对太阳辐射具有很强的吸收作用,因而可以加热大气层;与此同时,由于在大气中通过散射和吸收作用损失了一部分入射的太阳辐射,而使地表冷却。

人类排放的气溶胶的直接作用主要是影响太阳短波辐射,其使得地面接收的太阳辐射明显减少,造成全球变暗现象,对农业的影响十分明显。黑碳气溶胶能够在对流层下半部,引起局地大气加热,增强云滴的蒸发,使云滴变小、降水减少,这主要发生在南亚、东南亚和东亚的夏季。大气气溶胶不同组成成分的直接辐射强迫不同,且比总的直接辐射强迫更不确定。

(2) 大气气溶胶的间接辐射作用

大气气溶胶作为大气水循环的有机组成部分,主要影响云和降水的微物理过程,同时也影响大气稳定度和云的反照率。气溶胶粒子可以作为一种云凝结核(CCN)或冰核(IN)在云雨形成和增长过程中起重要作用,它不但可以增强或减弱降水量,并且可以改变云雨的类型,例如,可使非降水性云转变成降水性云。这种机理称为大气气溶胶的间接作用。间接作用能够改变云的辐射特征、云量和生命期,进而改变降水的分布和强度。决定间接作用的关键参数是气溶胶粒子作为云凝结核的有效性。

气溶胶的间接作用有两类:(1) 第一类是指在云中液态水含量不变情况下气溶胶对云滴数浓度或云滴大小的影响。如果云中可利用的水分一定,凝结核数量的增加必然使云滴尺度变小,这样云中就有更多的小水滴存在,它们相互竞争水汽,结果都无法成长为大水滴。这不但使到达地面的降水量减少,而且由于小水滴对太阳光反射更强,从而加强了气溶胶的直接作用,使地面冷却作用加强。该结果又使大气稳定度增加,进一步加剧降水的减少。这种作用又称云反照率作用。因而云的第一类间接作用与云反照率作用相似,主要引起地面冷却和降水减少。(2)第二类是指气溶胶对云中液态水含量、云高和云生命期的影响,其对水循环的影响与云反照率作用类似,也是使地表冷却和降水减少,这种作用又称云生命期作用。

气溶胶除了第一、二类间接作用外,还存在着半间接作用和冰晶化作用。半间接作用是指黑碳气溶胶吸收太阳辐射后,又再放射加热大气层,从而增加大气稳定度的现象,其结果使云滴蒸发、降水减少。冰晶化作用是指通过引入气溶胶粒子,增加了冰核(IN)的数量,之后通过冷云下贝吉隆(Bergeron)过程(冰晶增长机制)使冰晶迅速增多和长大,从而使地面降水(如降雨或降雪)增加。

2.1.3 土地利用变化对辐射平衡的影响

土地利用是发生在一定的土地覆盖条件下的人类活动,也指在社会和经济目的意义下的土地管理,如放牧、森林砍伐和保护等。土地利用变化指由人类造成的土地使用或管理的改变,其可能导致土地覆盖的变化。土地利用变化会对地表反照率、蒸散,以及温室气体源汇或气候系统的其他特征造成影响,引起辐射强迫或其他气候效应。

土地利用对全球温室效应存在重要影响。目前,土地利用的气体释放量占了超过三分之一的全球温室气体释放总量以及大约3/4的CH_4释放总量。土地利用主要是通过改变全球温室气体(如CO_2、CH_4)的收支平衡,产生对温室气体增加的净贡献,加剧温室效应。土地利用变化造成的温室气体增加主要来自森林的过度采伐、城市建设及城市工业、农业生产活动等方面,如森林向农业用地的转变以及森林的采伐都向大气中释放了大量的碳,稻田、生物燃烧、牲畜等释放出CH_4,土壤、肥料、生物燃烧释放N_2O,这些都是大气中CH_4和N_2O浓度增加的最主要原因。土地利用能够通过影响温室气体浓度的变化而造成一定的辐射强迫。

土地利用能够影响地表水热平衡。土地利用使得地表覆盖状况发生改变,包括地表覆盖类型、植被覆盖度等,引起地表反照率、粗糙度、土壤蒸发、植被蒸散等下垫面特征的变化,由此影响地气之间的能量、水汽通量。地表反射率的变化造成了地面对太阳辐射吸收的改变,由于地面是大气的主要加热源,地面热状况的变化必将破坏原有的大气热量分布及气压分布,这样土地利用首先就影响到了局地范围内的能量平衡。这种能量平衡的变化并不限于局地范围,在区域甚至全球尺度上都可能产生影响。

2.2 气候系统各圈层相互作用及其变率

2.2.1 海—气相互作用

海—气相互作用是海洋与大气间各种物理量的交换、各种尺度运动间的相互影响、相互制约和相互适应的过程。海洋和大气是两种密度不同的流体,两者之间有着广阔的交界面,构成相互作用的耦合系统。海—气相互作用,首先表现在交界面上各种物理量的交换,包括热量、动量、水分、盐粒、尘埃和其他微粒物质及二氧化碳和电荷等的交换。由于海洋和大气的物理特性不同,它们在相互交换和全球能量的收支中所起的作用也不相同。海—气之间的热量水分交换过程,主要是海洋向大气输送热量和水分的过程。盐粒交换也主要是海洋向大气输送。

同时,大气是海—气系统中比较多变的成员,运动着的大气,不断通过海面将动能输送给海洋。大气的运动状况不仅能影响海水的水平输送,而且能引起海水的垂直输送。大气的热力层结、云量及其分布,也能影响海面对太阳辐射的吸收和海—气间的热量交换,从而影响海洋的热状况和温度分布。

海洋与大气间的相互作用包括各种时间和空间尺度的过程:小尺度相互作用;天气尺度相互作用;行星尺度相互作用。在主要洋流区,如大西洋上的湾流区和太平洋上的黑潮区及赤道东太平洋区(称为赤道冷水带),海洋和大气间的相互作用最为激烈。海洋向大气加热的状况,往往可持续几个月甚至一年以上。其空间尺度可达数千千米,与大气活动中心的尺度相当。大气活动中心和某些天气系统,如太平洋高压、阿留申低压、热带辐合带和东亚沿岸西风槽的位置和强度,以及平均经圈环流和纬圈环流的强度等,都明显地受到海洋状况的影响。海洋不仅影响其局地上空的大气,而且还与大范围的天气气候相关联。许多气候异常往往在海洋上出现先兆,因而海表温度(SST)已成为短期气候预测的一个重要指标。异常的大气环流对海洋也有显著的影响,它可造成异常的海水输送、辐散、辐合和垂直运动,形成异常的 SST 分布。两极和高纬度地区的海冰对气候也有显著影响。海—气相互作用的研究已经从现象的揭露发展到对相互作用的机制和理论的研究。

图 2.3 给出了气候形成中海—气相互作用的简单示意图。太阳辐射除了小部分用于直接加热大气以外,大部分用于加热海洋,然后海洋以感热、潜热、长波辐射的形式再加热大气。由于海洋上蒸发大于降水,因此在海洋对大气的加热过程中潜热释放起着重要作用。海洋不断地向大气输送热量和水汽,对低层大气环流、云和降水有显著的作用。大气对海洋的影响主要是动力性的。大气运动的动能一部分用于摩擦消耗,一部分以风应力形式驱动海洋上层洋流、表层洋流与海洋内部的温盐环流一起形成全球海洋的洋流系统;海洋运动的动能一部分用于摩擦消耗,一部分造成 SST 再分布,进而影响大气的运动状态。海—气相互作用就是如此调整、制约的反馈过程。海—气能量交换异常导致海洋和大气环流异常及全球气候异常,通过降水的时空变化和径流、土壤水及降水渗入、蒸发等的变化对水资源造成影响。

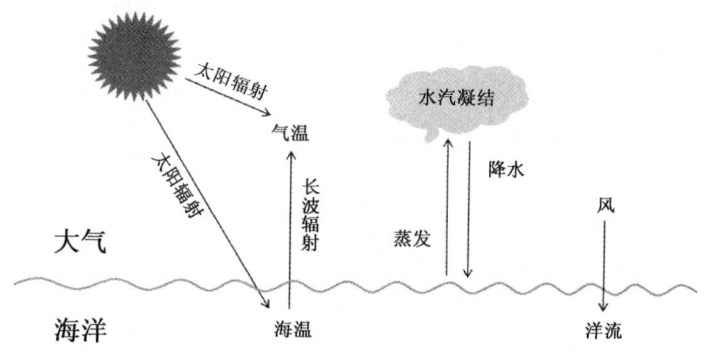

图 2.3 海—气相互作用示意图

2.2.1.1 热带海—气相互作用

在太阳辐射、地球自转和海陆分布诸多因子控制下,热带大气低层盛行东风(即通称的信风),北半球的东北信风与南半球的东南信风在赤道两侧相汇合形成赤道辐合带。赤道辐合带是一种行星尺度的天气系统,其位置随季节而南北移动,1月平均位置在5°S附近,7月在12°~15°N,在北半球称为ITCZ,南半球称为SPCZ,一般来说ITCZ要比SPCZ强。与信风相对应,热带太平洋沿赤道的垂直剖面上存在一垂直环流圈,称为Walker环流,其上升支在大洋西侧的印度尼西亚附近,下沉支在赤道东太平洋偏南半球的部分。Walker环流在年际尺度上偏离其气候平均位置东西摆动,当其上升支东移到澳大利亚附近时,对应于厄尔尼诺(El Niño)发生的一个十分重要的大气条件。同样,在热带印度洋也存在一个与太平洋上空反向转动的纬圈环流,在热带印度洋上空低层为西风,高层为东风,该垂直环流也称Walker环流。

对于热带太平洋海平面气压场的分布而言,在Walker环流上升支所在的印度尼西亚附近及西伸的东印度洋地区为低压,而在Walker环流下沉支所在的东南太平洋塔希提岛(Tahiti)附近为高压。随着Walker环流的东西移动,气压场也随之变化,当Walker环流上升支东移时,印度尼西亚附近为下沉运动所替代,气压升高,相反塔希提岛附近的气压降低,即热带太平洋东西方向海平面气压呈"跷跷板"状的年际变化。这就是20世纪30年代Walker命名的"南方涛动"。

太平洋赤道附近表层海水的流动在相当大程度上受风应力的驱动,由于大气低层盛行偏东信风,因而在太平洋赤道附近的表层洋流向西流动,使表层暖海水在热带西太平洋表层堆积,在次表层以上形成一个暖水团,这就是通常所称的"暖池"。此外,偏东信风使得赤道东太平洋表层海水产生离岸流动,导致东边界次表层冷水上翻,与此同时,赤道附近表层洋流由于Ekman抽吸作用也引起冷水上翻,在它们的共同作用下,在表层形成一层舌状的冷水,通常称为赤道东太平洋"冷舌"。这样,热带太平洋在垂直方向上形成西深东浅的温跃层分布,而水平方向上形成西暖东冷的温度分布,正是El Niño/La Niña事件形成的海洋气候背景。

2.2.1.2 中纬度海—气相互作用

相对于热带海—气相互作用研究,中纬度海—气相互作用研究进展相对缓慢。在特定的海域和特定的季节中纬度海洋与大气有明显关系。中纬度海洋的两大强暖流——黑潮和湾流海区是全球海洋对大气加热量较多的海域。一些研究揭示了中纬度海洋对大气异常加热与大气环流之间有意义的时滞关系及对我国汛期旱涝的影响。当年初鄂霍次克海海冰盛行,而黑潮SST异常偏高,SST呈"北冷南暖"型分布,大约6个月后,长江中下游易出现暴雨;当前期秋冬季黑潮海温异常偏暖,而亲潮区(千岛寒流区)和热带西太平洋海温异常偏冷时,有利于我国东部主要雨带在长江流域徘徊。

海—气能量交换异常是导致海洋和大气环流变化的主要原因。大气运动给海洋以动能,造成海洋热状况的再分布;海洋给大气以热量和水汽,改变了大气温度和位能,从而影响大气环流型。海—气能量交换异常主要由海洋和大气的热力和动力状况决定。在低纬热带海域,ENSO事件的爆发导致暖水区位置和强度的变化,改变了海洋对大气热量和水汽输送的时空分布,从而造成Walker环流和Hadley环流的异常,进而影响全球气候。也就是说,在热带海域,SST异常是造成海—气能量交换异常的主要原因。而在中纬度海域,尤其在冬季黑潮和湾流及邻近海域,海洋对大气的异常加热主要受冷空气强度左右,最明显的证据是,冬季海洋对大气加热多的年份,不是水温高而是水温低,而在气温更低的年份,海温的变化则是对海洋失热多少的响应。这表明,中纬度海域海—气能量交换异常主要受大气环流状态所制约。由此可见,海—气相互作用的强信号,在热带海域主要是SST异常,在中纬度海洋则主要是冷空气强度,二者完全不同。

2.2.2 陆—气相互作用

陆地占地球表面积的 29%,同海洋一样,它也是气候系统的重要组成部分。陆—气相互作用是气候系统中最基本的相互作用之一,涉及生物圈、岩石圈、冰雪圈与大气的相互作用,包括各种物质、热量、水汽输送和转换以及土地利用变化的影响等。海冰是冰雪圈的重要组成部分,考虑到海冰在气候系统中的重要作用,冰雪圈与大气的相互作用将在另一节单独介绍。下面主要从生物圈和岩石圈与大气的相互作用来描述陆—气相互作用问题。

2.2.2.1 大气—生物圈相互作用

第 1 章提到生物圈是地球上最大的生态系统,涵盖陆地、大气和海洋。本小节内容主要介绍陆地生态系统与气候的相互作用,它是陆—气相互作用的重要组成。气候能影响生态系统组成及其变化,生态系统也能通过生物地球物理过程和生物地球化学循环对气候过程产生影响。生物地球物理过程是指受植被形态特征(如冠层高度、结构和叶面积)和生理活动(如蒸腾作用)所影响的辐射、热量、水和动量交换过程。生物地球化学循环是指 C、N、S 等元素在无机和有机形态之间的转化过程,它们与 CO_2、CH_4、N_2O 等温室气体的产生和消耗以及气溶胶的形成密切相关。

植被类型和覆盖率影响地面反射率、粗糙度和蒸腾蒸发。不同植被类型在空间上的相间分布可增强大气水平和垂直变化梯度,从而影响风速、降雨和雷暴发生频率。植物—土壤系统控制地面蒸腾蒸发,影响区域水文循环。植物还可通过叶片气孔的开启闭合对蒸腾作用进行生理调节。通常条件下,气孔阻力是空气动力学阻力的 10 倍,若受到高温和缺水胁迫,其差别将进一步扩大。气孔阻力因植被类型和环境条件而异。一般针叶林气孔阻力最大,农作物最低,阔叶林和野生草本植物居中。气孔阻力在无缺水胁迫和植物生长最适温度下达最低点,并随温度偏离最适温度及植物水势和 CO_2 浓度的提高而增加。

陆地生态系统是 CO_2、CH_4 和 N_2O 等温室气体的源与库。全球植被和土壤共贮存 2200 Gt($1\ Gt = 10^9\ t$)有机碳,是大气中碳贮量的 3 倍。植物光合作用每年固定 55 Gt CO_2,土壤微生物分解释放大致相当的 CO_2 到大气中。生态系统与大气之间净 CO_2 交换速率决定于光合作用、呼吸作用和土壤微生物分解之间的平衡,这些过程受温度、降水、土壤质地和养分供应的强烈影响,因此与全球气候和环境变化密切相关。生态系统碳贮量及其与大气 CO_2 交换速率的微小变化就能导致大气 CO_2 浓度的明显波动。北半球大气 CO_2 浓度的季节变化显示了陆地生态系统对碳循环的控制作用。

有机物质的嫌气分解是大气中 CH_4 的主要来源,但旱地土壤中的 CH_4 氧化细菌能消耗一部分 CH_4。自然湿地、稻田、反刍动物和垃圾分解每年释放 CH_4 280 Tg($1\ Tg = 10^6\ t$),占大气 CH_4 总来源的 60%。在湿地和稻田中,CH_4 的产生和再氧化受温度、酸碱度、氧化还原电位和淹水深度的影响,并与植物生长密切相关。一方面植物生长是有机物质的来源,另一方面植物通气组织是土壤中 CH_4 进入大气以及大气中氧气进入土壤的主要通道,因此可控制 CH_4 产生、氧化及其向大气的传输速率。反刍动物将其所摄取食物能的 3%~8% 转化为 CH_4,转化率随饲料质量和动物生产效率的提高而降低,因此粗放经营的家畜生产系统比集约生产系统释放更多的 CH_4。

N_2O 是仅次于 CO_2 和 CH_4 的温室气体，大气中 95% 的 N_2O 来自于生态系统氮循环中的硝化和反硝化过程。高温、湿润、中性酸碱度和高碳氮含量的土壤是 N_2O 产生的最佳环境。随土壤水分含量的增加，N_2O 产生速率出现两个高峰：一个在中等水分含量区（以硝化过程为主），另一个在接近饱和含水量区（以反硝化过程为主）。嫌气反硝化过程比好气硝化过程有更高的 N_2O 转化效率，但当土壤含水量达到饱和以后，一部分 N_2O 会被反硝化细菌转化为 N_2，因此 N_2O 释放速率会显著下降。

2.2.2.2 大气—岩石圈相互作用

岩石圈与大气之间存在着热能、化学能、动能的交换。地面与大气之间通过长波辐射、大气逆辐射进行着热能的交换。岩石圈与大气之间也在进行着物质的交换，发生着某些化学反应，如风化作用从大气中吸收 CO_2，同时也使岩石中的某些元素释放出来，因此两大圈层之间存在着化学能的交换。通过大气与地面之间的接触与摩擦作用，岩石圈的动能可以传递给大气圈，大气圈的动能也可以传递给岩石圈。如地球自转速度变化，通过地面摩擦动能从岩石圈传递给大气圈，从而导致大气运动速度的改变。研究表明，在厄尔尼诺年，由于地球自转速度的减慢，在赤道四周的大气可以获得 1 cm/s 的向东相对速度。当然，大气运动的动能也可以通过地面摩擦传递给固体地球。

地表形态的特征及其分布对大气起着不同的热力和动力作用，直接影响大气环流的分布及变化。亚洲夏季风是全球最强的季风系统。除了海陆热力对比，它还受到青藏高原等大地形的影响。青藏高原的大地形几乎横跨整个欧亚大陆，在冬季青藏高原对环流的动力阻挡作用可强迫出准定偶极型环流，使东亚和东南亚盛行冬季风。

早在 20 世纪 50 年代，叶笃正先生和 Flohn 等就分别发现青藏高原在夏季是一个抬升的大热源。以叶笃正为首的科学家们经过不懈努力，开创了青藏高原气象学的新时代。近年来，我国学者发现在表面感热的驱动下，青藏高原低空的空气夏天辐合上升，冬天辐散下沉，如同巨大的"感热气泵"，对亚洲季风系统和全球气候有重要影响。由于热带海陆分布和亚洲大地形在亚洲夏季风的形成中起着重要的作用，同时亚洲夏季风释放的巨大潜热是全球大气运动的一个重要能源，因此亚洲大地形对亚洲夏季风的影响是研究区域性和全球性的"水、能量与气候"的一个核心问题。

岩石圈表面状况能影响大气环流变化；相反，大气环流变化又作用于岩石圈表面，引起表面状况的改变。例如，沙尘暴是在特定的大气状态下，风暴作用于特定的岩石圈表面而形成的，是大气圈与岩石圈相互作用的产物。当岩石圈表面有比较破碎或分布有较多的疏松沉积物时，在一定的大气环流条件下，当大气系统处于不稳定状态时，就有可能形成沙尘暴。

气候与岩石风化存在密切的相互作用关系。岩石风化的类型与强度，在很大程度上受到气候的影响与控制。在干旱地区，由于缺乏水的参与，风化作用比较弱；在寒冷地区，由于温度低、生物稀疏，化学风化与生物风化都较弱，但在冰缘地区由于温度经常变化于冰冻点附近，冻结与融化交替频繁，因而物理风化作用比较强烈；在温暖湿润地区，由于温度高、降水多、生物比较茂盛，物理风化、化学风化和生物风化都较强。岩石风化对气候具有一定的反作用。岩石的化学风化，将吸收大气中的二氧化碳以化学径流的形式输送到海洋中，海洋生物再通过光合作用吸收二氧化碳，将之固定并沉积到海底。当岩石风化加强，吸收的大气二氧化碳增加。当海洋释放到大气中的二氧化碳，不能补偿因岩石风化从大气中吸收的二氧化碳的数量时，大气中的二氧化碳含量将会减少。由于温室效应减弱，将减缓气候变暖，甚至导致气候变冷。

2.2.3 冰雪圈—大气相互作用

冰雪在气候系统中的主要作用可归纳为以下三点：(1)冰雪以其高反射率反射掉了入射的大部分太阳辐射，从而大大减少了被冰雪覆盖的下垫面所能接收的短波辐射。有植物覆盖的地表反射率一般只有15%～20%，平静的海洋为5%～10%，而被积雪覆盖的草原或大陆冰盖的反照率通常可达80%。(2)冰雪的热传导性差，雪的热导率比土壤的热导率小一个量级以上；冰层中由于存在着气泡而使得其热导率大大下降，以至低于水的热导率，所以冰雪阻碍了下垫面与大气之间的热量交换。这种作用在海洋上更为明显，海冰限制了海洋向大气的热量输送，另外还使海洋的蒸发失热大为减少。(3)冰雪融化过程中可以吸收大量的热量。在一个标准大气压下，0℃时冰的熔解热为 3.336×10^5 J/kg，即 1 kg 冰融化成水需要吸收 333.6 kJ 的热量。

冰雪的这些作用会造成气温下降。在地球气候演变历史上，冰期时代的低温是与大陆冰盖和海冰的大量存在相一致的。第四纪最后一次冰河期约始于距今 200 万年前，结束于 1 万年前左右。据研究，那时的全球冰盖几乎为现代的两倍，气温比目前约低 10℃。由全球平均气温的季节变化也可以看到，尽管一年四季全球接受的太阳辐射应该是相同的(不考虑日地距离变化)，但全球平均气温 1 月比 7 月低 4℃ 左右。这主要是由 1 月份北半球冰雪覆盖面积大的原因造成的。南极大陆 98% 的区域常年被冰雪覆盖，即便在南半球的夏季，接受的太阳辐射最多，仍然是全球最冷的地区。假设在无云的情况下，地球表面完全被冰雪覆盖，粗略估计，地表的平均有效温度大约要降低 75℃。由此可见，冰雪多时气候变冷，冰雪少时气候转暖。此外，冰雪的存在还可能影响其他一些物理特性，例如，地表的粗糙度、近地层大气稳定度等。

冰雪的状况会影响气温，因而冰雪的变化必然会引起大气环流和天气气候的变化。当然，这种影响是相互的，这就是人们通常所说的冰雪与温度之间的正反馈过程，或称自增效应。这种正反馈过程又可细分为冰雪面积反馈和冰雪消融反馈：当温度增加时，冰雪覆盖面积减小，因而地面吸收的太阳辐射能量增加，从而使温度进一步升高，这个过程被称作冰雪面积反馈；而当温度接近融点时，如果温度增加，由于已存的冰雪融化和晶体结构的改变使反照率降低，结果同样使地面吸收的太阳辐射增加，进而使温度升高，这便称为冰雪消融反馈。温度降低时的情况正好相反。正是这种正反馈效应，才使得冰雪在气候系统中的作用显得非常重要。

2.3 气候系统内部变率

气候变化既可以由外强迫造成，也可以由气候系统各部分之间的相互作用产生。在这些气候系统自然变化中，最重要的方面是大气与海洋环流的变化。这些环流变化是造成区域尺度各种气候要素变化的主要原因。

2.3.1 南方涛动

早在 19 世纪后期就已经有科学家注意到印度的干旱与澳大利亚许多地区的干旱几乎同时发生，提出两者之间可能存在着某种联系，同时还发现太平洋东西两侧气压的变化经常相反。1932 年 Walker 和 Bliss 发现东南太平洋与印度洋气压之间存在着一种"跷跷板"式的关系，即其中一个地区的气压升高时，另一个地区的气压则会降低。

南方涛动就是指印度洋赤道低压与东南太平洋副热带高压两个活动中心之间海平面气压变化的负相关关系。其特征是当东南太平洋的副热带高压的气压值比常年偏高(低)时,印度洋的赤道低压就比常年偏低(高),形成两大洋上大气之间的涛动。当东边气压很高而西边气压很低时,印度的季风雨就会很强;当两地气压差异明显减小时,雨量则较小甚至无雨或干旱。干旱状况不仅会徘徊在澳大利亚、印度尼西亚、印度,而且还会影响到非洲萨赫勒(Sahel)地区。

南方涛动的强弱一般选用东南太平洋塔希提岛(143°05′W,17°53′S)的海平面气压(代表东南太平洋的副热带高压)与同时期的澳大利亚北部的达尔文港(130°59′W,12°20′S)的海平面气压(代表印度洋赤道低压)差值来表示,塔希提岛与达尔文港月平均海平面气压之差经过标准化处理后的值,被称为南方涛动指数(Southern Oscillation Index,SOI)。

2.3.2 厄尔尼诺/拉尼娜

厄尔尼诺一词源于西班牙语"El Niño",原意是"圣婴"。最初用来表示有些年份的圣诞节前后,沿南美秘鲁和厄瓜多尔附近太平洋海岸出现的季节性水温上升的现象。

随着科学技术的发展,人们认识自然的手段不断提高,逐步有能力观测到整个赤道太平洋海水的变化,对厄尔尼诺的认识也越来越深入。科学家们发现每隔几年出现一次的暖水现象并不是只局限于南美沿岸水域,这种海水异常增温现象从南美沿岸一直发展到赤道中太平洋,持续的时间也长达数月到一年以上,它不仅对沿岸生态系统造成严重影响和破坏,扰乱了沿岸渔民的正常生活,引起当地的气候反常,而且还会给全球气候乃至社会经济带来重大影响。现在气象学家所说的"厄尔尼诺"就是指这种在赤道中东太平洋隔几年才发生一次、持续时间长达半年以上的大范围的海表温度异常增暖现象。

与厄尔尼诺的情况相反,有些年份赤道中东太平洋海表温度大范围持续异常偏冷,这种现象被命名为"拉尼娜"(La Niña),也可称作"反厄尔尼诺"。

厄尔尼诺(拉尼娜)事件的评判标准在国际上还存在一定差别。按赤道太平洋海温监测区分布图(图2.4),一般将Niño 3区海表温度距平指数至少连续6个月≥0.5℃(≤-0.5℃)定义为一次厄尔尼诺(拉尼娜)事件。目前一般以Niño 3.4区海表温度距平指数的3个月滑动

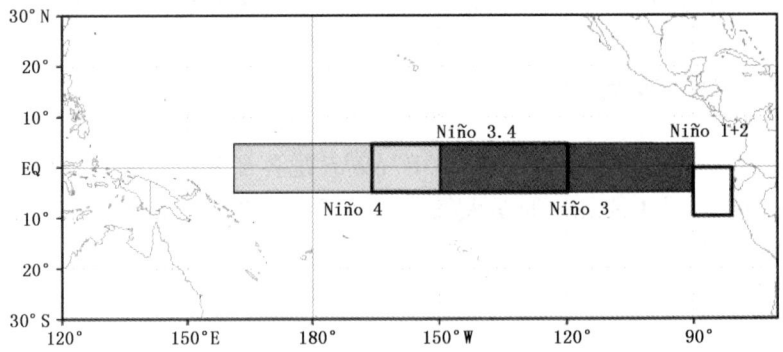

图2.4 赤道太平洋海温监测区分布图。Niño 1(80°~90°W,5°~10°S),Niño 2(80°~90°W,0°~5°S),Niño 3(90°~150°W,5°N~5°S),Niño 4(150°W~160°E,5°N~5°S),Niño 3.4(120°~170°W,5°N~5°S)

平均值连续 5 次≥0.5℃(≤-0.5℃)定义为一次厄尔尼诺(拉尼娜)事件。

在气候业务上主要以 Niño Z 区(亦称 Niño 综合区,即 Niño 1+2+3+4 区)的海温距平指数作为判定厄尔尼诺(拉尼娜)事件的依据。当 Niño 综合区海温距平指数≥0.5℃(≤-0.5℃),并预计这种状况能持续 3 个月以上时,即认为进入厄尔尼诺(拉尼娜)状态。当 Niño 综合区海温距平指数≥0.5℃(≤-0.5℃)至少持续 6 个月(过程中可有 1 个月未达标准)时,则定义为一次厄尔尼诺(拉尼娜)事件。如若该区指数≥0.5℃(≤-0.5℃)持续 5 个月,且 5 个月的指数之和≥4.0℃(≤-4.0℃)时,也定义为一次厄尔尼诺(拉尼娜)事件。

2.3.3 厄尔尼诺—南方涛动

南方涛动、厄尔尼诺和拉尼娜之间有十分密切的关系,在讨论海—气相互作用时总是联系在一起。虽然厄尔尼诺发生在海洋,南方涛动发生在大气,但它们实际上是同一现象的不同表现,厄尔尼诺事件对应南方涛动的负位相,拉尼娜事件对应南方涛动的正位相。科学家们经常将这种大气和海洋相互作用的现象合起来,把这种时间尺度为 2~7 年的大气—海洋耦合现象统称为厄尔尼诺—南方涛动(ENSO),ENSO 是气候系统在年际时间尺度上最强的自然变率之一。

2.3.4 北极涛动

北半球热带外(20°N 以北)冬季月平均海平面气压场(SLP)的变率中最突出的模态与北大西洋涛动(NAO)相似,但是其纬向对称特征更加突出。这种模态沿纬圈基本上呈环状结构,沿经向中高纬气压变化呈相反变化的偶极型分布,在垂直方向上从近地面到平流层低层此模态均存在,接近正压结构。这种北半球气候变率的主要模态被称为北极涛动(Arctic Oscillation,AO)。AO 是北半球中纬度(37°~45°N)和北极地区气压此消彼长的一种跷跷板现象。

AO 指数定义为北半球热带外地区海平面气压距平经验正交函数分析(EOF)的第一时间系数。AO 在 SLP 场、500 hPa 直到 50 hPa 高度层都有很强的表现,其特征为一个位于极地的主要活动中心和一个相应的围绕极地,以 45°~50°N 为中心,呈环状分布,与极地变化呈反位相的活动区域,因此又称其为北半球环状模(NAM)。

行星尺度的 AO,对北半球乃至全球的天气和气候变化有显著影响,被认为是北半球中高纬气候变化的主要原动力。AO 的强弱直接导致北半球极地与中纬度地区之间气压和大气质量呈反向特征的涛动。当 AO 处于负位相时,中纬度的低气压和北极地区的高气压都加强,从而使中纬度地区西风减弱,即盛行经向环流,在对流层低层产生强的北风异常,将冷空气从较高的纬度输送到较低的纬度,导致中纬度地面气温降低;而当 AO 处于正位相时,极地地区气压降低,中纬度地区气压升高,这使得冷空气被限制在极地,中纬度地区西风增强,欧亚大陆和东亚地区气温升高。

从 21 世纪初开始,AO 正位相逐步减弱,开始向负位相发展,也就意味着,"南高北低"逐渐转为"南低北高",北极极地中心逐渐被高气压控制,之前一直限制在极地范围的冷空气就被排挤南下,导致寒流出现,从而影响北半球中高纬度地区的气温。普遍的观点认为,2009—2012 年,全球大范围寒潮天气的出现,AO 负异常是主要原因。

2.3.5 南极涛动

20世纪20—30年代,Walker提出了著名的三大涛动,即北大西洋涛动(NAO)、北太平洋涛动(NPO)和南方涛动(SO)。大气涛动的发现及其与区域气候关系的研究是大气环流气候学研究的一个重要里程碑。除了这三大涛动之外,大气中是否还存在其他涛动呢?Walker曾指出"正如北半球北大西洋亚速尔和冰岛气压有反向变化的趋势一样,横穿智利和阿根廷的高压带地区的气压与威德尔海和别林斯高晋海一带的气压变化也是相反的",当时就有人根据对少量站点观测资料的分析,推测南半球中高纬地区可能存在新的涛动。但是限于南半球,尤其是南半球中、高纬地区观测资料的贫乏,这个问题一直没有得到详细的研究。近年来,随着40°~50°S以南地区资料的逐渐增加,南半球中、高纬地区大气环流的研究才活跃起来。早期的相关分析显示,南半球纬圈平均海平面气压(SLP)的变化在中纬度与高纬度地区之间的相关系数为负值,40°~45°S与70°S左右相关尤为显著。因此,人们逐渐认识到南半球中、高纬的确存在第四种涛动,并命名为南极涛动。

南极涛动是指南半球中纬度和高纬度两个大气环状活动带之间大气质量变化的一种全球尺度的"跷跷板"结构。它是气候系统的一个内在特征,是南半球大气环流变化的基本规律。南极涛动指数定义为40°S和70°S上的标准化纬向平均海平面气压的差值。

南极涛动具有很强的纬向对称性,其实质就是南半球高纬度-极地附近与中纬度附近南北向之间的大尺度质量交换,表示了南半球绕极低压带和副热带高压带之"跷跷板"式的变化。南极涛动从海平面气压场到对流层以及平流层低层都有反映,具有明显的正压结构。南极涛动在全年中信号显著,有很好的季节持续性,同时有年代际、年际和季节内时间尺度变化。南极涛动正异常(偏强)时,绕极低压带加深和副热带高压带加强,高、中纬度之间的气压梯度加大,高纬西风加强。南极涛动异常能够影响南半球中高纬度的天气气候异常,且有明显的长期变化倾向。

2.3.6 北太平洋涛动

作为最早被记载的全球三大涛动之一,北太平洋涛动(NPO)的概念在1924年便已提出并受到西方学者的关注。NPO是指位于北太平洋上的两个半永久性活动中心,即位于60°N附近的阿留申低压与30°N附近的夏威夷高压同时增强(减弱)的南北向跷跷板式现象。当夏威夷高压偏高时,阿留申低压偏低,反之亦然。为了定量表述这种涛动随时间的演变特征,人们定义了各种各样的NPO指数,归纳起来主要有以下4种:(1)单站点或单个格点的海平面气压(SLP)差;(2)经验正交函数(EOF)或主成分分析(PCA)的时间系数;(3)大气活动中心强度或强度之差;(4)区域平均SLP差的标准化值。

研究发现,当北太平洋涛动强时,阿留申低压较常年偏东,夏威夷高压偏西;而当北太平洋涛动弱时,阿留申低压则较常年偏西,夏威夷高压偏东。NPO是北太平洋地区大气中最显著的低频变化模态,反映的是北太平洋地区纬向风的强弱,同时也是北半球西风环流的一部分,只是后者是行星尺度系统。由于受海陆分布特征、海洋的热力和动力变化等的影响,NPO较多地表现出区域性特征,属于区域性大气环流异常。它不但影响北太平洋与北美大陆地区的气候,而且还影响全球海洋和陆地生态。

2.3.7 太平洋年代际振荡

1976/1977 年北太平洋出现了一次显著的年代际突变现象,直到 20 世纪 80 年代末,这种现象才引起人们关注。研究表明,这一突变现象在各类海—气要素场上均有反映,在 1976/1977 年突变以后,在海洋方面,热带中东太平洋海表温度(SST)年代际异常增高,黑潮及其续流区和北太平洋中部异常变冷,北美沿岸和阿拉斯加湾 SST 增高;在大气方面,北太平洋海平面气压(SLP)和 500 hPa 高度场明显降低,阿留申低压异常加深、东移并偏南。从 20 世纪 90 年代中后期开始,人们利用近百年的海洋大气资料分析了太平洋年代际变率的时空结构后发现,1976/1977 年发生在北太平洋的年代际突变并不是唯一的,类似的较大突变现象同样发生在 1925 和 1947 年。这就是太平洋年代际振荡(Pacific Decadal Oscillation,PDO)。

PDO 是一种类似于 ENSO 型的具有年代际尺度生命史的太平洋变率。若以太平洋海温异常作定义,PDO 可分为冷、暖位相(或称为 PDO 冷、暖事件)。在 PDO 暖位相期间,热带中东太平洋异常偏暖,北太平洋中部异常偏冷,而沿北美西岸却异常偏暖;反之,则为 PDO 冷位相。PDO 与 ENSO 的区别主要在于:(1)典型 PDO 事件可持续 20~30 年,而典型的 ENSO 事件持续时间仅为 6~18 个月;(2)PDO 的气候特征在北太平洋地区最明显,热带地区信号较弱,而 ENSO 事件恰恰相反。20 世纪发生了两个完整的 PDO 循环,即 1890—1924 年和 1947—1976 年的冷位相,1925—1946 年和 1977—1998 年的暖位相。PDO 的大气方面对应北太平洋涛动(North Pacific Oscillation,NPO),在 PDO 暖位相,阿留申低压异常降低,而北美西部和副热带太平洋地区气压异常升高。20°N 以北的北太平洋 SST 异常第一主分量被定义为 PDO 指数,而阿留申低压指数一般被用于描述北太平洋气压变化。观测表明,至少从 20 世纪 20 年代起 PDO 指数与阿留申低压指数在位相上有显著的对应关系,因此,PDO 在海洋—大气系统中的一致性变化表明这一现象是海—气相互作用的产物。

PDO 是一种年代际时间尺度上的气候变率强信号,一方面,它既是叠加在长期气候趋势变化上的扰动,可直接造成太平洋及其周边地区(包括我国)气候的年代际变化;另一方面,它又是年际变率的重要背景,对年际变化(如 ENSO 及其影响)具有重要的调制作用,可影响 ENSO 事件频率和强度,同时也可导致年际 ENSO—季风异常关系的不稳定性(或年代际改变)。

2.3.8 北大西洋涛动

北大西洋上两个大气活动中心(冰岛低压和亚速尔高压)的气压变化为明显负相关:当冰岛低压加深时,亚速尔高压加强;当冰岛低压填塞时,亚速尔高压减弱。这一现象被称为北大西洋涛动(North Atlantic Oscillation,NAO)。

NAO 偏强表明两个活动中心之间的气压差大,北大西洋中纬度的西风强,为高指数环流,这时墨西哥湾暖流及拉布拉多寒流均增强,西北欧和美国东南部因受强暖洋流影响,出现暖冬;同时为寒流控制的加拿大东岸及格陵兰岛西岸却非常寒冷。反之,NAO 偏弱表明两个活动中心之间的气压差小,北大西洋上西风减弱,为低指数环流,这时西北欧及美国东南部将出现冷冬,而加拿大东岸及格陵兰岛西岸则相对偏暖。

北大西洋涛动指数(NAOI)定义为北大西洋(80°W,30°E)区域内、35°N 与 65°N 之间纬向平均的标准化海平面气压之间的差值。

2.3.9 温盐环流

温盐环流(Thermohaline Circulation,THC),又称为大洋传输带,是由海水温度、盐度差异所导致的密度梯度驱动的全球洋流循环系统。位于表层风生流之下的深层洋流,是受重力作用下高纬稠密水团的下沉和低纬较轻水团的上升驱动的,其水输送量约占全球大洋的90%。因为海水的密度主要由温度和盐度决定,所以这种由密度梯度驱动的深层洋流,被称为"温盐环流"。当代大洋温盐环流以大西洋输送带环流为特征。在北大西洋副极地海域,冬季强烈的辐射冷却,导致海冰形成并扩展。由于冷却作用和海水结冰时盐析作用的共同影响,表层海水密度骤增,海洋层结出现不稳定而导致对流发生,冷而咸的水团下沉,位能转换成动能,在一定深度上向着赤道方向流去,沿南大西洋、南极洲流进印度洋和太平洋,最终又回到赤道地区,期间由于低纬加热作用令海水密度减小而逐渐上翻,同时在相对较浅的深度上,海水从低纬流回高纬,从而构成闭合环流。

一次温盐循环耗时大约1600年,在这个过程中洋流传输的不仅仅是能量(温度/热能),其中还包括地球固态及气体资源等,不过温盐环流最受人类关注的是其在保持地球温度稳定中发挥的功能。

在现代气候系统中,温盐环流对全球的热量输送起十分重要的作用。如墨西哥湾暖流将表层温暖的海水向北输送,相关研究结果表明,这个表层流强度超过$1.6\times10^7 \text{ m}^3/\text{s}$,一年中为欧洲带来的总热量高达$2.09\times10^{22}$ J,这使北欧气候较同纬度的其他地区暖很多,这支暖流也类似地影响到北美东北部。温盐环流一旦减弱,由于向北输入热量的减少,欧洲高纬地区会大幅度变冷,不仅如此,北半球很大一部分地区的气温都要受到影响。

在全球变暖背景下,气温升高所引发的一系列变化将对温盐环流产生深刻影响。气候变暖加速了北大西洋附近冰川(包括格陵兰岛冰川)和海冰的融化,淡水的注入将减弱温盐环流的强度。有证据显示,北冰洋的海冰面积在最近几十年内大大缩小。如果大量淡水注入北大西洋,由于附近表层海水密度降低,海水下沉运动就会减弱,从而使得温盐环流减弱或终止,对全球气候造成巨大影响。

温盐环流的变化与全球气候突变有密切的关系,如发生在12600年前的"新仙女木事件"和8200年前的突然冷却事件可能与北大西洋温盐环流的突然关闭有关。温盐环流的变化目前已引起学术界很大的关注。

2.4 气候系统观测

2.4.1 全球气候观测系统(GCOS)

"全球气候观测系统(Global Climate Observing System,GCOS)计划"是由世界气象组织(WMO)、联合国教科文组织(UNESCO)的政府间海洋委员会(IOC)、国际科学联盟理事会(ICSU)、联合国环境规划署(UNEP)于1992年共同发起的(图2.5),该计划主要是通过制订发展计划、提供技术帮助和政策指导等手段,在各种国际观测计划和各国观测系统之间建立起协调机制。而全球气候观测系统中国委员会是我国参加"全球气候观测系统计划"有关活动的国家级议事协调机构,该机构于1997年7月4日经国务院批准成立,由中国气象局牵头,共

13个部委组成。

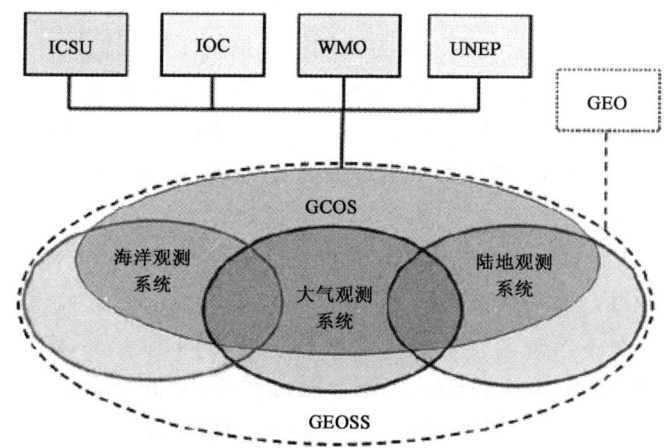

图 2.5　GCOS 发起成员及其观测系统组成的建设基础示意图，
后者嵌入到了地球综合观测系统(GEOSS)整体框架之中

GCOS 意在确保观测资料符合各国及国际上对气候及与气候相关的数据信息的识别、获取以及广泛提供的总体需求。其致力于提供连续、可靠而全面的有关全球气候系统状态和活动的数据信息，包括气候系统的物理、化学、生物特性，以及大气、海洋、水文、陆面、冰冻圈过程。

GCOS 为世界气候计划（World Climate Programme，WCP）的所有组成、政府间气候变化委员会（IPCC）的评估和《联合国气候变化框架公约》（UNFCCC）的国际政策发展提供支持，参与提供全面持续的气候及与气候相关的观测资料。这些资料可用于以下方面：
- 气候系统监测
- 气候变化检测与归因
- 季节至年际时间尺度的业务气候预测
- 用于改进对气候系统理解、模拟和预测的研究
- 经济可持续发展的应用与服务
- 气候自然变率、人类引起的气候变化的影响、脆弱性、适应性评估
- 满足 UNFCCC 和其他国际公约和协议的需求

GCOS 应建立在已经运作的科学观测、数据管理和信息发布系统之上，并进一步增强这些系统，这是形成 GCOS 最初设计和随后发展的根本原则。因此，GCOS 建立在以下系统和大量的其他基于空地综合遥感技术的全球、区域、国家观测系统的基础上：(1)针对大气的 WMO 世界天气监视计划全球观测系统（GOS）和全球大气监测网（GAS）；(2)针对海洋的由 IOC 牵头的全球海洋观测系统（GOOS）及其组成；(3)针对陆面的由 FAO 牵头的全球陆地观测系统（GTOS）及相关的全球陆地网络（GTNs）。

GCOS 设计和实施的一个核心方面是分析集成已有观测系统能多大程度上满足国际和国内气候观测需求，这些系统的扩充、加强和完善必须确保这些需求能够得到满足。

2.4.2 大气观测系统

WMO 全球观测系统（GOS）为 GCOS 的大气部分提供了基础。

GOS 是进行全球尺度气象及其他环境观测方法和措施的协调系统，其支持所有 WMO 计划；该系统由操作可靠的地基和空基子系统构成。GOS 的观测组成包括地面观测、高空观测、海洋观测、飞机观测、卫星观测、其他观测平台，拥有陆地、海洋、大气和外太空的观测设施。GOS 的长期目标是以最有效的方式，改进优化全球观测系统对大气和海表状态的观测。

GOS 提供来自地球和外太空的大气、海表状况的观测资料，为天气分析、预报、咨询和预警作准备，用于在 WMO 和其他国际组织的相关计划下实施的气候监测、环境活动。目前的 GOS 将演变成包含几个子系统的优化的综合系统。在不同国家，GOS 实施过程中的重点领域可能不同，但在观测网络的未来设计和运作方面，成员国之间的成本效益、长期可持续性和新的合作安排成为关键要素。与伙伴组织合作，满足气候和环境监测的要求需要优先考虑。GOS 也是 WMO 观测、记录和报导天气、气候及相关自然环境的最重要的计划。对于全世界与天气、水、气候及相关自然环境有关严重事件的监测预警，GOS 作出了巨大的贡献。GOS 还将是改进 WMO 结构和运作效率、灵活性的一个基本组成部分。

全球范围的气象（包括气候）数据的业务观测和处理的主要部分是 WMO 世界天气监视计划（WWW）全球观测系统，其包括地面和卫星观测系统、通讯中心系统（如全球通讯系统）及数据处理预报中心，它们都由 WMO 的成员国操作。区域基本气候网（RBCN）是整个 WWW 网络中的一个子集，其提供与气候相关的气温、降水及很多其他变量的地面和高空观测资料。

WMO 全球大气检测网（GAW）是 GCOS 的大气化学组成部分。GAW 网络提供全球和区域尺度上大气的化学组成（如温室气体）及所选定物理特性的综合观测资料。主要观测要素如表 2.2 所示。

表 2.2　大气、海洋和陆地观测所包含的基本气候要素

领域		基本气候变量
大气（陆地、海洋和海冰上空）	地面	气温、降水、气压、地面辐射收支、风速/风向、水汽
	高空	地球辐射收支（包括太阳辐射）、高空气温、风速/风向、水汽、云特征
	大气成分	二氧化碳、甲烷、臭氧、其他长生命期温室气体、气溶胶特性
海洋	表面	海表温度、海表盐度、海平面海况、海冰、洋流、海洋水色（生物活性）、二氧化碳分压
	次表面	温度、盐度、洋流、营养成分、碳、海洋示踪物、浮游植物
陆地		河流径流、水资源利用、地下水、湖泊水位、雪盖、冰川和冰盖、永冻土和季节性冻土、反照率、陆面覆盖（包括植被类型）、吸收光合有效辐射比例、叶面积指数、生物质、火干扰、土壤温度

2.4.3 海洋观测系统

1989 年，联合国教科文组织政府间海洋学委员会（Intergovernmental Oceanographic Commission，IOC）提出了建立全球海洋观测系统（Global Ocean Observing System，GOOS）的设想。根据政府间海洋学委员会的设计，GOOS 系统将是一个"经过科学设计的，用以持续地获取、处理和分析海洋学数据的永久性国际系统。该系统将依靠遥感以及海面与次表层观测

仪器获取大洋、沿海和陆架海区的数据。GOOS 产品将定期描述全球海洋状况,其数据和数据产品向所有国家开放"。

1992 年在巴西召开的全球环境与发展会议上制定的"21 世纪议程",正式把实施全球海洋观测系统计划列为实现海洋可持续发展战略的一项措施。1993 年,IOC 第 17 届大会通过决议,决定正式成立政府间全球海洋观测系统委员会。此后的几年内,全球海洋观测系统从概念到计划并在部分区域进行试运行,逐渐得到世界主要海洋国家的认可和支持。在 1999 年召开的 IOC 第 20 届大会期间,召开了由各国主管政府部门负责人士参加的会议,就 GOOS 的原则和战略计划签署协议,各国作出了推进 GOOS 计划的承诺。这标志着 GOOS 计划的实施进入了一个新阶段。

GOOS 计划的目标是为人类有效、安全、合理地利用和保护海洋环境及资源,为气候预报和海洋管理等提供海洋资料和信息,尤其是提供那些仅仅依靠一个国家和单独的观测系统无法获得的资料和信息;建立一个资料管理和资料共享的国际协调机制。GOOS 计划的具体任务包括:(1)研究并确定全球从事海洋环境保护、科研和海洋开发利用等各个领域对海洋资料的需求;(2)制定和实施统一协调的,为实际需要服务的资料获取、收集、存档与合成的战略;(3)促进资料产品的开发利用;(4)帮助欠发达国家增强获取、提供和使用海洋资料的能力;(5)协调海洋观测活动,促进 GOOS 系统同其他全球观测和环境管理工作相结合。

GOOS 系统由五个模块组成:气候监测、评价与预测;海洋生物资源监测与评价;海岸带环境与资源及其变化监测;海洋健康评价与预测;海洋水文气象服务。

气候监测、评价与预测——监测和评价海洋中决定气候可变性的物理、生物地球化学过程及其对季度尺度乃至数十年尺度的气候变化的影响。

海洋生物资源监测与评价——监测用以描述海洋生态系统中不同时空尺度的变化情况,为评价和预测环境变化对生物资源的丰度与生产力的影响提供依据。

海岸带环境与资源及其变化监测——开展物理、化学、生物和地质等方面的观测与监测,掌握和了解近海区及其各种环境与资源的变化,以便合理开发利用和保护这一地区的资源与环境。

海洋健康评价与预测——监测全球和区域尺度的海洋污染情况并预测发展趋势,评价海洋,尤其是近海和陆架区的健康状况。

海洋水文气象服务——加强海洋水文气象资料的收集与分析,改进短中期海洋水文气象预报服务,增强对严重气象灾害和海洋灾害的预报预警能力,保障各种海洋活动的安全,减轻自然灾害造成的损失。

2.4.4 陆地观测系统

GTOS 是一项陆地生态系统的观测、模拟和分析计划,目的是支撑陆地生态系统的可持续发展。GTOS 由联合国粮农组织(FAO)、环境规划署(UNEP)、教科文组织(UNESCO)和世界气象组织(WMO),以及国际科学联合会理事会(ICSU)于 1993 年 7 月联合发起筹建,主要通过协调现有的实地和遥感网络的各种活动,开展对土地利用变化、水资源管理、污染和毒性、生物多样性的丧失及气候变化的观测,来实现对全球陆地动态的观测。

GTOS 包含四个主要的事务委员会:沿海陆地观测系统(C-GTOS)、陆地观测气候委员会(TOPC)、陆地碳观测委员会(TCO)、森林和土地覆盖动态全球观测委员会(GOFC-GOLD)。

这些专家组旨在推广区域和全球数据集,并促成全球一致的数据合成。这些事务委员会还有助于辨别陆地生态系统监测站(TEMS)的关键变量,最终建立区域网络。

GTOS 具备三个重要特征:(1)GTOS 是全球性的,即它覆盖全球,并涉及一些其本质是全球性的,或者影响涉及全球的现象;(2)GTOS 提供长期、连续采集的数据和信息,即保证在与一些全球过程出现所需时间相一致的几年至几十年的时段里,连续采集数据,以便使我们能够准确、适时地预测这些过程变化的趋势;(3)GTOS 是一个各种不同的信息相互补充的综合系统,例如,GTOS 采集的数据一定是不仅仅用于监测和描述各种变化,而且有助于我们了解和预测这些变化。

GTOS 数据采集工作包含四项基本任务:(1)判别并量化影响陆地生态系统功能和结构的自然和人为因子;(2)确定上述因子在国家、区域及全球尺度上的重要性,以及这些因子间的相互关系;(3)将人类活动引起的长期变化与一些短期的自然现象或干扰区别开来;(4)为对陆地生态系统未来可能出现的变化进行模拟和多学科综合动态分析提供帮助。

复习思考题

1. 温室气体对气候系统辐射平衡有何影响?
2. 什么是增强的温室效应?
3. 土地利用变化影响辐射平衡的主要途径有哪些?
4. 根据气溶胶含量变化解释近几十年中国微量降水($0.1\ mm/d$)频次的变化趋势。
5. 给出南方涛动和南极涛动的定义。
6. 厄尔尼诺(拉尼娜)与南方涛动之间有何联系?
7. 什么是北极涛动和北大西洋涛动,两者有何主要的不同?
8. 温盐环流减弱可能对全球气候造成怎样的影响?
9. WMO 全球观测系统(GOS)由哪几个主要部分组成?

第 3 章　东亚季风与中国气候

学习要点

本章介绍了东亚季风范围的定义、东亚季风环流系统、中国的气候特征、东亚季风对中国气候的影响等内容,重点是东亚季风与中国气候的关系。学习要点如下:

(1) 理解东亚季风区域范围的定义,掌握东亚夏季风和冬季风的主要构成成员。
(2) 掌握东亚夏季风前沿的三次停滞和两次北跳及其对我国气候的影响。
(3) 理解东亚季风形成的基本因子。
(4) 掌握中国的气候特征。
(5) 理解东亚季风对中国气候的影响过程。
(6) 了解东亚季风的季节内振荡及其对我国气候的影响。

3.1　东亚季风区域定义

亚洲季风是全球季风系统中最明显、范围最大的一个区域季风系统。它的风场具有显著的季节性反向和稳定性,夏半年以西南风或东南风为主,冬半年以西北或东北风为主;同时降水的年变化表现为干、湿两季,两者之间有迅速的过渡期。这两个特征与亚洲及其邻近海区之间大尺度大气加热和稳定环流系统的季节反向是完全一致的。早年在英语文献中,亚洲季风主要指印度季风(ISM)或南亚季风,而东亚夏季风(EASM)只被认为是印度季风的向北延伸,而西北太平洋的夏季风(WNPSM)则完全看作印度季风的向东延伸(Tao and Chen 1987, Ding 1994)。最新的研究成果表明,亚洲季风系统除了南亚地区以外,还应进一步包括东亚和西太平洋两个地区,它们之间有密切的关联,但又有一定的独立性和区域特征。因而,整个亚洲—太平洋季风区被分为三个地区:印度夏季风区、西北太平洋夏季风区和东亚夏季风区(图3.1)。其范围:印度季风区(5°~27.5°N,65°~100°E),图中为黑色框区;西北太平洋季风区(5°~22.5°N,125°~150°E),图中为黄色框区;东亚季风区(22.5°~45°N,100°~140°E,以及5°~22.5°N,100°~125°E),图中为红色框区。即东亚季风区的范围包括中国东部、南海和中南半岛、朝鲜半岛、日本以及邻近海区。

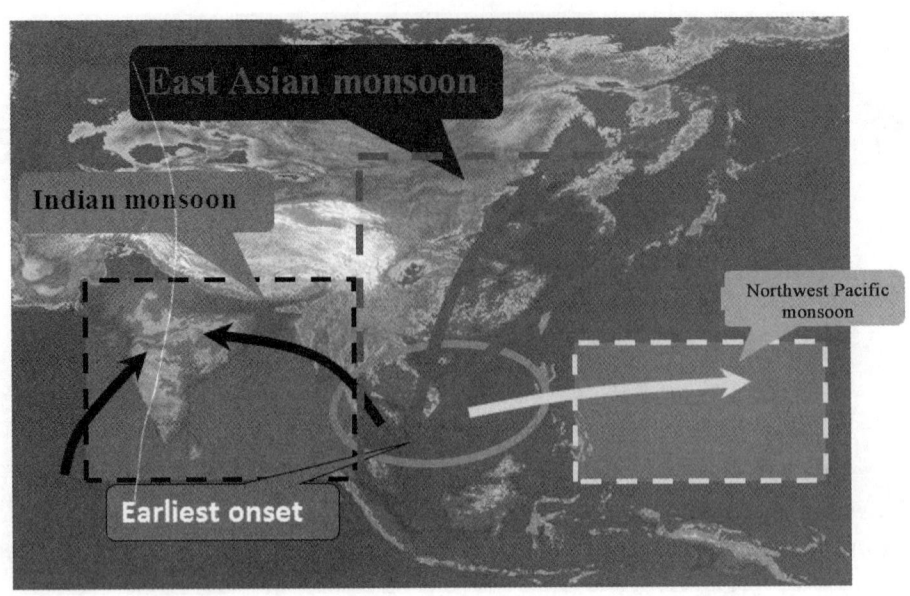

图 3.1 亚洲季风的三个子系统位置示意图（引自丁一汇 2005）
黑、黄、红三个方框区分别代表印度季风（Indian monsoon）区（5°～27.5°N，65°～100°E）、西北太平洋季风（Northwest Pacific monsoon）区（5°～22.5°N，125°～150°E）、东亚季风（East Asian monsoon）区（22.5°～45°N，100°～140°E 以及 5°～22.5°N，100°～125°E）。亚洲夏季风最早的爆发（Earliest onset）地点在中南半岛附近的区域

3.2 东亚季风环流系统

在我国，除新疆、柴达木盆地中部和西部、藏北高原西部、贺兰山及阴山以北的内蒙古地区属大陆性气候（无季风）之外，其他地区均属季风区。

3.2.1 东亚夏季风

（1）东亚夏季风环流系统

东亚季风区与南亚季风区连在一起，早年很多学者认为东亚夏季风是南亚夏季风向东、向北的延伸，但后来很多学者研究认为，东亚夏季风是一个相对独立的系统。东亚夏季风与南半球的印尼—北澳冬季风有着密切联系，东亚夏季风盛行时，正是印尼—北澳冬季风的盛行期。

东亚和印尼—北澳夏季风（北半球）环流系统的低空成员包括：澳大利亚冷性反气旋、东亚地区向北越赤道气流、南海—西太平洋热带辐合带（ITCZ）（或称热带季风辐合带、南海季风槽等）、西太平洋副热带高压、梅雨辐合带（或称副热带季风辐合带、梅雨锋等）；高空成员包括：南亚反气旋的东部脊、东风急流（含南北两支东风急流）、东亚地区向南越赤道气流、南半球高空副热带高压脊等。

与东亚夏季风相关的主要环流系统简介如下：

副热带高压（简称副高）。500 hPa 的西太平洋副热带高压，其西部的脊伸向中国大陆，对中国夏季雨带的位置及雨季的长短有重要影响。伴随着夏季风的向北推进，副热带高压脊有两次明显的北跳,一次对应入梅,一次对应出梅。副热带高压加强西伸往往有助于夏季风增强。但是,有时副热带高压强,而夏季风并不强,这与副热带高压所处的地理位置有密切关系。

热带辐合带。热带辐合带(Intertropical Convergence Zone,ITCZ)也称为季风槽。盛夏东亚有两个雨带:一个在中纬度西风冷气流与副热带季风的暖湿气流交汇处;另一个与ITCZ相联系,在西太平洋副热带高压南侧东南信风与热带季风交汇处。

越赤道气流。印度洋地面越赤道气流为南风,穿越赤道后东南风转为西南风。这支气流携带大量的水汽和热量到北半球,对季风降水有重要意义。不过越赤道气流并不是沿赤道均匀分布的,而是集中于几个通道,一个在 $40°\sim50°E$(索马里急流),另一个在 $105°E$ 附近,后者是东亚季风的热量和水汽的主要来源。

澳大利亚高压。南半球 $100°\sim110°E$ 的东南风来自澳大利亚高压,亚洲大陆的低压中心、西太平洋副热带高压强度与澳大利亚冷空气活动有密切关系。

南亚高压。夏季对流层上层 100 hPa 上有一个横跨亚洲大陆南部的高压,称为南亚高压。梅雨季节之前高压中心位置在 $25°N$ 以南,梅雨季节在 $25°\sim30°N$,出梅后跳到 $30°N$ 以北。

热带东风急流。对流层上层夏季在南亚高压南部维持一支强大的东风急流。东风急流强时,东亚夏季风也强;东风急流弱时,东亚夏季风也弱。

在这些环流系统的控制下,低层存在三支季风气流。即从澳大利亚冷性反气旋中辐散出来的冬季东南季风和越过赤道后转向而成的南海—西太平洋热带西南季风,以及由西太平洋副热带高压脊西侧向北流转向而成的东亚大陆—日本副热带西南季风。东亚地区两支西南季风的北侧是两条辐合带,高层为辐散带,对应着两条季风雨带。

东亚夏季存在两个闭合的经向垂直环流。一个是从澳大利亚反气旋中辐散出向北的气流在南海—西太平洋 ITCZ 中辐合上升,到高空后转向南流,到澳大利亚上空下沉后再回到澳大利亚反气旋中,构成闭合环流圈。这个环流圈与热带季风相联系,成为热带季风环流圈。另一个与副热带季风相联系,从副热带高压脊西侧向北的气流在副热带辐合带中上升至高空后转向南流,在华南沿海副热带高压脊中下沉,构成一个较小的闭合经向环流,称为副热带季风经向环流圈。

南海—西太平洋热带季风的气流主要来自南半球。东亚大陆—日本副热带季风的气流由副热带高压西南侧的东南气流、南海—西太平洋西南季风和印度热带西南季风三股气流在副热带高压西侧汇合而成(图3.2)。南海—西太平洋 ITCZ 由单一的热带海洋气团组成,不具有锋面性质。副热带季风辐合带由热带气团与北方极地大陆性气团所构成,湿度对比明显,在高空有明显的锋面结构。

(2)夏季风年际异常的环流特征

东亚夏季风偏强年,鄂霍次克海区域一般没有阻塞高压,西太平洋副热带高压位置偏北,西太平洋中纬度地区位势高度偏高,东亚梅雨锋的强度偏弱,长江流域梅雨锋区降水比常年偏少。东亚夏季风偏弱年,东亚中高纬度鄂霍次克海区域一般有阻塞高压,西太平洋副高位置偏南,西太平洋中纬度地区位势高度偏低,梅雨锋强度偏强,长江流域梅雨锋区降水比常年偏多。

(3)东亚夏季风的演变进程

东亚地区夏季风以阶段性的而非连续性的方式进行季节推进,北进经历了两次突然北跳和三次静止阶段。在这个过程中,季风雨带和季风气流以及相应的季风气团也相应地向北运动。这种阶段性北跳和东亚大气环流的季节变化,主要是与行星尺度锋区、高空西风急流和西

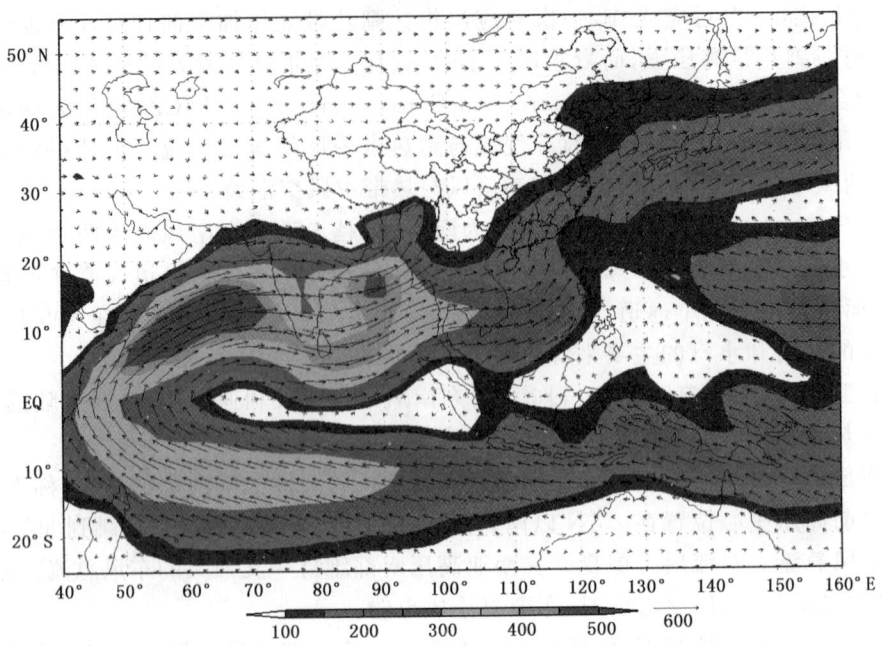

图 3.2　1981—2010 年夏季(6—8 月)平均整层积分的水汽输送矢量分布
所用资料为 NCEP 再分析资料，单位：kg/(s·m)

太平洋副高的季节演变密切相关。

冯瑞权和王安宇(2001)使用 850 hPa 西南风大于 2.5 m/s 和 $\theta_{se}=335$ K 来表征夏季风前沿(图 3.3)。从图中可以看出东亚夏季风开始于南海夏季风爆发(5 月 26—30 日)。在向北运

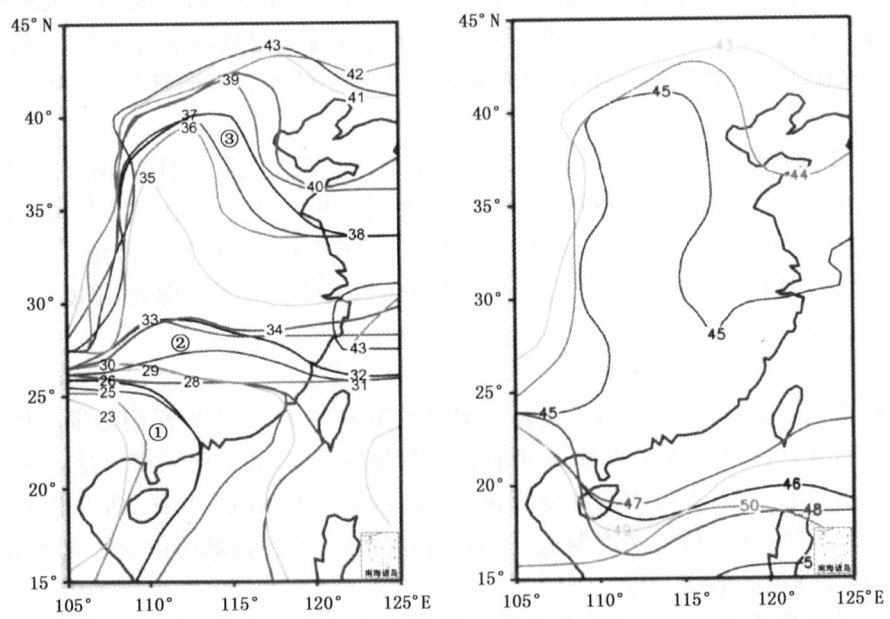

图 3.3　40 年平均东亚夏季风前沿从 23 候到 51 候的逐候变化
(a)第 23—43 候(4 月 21 日—8 月 3 日)；(b)第 43—51 候(8 月 3 日—9 月 12 日)(引自冯瑞权等 2001)

动的过程中,夏季风前沿在空间分布上表现出华南、长江流域和华北三个地区聚集的静止特征,期间夏季风前沿迅速向北推进,并有两次显著北跳(常称为"三次停滞和两次北跳"):第一次北跳发生在33—34候(6月10—19日),由华南抵达长江流域,与梅雨的时间和区域一致;第二次北跳发生在7月上旬,由长江流域抵达华北,华北雨季开始。41候(7月20—24日)夏季风前沿推进到东北地区,这是亚洲夏季风所能达到的最北端。东亚夏季风的撤退从44候(8月5—9日)开始。撤退的过程非常迅速,从华北到华南大约只用了一个月甚至更短的时间,两候之后长江流域以南地区低空西南风消失。9月上旬夏季风前沿迅速南撤至南海北部后静止,东亚夏季风结束。

3.2.2 东亚冬季风

冬季风最明显的地区是中国东部、经南海到马来半岛和印度尼西亚一带(图3.4)。在700 hPa以下这里盛行强的偏北或东北风。印度冬季风也相当明显,在孟加拉湾北部有明显的北风分量,这时为当地的干季,但是沿南支槽西风带东移的高空槽仍能给印度冬季带来降水。亚洲冬季风起源于西伯利亚高压,当高压离开源地向南爆发时在其东侧和南侧可产生很强的偏北风,这就是冬季风。

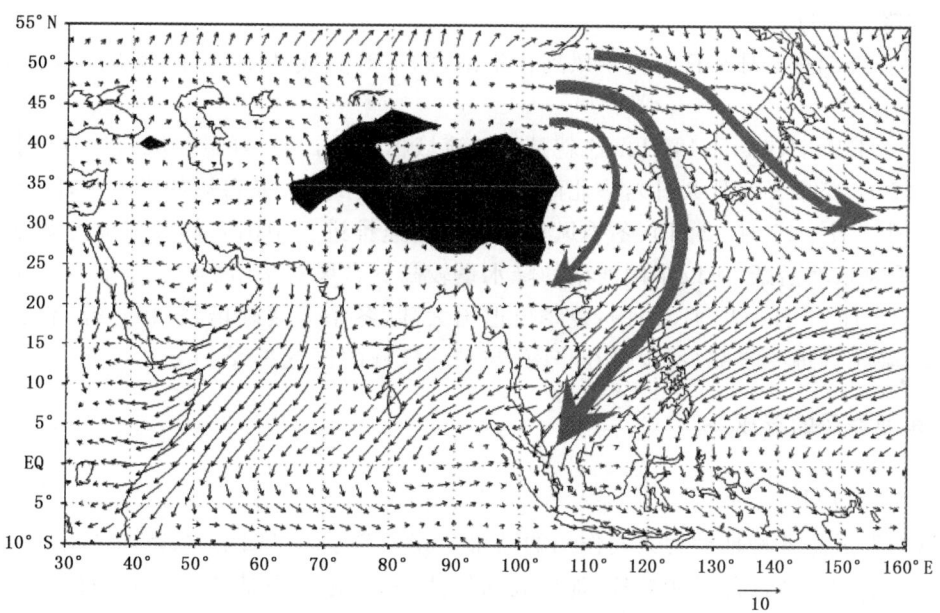

图3.4　1981—2010年冬季850 hPa平均风场,黑色阴影区为2000 m高度地形范围,三条箭头线为东亚地区冬季风的三条典型路径(所用资料为NCEP再分析资料,单位:m/s)

东亚冬季风与南半球的印尼-北澳夏季风有密切联系,东亚冬季风盛行时正是印尼-北澳夏季风的盛行期。东亚和印尼-北澳冬季风(北半球)环流系统的低空成员包括:亚洲大陆冷性反气旋、东亚向南越赤道气流、印尼-北澳夏季风辐合带或热带辐合带(西北季风与东南信风)以及澳大利亚热低压等;高空成员包括:南半球高空副热带高压脊、向北越赤道气流和北半球高空副热带高压的西部脊。在这些环流系统的控制下,存在两支季风气流:一支是从亚洲冷性反气旋内辐散出的东亚冬季风,30°N以北为西北季风,以南为东北季风;另一支是印尼-

北澳夏季西北季风,它的气流来自北半球的东亚东北季风和北半球西太平洋副热带高压南侧的东北信风(图3.4)。东亚冬季风期间的主要降水区位于赤道及其南侧的东北信风区,这里也是冬季全球最强的降水区。

上述内容为冬季风环流的基本特征。冬季风存在活跃和中断,即当有冬季风活动时称为冬季风(或南半球夏季风)的活跃,没有冬季风活动时称为冬季风(或南半球夏季风)的中断。

强、弱冬季风年的东亚环流系统和天气特征有明显的差异。强冬季风年,500 hPa 西太平洋副热带高压弱,亚洲地区西风环流弱,东亚长波槽南伸,200 hPa 层 115°E 西风急流强且偏北;弱冬季风年环流特点刚好相反。

3.2.3 季风与我国的季节转换

季风与我国的季节转换密切相关,高由禧(1962)根据季风活动划分出 7 个季节,现简述如下:

隆冬(12月2日—3月1日):冬季风达到最盛,气候冷干,10℃等温线约在 25°N,雨带大体与 27°N 纬圈平行。

晚冬(3月2日—4月10日):冬季风显著减弱,10℃等温线在 3 月底跳到 35°N,降水量增加,位置与隆冬相近。

春(4月11日—6月9日):夏季风到达华南,20℃等温线从 23°N 跳到 35°N,华南降水继续增加。

初夏(6月10日—7月14日):这就是长江流域梅雨季,26℃等温线从 25°N 跳到 35°N。

盛夏(7月15日—9月2日):华北雨季开始,华南在 ITCZ 及台风的影响下,降水量增加。

秋(9月3日—10月22日):冬季风从北向南迅速推进。中国东部大部地区降水量减少。但西南夏季风依然活跃,所以中国西南的降水量较高。台风对华南的气候有重大影响。

初冬(10月23日—12月1日):夏季风退出大陆,冬季风逐渐增强,10℃等温线很快从北向南移动,降水量进一步减少,雨带在华南,与平均极峰的位置一致。

3.2.4 东亚季风的形成

3.2.4.1 基本机制

季风的形成是各种推动力共同作用的结果。其主要原因可归纳为:行星热对流环流,即由南北太阳辐射的季节性差异所导致;地球表面特性差异,包括海陆热力差异和地形高度,特别是青藏高原大地形等所导致的准定常行星波;湿过程,也就是空气中水汽的相变及其输送过程能够储存和重新分配热带和副热带大部分地区接受到的太阳能,并有选择地释放这些能量,从而决定季风环流及季风降水的强度和地域(曾庆存和李建平 2002,何金海等 2004)。另外,青藏高原对于亚洲夏季风的形成也有重要影响,同时中南半岛与南海、澳大利亚与西太平洋之间的热力对比在东亚夏季风南部热带季风的形成中也起着重要作用。

3.2.4.2 东亚季风区水汽输送

夏季中国水汽主要通过夏季风进行水汽输送,其主要的水汽来源区是南海和中南半岛,其次是孟加拉湾地区,西太平洋也是一个重要水汽来源区。除了来自热带的季风水汽输送之外,中纬度的水汽输送对中国尤其是中国北方地区也是一个重要来源,但其量值要比来自热带的夏季风的水汽输送小得多(见彩图3.2)。在冬春和夏初,沿20°～30°N纬度带的南支西风带对中国的水汽供应也起着重要作用,尤其是春季(3—5月),夏季风未爆发前,它是中国水汽供应的主要通道之一。

夏季亚洲地区各支大尺度水汽输送汇合成一支从南半球出发的行星尺度水汽输送大值带,经过亚洲季风区进入北太平洋。偏南水汽输送所能到达的北界位于东北北部50°N附近,而西太平洋副高南侧的东南风水汽输送所能到达的西界位于甘肃东南部100°E附近(周长艳等2005)。但夏季东亚季风区的水汽分布和输送特征与印度夏季风区有较大差异(黄荣辉等1998)。前者经向输送分量较大,水汽的辐合、辐散主要是由于湿度平流造成的;而后者以纬向输送为主,水汽的辐合、辐散主要是由于风场的辐合、辐散所造成的。

影响我国夏季降水的主要水汽通道包括低纬的西南通道、南海通道、东南通道三条水汽通道,以及高纬的很弱的西北通道,分别体现了南亚季风、南海季风、副热带季风和中纬度西风带对我国夏季降水的影响,而东亚夏季风对我国降水的影响主要位于100°E以东地区。这四条水汽通道对我国夏季降水的影响范围分别是:西南通道是华南中部和西南、西北降水的水汽来源,南海通道直接影响华南降水,东南通道为长江流域降水输送水汽,西北通道则为黄河中上游及华北东部降水输送水汽(田红等2004)。

长江流域梅雨带水汽输送呈多源结构,孟加拉湾、南海和西太平洋的低纬洋面是主要的水汽源,西太平洋中高纬度地区也有一支水汽通道,在长江流域与南来水汽汇合。来自南海和印度洋的水汽流在孟加拉湾汇合向北输送,在青藏高原地区受高原动力强迫效应影响,向东输送到长江流域,是形成长江流域梅雨带的主体水汽通道。

南海地区的水汽输送情况与我国强降水密切相关,南海季风爆发后,其强劲南风气流输送水汽的区域往往是强降水发生区。对于我国东部大陆而言,来自南部边界(南海)的水汽大于来自西部边界的水汽。南海夏季风爆发前后,南海地区主要的水汽输送带发生了较大变化。季风爆发前,南海地区水汽主要来自西太平洋,而爆发后主要来自热带东印度洋和孟加拉湾。南海季风爆发之后,由西边界经中南半岛输入南海地区的水汽明显增加,成为主要的水汽来源,并在南海地区形成一个明显的水汽源区,在此积累的大量水汽再进一步折向北输送到华南和长江流域,为那里的强降水提供必要的水汽供应条件。

3.2.5 影响季风年际变率的主要因子

影响季风变率的原因是复杂的,主要影响因子如下:

(1)热带西太平洋热力状况

中国东部夏季降水存在准两年周期振荡,并主要受热带西太平洋热力状况影响。当春季热带西太平洋处于暖状态时,菲律宾周围对流活动强,南海夏季风爆发一般较早;如果夏季热带西太平洋也处于暖状态,西太平洋副热带高压北进在6月中旬和7月初将存在明显的突跳,容易引起江淮流域和长江中、下游夏季风降水偏少,而黄河流域、华北和东北地区的夏季降水正常或偏多。相反,当春季热带西太平洋处于冷状态时,菲律宾周围对流活动弱,南海夏季风爆发晚;而如果夏季热带西太平洋也处于冷状态,则西太平洋副热带高压北进突跳并不明显,而是以渐进式向北移动,从而使得东亚季风雨带一直维持在长江流域和淮河流域。这将引起此两流域夏季风降水偏多,而黄河流域、华北和东北地区的夏季降水偏少。

(2)厄尔尼诺和拉尼娜

观测资料统计分析和数值试验发现,厄尔尼诺现象对南海西南季风爆发时间有一定的影响,但不及西太平洋海温异常的影响作用显著。在强(弱)南海夏季风年的前期,热带海温基本呈 La Niña (El Niño)型分布,其中12月的海温距平分布与来年南海夏季风的强弱关系最为密切。

(3)印度洋海温

印度洋偶极子对东亚季风区的天气气候,特别在夏季影响十分显著,而在 El Niño 期间,其影响更大。印度洋正偶极子位相期间,东亚地区的西南季风爆发偏晚、强度增强,我国大陆降水增多;在印度洋负偶极子位相期间,东亚地区的西南季风爆发偏早、强度减弱,我国的东南部地区有丰富的降水。赤道东太平洋海温异常和印度洋偶极子有协同作用。当印度洋海温为正(负)距平时,南海夏季风建立较早(晚);当南印度洋海温表现为西正东负的南印度洋偶极子型时,南海夏季风建立较早(晚)。

(4)高原积雪状况

数值模拟的结果表明,高原雪深和雪盖的正异常推迟了东亚夏季风的爆发日期,减弱了季风强度,造成华南和华北降水减少,而长江和淮河流域降水增加。冬季雪深异常比冬季雪盖异常和春季雪深异常对降水的影响更为显著。高原及其邻近地区的积雪异常首先通过融雪改变土壤湿度和地表温度,从而改变了地面到大气的热量、水汽和辐射通量。由此所引起的大气环流变化又反过来影响下垫面的特征和通量输送。在湿土壤和大气之间,这样一种长时间的相互作用是造成后期气候变化的关键过程。

(5)索马里急流

索马里急流作为最主要的越赤道气流,对两个半球间水汽输送起最关键的作用,它把水汽从冬半球输送到夏半球。夏季索马里急流的年际变化与全球范围内的环流异常相联系,特别是东亚沿岸的波列状异常分布、南亚高压以及澳大利亚以南的偶极型异常分布;它也同春季的北印度洋等海区的海温异常有密切关系。研究还表明,春季索马里急流的年际变化对东亚夏季降水和大气环流有显著影响。

(6)南半球高压系统和南极涛动

对马斯克林高压(简称马高)和澳大利亚高压(简称澳高)的年际变化研究表明,马高的年际变化受控于南极涛动,而澳高的年际变化则同时与 ENSO 和南极涛动有关。春、夏季,尤其是春季,马高和澳高强度与东亚夏季降水有密切关系,当春、夏季马高增强时,中国长江流域到日本一带多雨,中国华南到台湾以东的西太平洋地区以及东亚中纬度少雨。澳高对东亚夏季降水的影响仅限于个别地区,当澳高增强时,华南多雨。而澳高对东亚季风的影响弱于马高,马高对两半球大气环流的相互作用有决定性作用。研究证实,南极涛动是另外一个(除 ENSO 之外)能够对东亚夏季风降水产生重要影响的年际变化强信号。

3.2.6 东亚季风的年代际变化

东亚季风除存在年际变率外,还存在显著的年代际变化。图 3.5 给出了近百年东亚夏季风和冬季风指数的变化曲线。从图 3.5a 可以看出,从 20 世纪 20 年代初至 60 年代初是一个夏季风的持续偏强期,但是从 60 年代中期开始进入一个夏季风持续偏弱期,特别是从 70 年代末以后夏季风显著偏弱。但最近有研究表明,东亚夏季风自 90 年代初开始表现出恢复增强的特征,我国东部夏季雨带也出现了年代际北移。

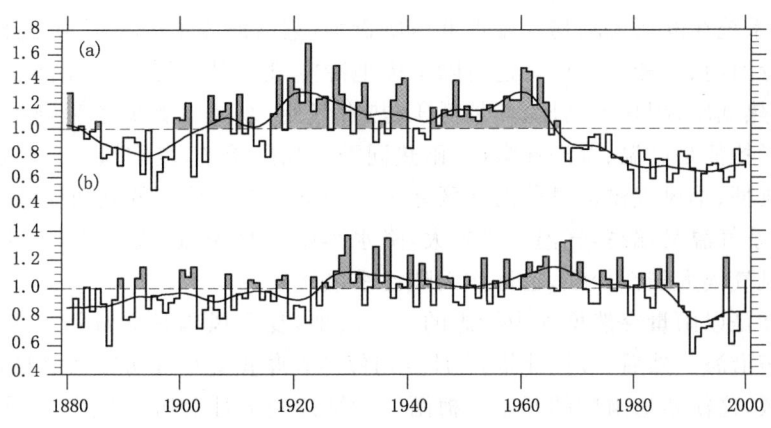

图 3.5 近百年东亚夏季风指数(a)和冬季风指数(b)(引自丁一汇 2013)

冬季风的变化(图 3.5b)也大致是 19 世纪末到 20 世纪初较弱,20 世纪 20—70 年代是一个漫长的冬季风偏强期,80 年代初冬季风才显著减弱。亚洲季风的年代际变化可能与海洋热力状况的年代际变化有关。例如,印度夏季风在 20 世纪 60 年代中期及 70 年代后期发生的两次减弱过程中,就是东亚与从东印度洋到热带西太平洋的热带区域之间的对流层温度对比减小,起到了减弱印度夏季风环流的作用。亚洲大陆陆面状况的年代际变化,特别是青藏高原的热源状况,也可能是引起东亚季风年代际变化的原因。在积雪初期,地面反射通量的增加,减少了太阳辐射的吸收、融雪时的融化吸热,以及后期的湿土壤与大气的长期相互作用;作为异常冷源,减弱了高原及其附近大气的热源,是高原冬春积雪影响我国夏季降水的主要机理。北极涛动也会通过改变亚洲大陆中高纬地区的温度而对亚洲季风的年代际变化产生影响。

3.3 东亚季风对中国气候的影响

3.3.1 中国的季风性气候特征

中国气候表现为显著的大陆性季风特征,冬季冷干,夏季湿热,雨热同期,各种气候要素均表现出明显的季节变化,在各种地形的影响下又具有复杂的空间分布。

3.3.1.1 季风气候显著

我国的气候具有夏季高温多雨、冬季寒冷少雨、高温期与多雨期一致的季风气候特征。由于我国位于世界最大的大陆——亚欧大陆东部,又在世界最大的大洋——太平洋西岸,西南距印度洋也较近,因此气候受大陆、大洋的影响非常显著。海陆之间的巨大热力差异使我国季风气候特点更为明显。主要表现为冬夏盛行风向有显著的变化,随季风的进退,降水也有明显的季节性变化。冬季,我国大陆主要为极地大陆气团或变性极地大陆气团所控制,在 80°~90°E 高空多为高压脊,而沿海高空常为一大槽,脊前槽后的冷空气不断南下,加强了地面的冷高压(蒙古高压),温暖的海洋上多为低气压所控制。气流不断地从高气压区流向低气压区,使得我国冬季对流层低层盛行西北、北和东北风。极地大陆冷高压及其伴随的极锋或次冷锋是冬季我国天气的主要控制系统,天气气候特征是降水少和低温、干燥。夏季,我国大陆大部分地区为热带、副热带海洋气团和热带大陆气团所控制,高空在 70°~80°E 处为一低压槽,沿海为一浅脊,地面气压系统在欧亚大陆均为蒙古低压所盘踞,它与海洋上的高压相配合使得我国夏季对流层低层盛行西南、南和东南风。这时除了极地冷空气及其伴随的冷锋仍然可以影响到华北一带外,大陆热低压、副热带高压、热带低压、热带气旋、东风波等成了影响我国天气的主要系统。天气气候特征是高温、湿润和多雨,雨热同季。我国受冬、夏季风交替影响的地区广,是世界上季风最典型、季风气候最显著的地区之一。和世界上同纬度的其他地区相比,我国冬季气温偏低,而夏季气温又偏高,气温年较差大,降水集中于夏季,这些又是大陆性气候的特征。因此我国的季风气候大陆性较强,也称作大陆性季风气候。

夏季风来临是以雨量突然增加为标志的。一般地,夏季风雨带5月初出现在南海北部,5月中旬移到华南沿海。然后,缓慢北推,5月下旬停滞在华南。6月初突然北推,6月中旬到达长江中下游地区,这便是梅雨期的开始。梅雨一般维持到7月上旬。然后,夏季风影响淮河以北地区,7月下旬华北和东北地区进入全年雨季最盛期,一直维持到8月上旬。8月中下旬开始,夏季风雨带迅速南撤,全国(除东南沿海受到热带气旋影响地区外)雨量迅速减少。9月中旬到10月上旬停滞在江淮中东部一带,形成相对的多雨带。华西地区由于受地形的影响,多出现连绵秋雨,也为一相对的多雨区。9、10月份华北和华中地区多为秋高气爽的天气。10月中旬雨带退到华南。我国各地的雨季开始和撤退时间正常与否,大都直接与夏季风的进退时间密切相关。

夏季风的来临和撤退与维持时间等年际间的差异,决定着我国年际间不同的夏季降水状况和旱涝地区的分布。统计表明,夏季风很强的年份,雨带迅速推到北方,北方多雨,长江中下游梅雨期较短,出现严重的伏旱;反之,长江中下游雨带停滞,雨量过多,发生洪涝,而北方出现旱象,如1999年。因此,季风气候的特点,特别是冬、夏季风的异常变化,使我国成为世界上气象灾害发生最为频繁的国家之一。干旱、暴雨洪涝、低温冷害等是我国主要的气象灾害。据1950—1999年统计,我国每年干旱、风雹、低温霜冻等灾害的受灾面积平均为3800多万公顷。下面主要从温度和降水方面对我国的气候特征进行简述。

(1) 温度

1月可以代表我国冬季。从1月等温线图((彩)图3.6)可看出:0℃等温线穿过了秦岭—淮河—青藏高原东南边缘,此线以北(包括华北与东北、西北内陆及青藏高原)的气温在0℃以下,其中黑龙江漠河的气温在-30℃以下;此线以南的气温则在0℃以上,其中海南三亚的气温在20℃以上。因此,南方温暖、北方寒冷、南北气温差别大是中国冬季气温的主要特征。其形成原因为:受纬度位置影响,冬季阳光直射在南半球,中国大部地区处于北温带,由太阳辐射获得的热量少;同时,我国南北跨纬度高达49°15′,北方与南方太阳高度差别显著,故造成北方大部地区气温低,且南北气温差别大。

7月可以代表我国夏季。从7月等温线图((彩)图3.7)可看出:除了地势高的青藏高原和天山等地区以外,大部分地区在20℃以上,南方许多地区在28℃以上;新疆吐鲁番盆地7月平均气温高达32℃,是中国夏季的炎热中心。整体看,除青藏高原等地势高的地区外,全国普遍高温,南北气温差别不大,是中国夏季气温分布的特征。其形成原因为:夏季阳光直射点在北半球,中国各地所获得的太阳光热普遍增多;加之,北方纬度较高、白昼较长,所获得的光热相对增多,这缩短了与南方的气温差距,因而全国普遍高温。

春季和秋季是冬季风和夏季风之间的转换季节,此时我国各地气温表现出了复杂性和多样性的特征。

第 3 章　东亚季风与中国气候

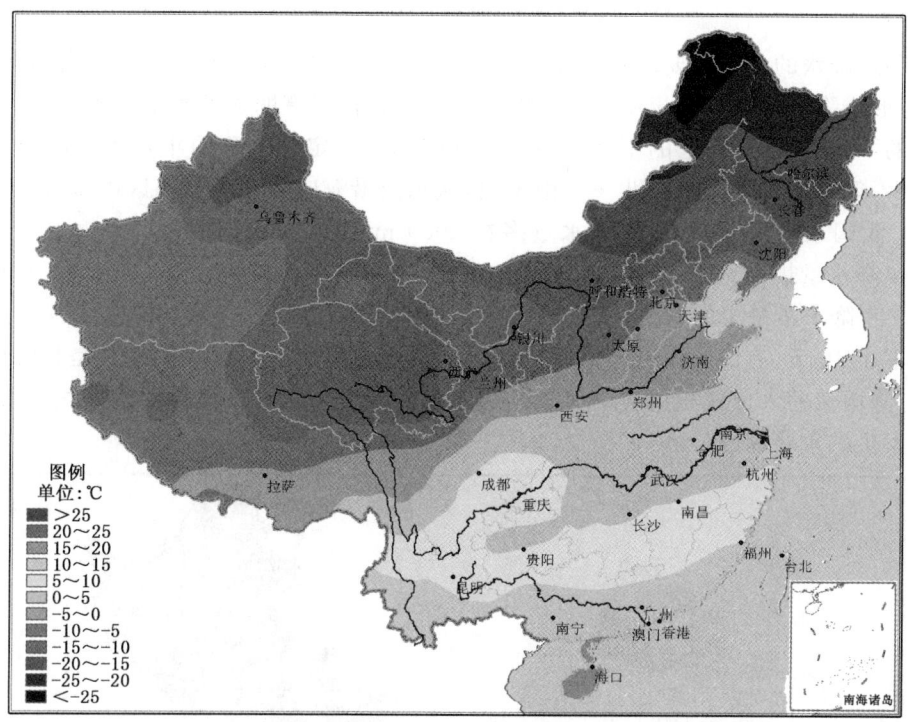

图 3.6　1971—2000 年我国 1 月平均气温分布图（引自国家气候中心）

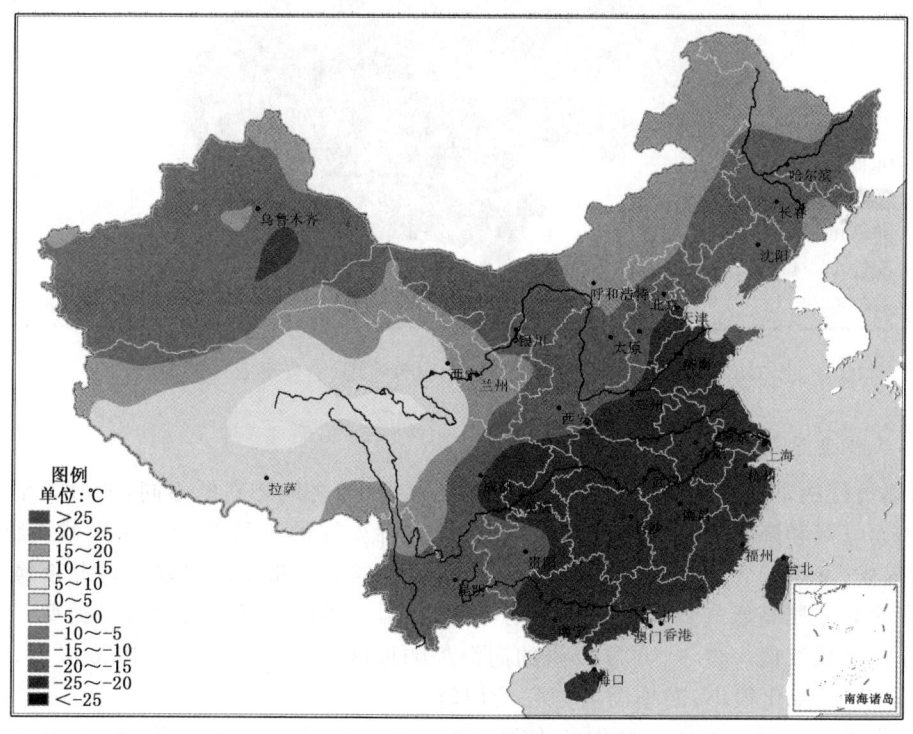

图 3.7　1971—2000 年我国 7 月平均气温分布图（引自国家气候中心）

(2) 降水

我国各地降水的多少主要取决于冬夏季风开始与结束的早晚和强弱的变化,同时还受地形、地势与形成降水的大气环流系统的影响。我国雨带位置有明显的季节性推移,降水分配存在地区间的不均匀性、时间上的不平衡性和年际间的不稳定性。我国年降水量的分布从东南向西北减少,等雨量线大体呈东北—西南走向,从东南沿海向西北内陆地区雨量分布差异明显(图 3.8)。我国东南沿海一带,年降水量多在 2000 mm 以上,而西北地区普遍在 200 mm 以下。我国年降水量最高纪录,要数台湾的火烧寮,年平均降水量达 6558 mm,最多的一年为 8409 mm。年降水量最少的地方,则数吐鲁番盆地中部的托克逊,年平均降水量仅 5.9 mm,年降水天数不足 10 天,有的年份甚至滴雨不降。我国降水量年际变化大的地区是长江以南和华南地区,与降雨量的大值区相对应。较大的降水年际变率与东亚季风异常密切相关,也是造成旱涝灾害发生的重要原因。

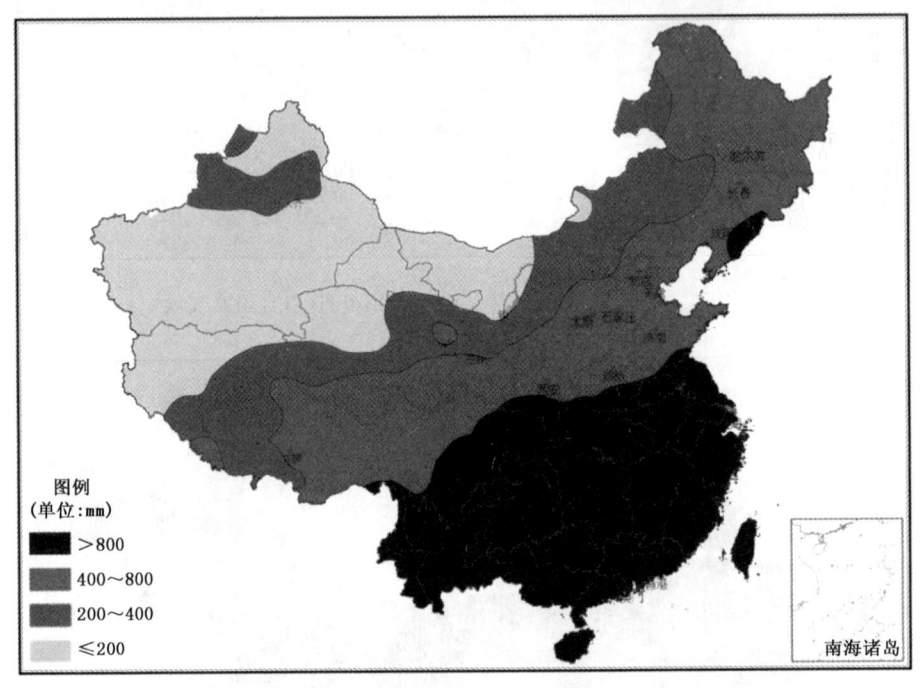

图 3.8 1981—2010 年我国年降水量分布图(引自国家气候中心)

3.3.1.2 气候复杂多样

我国幅员辽阔,所跨纬度较广,距海远近差别较大,加之地势高低不同,地形类型及山脉走向多样,因而气温和降水的组合多种多样,形成了多种多样的气候类型。从气候类型上看,东部属季风气候(又可分为亚热带季风气候、温带季风气候和热带季风气候),西北部属温带大陆性气候,青藏高原属高寒气候。从温度带划分看,我国主要包含以下几种气候类型:

(1) 赤道季风气候。位于 10°N 以南的南海岛屿地区。年平均气温在 26℃ 以上,年积温达 9000 ℃·d,气温变化很小,四季雨量分配较均匀。

(2) 热带季风气候。包括台湾省的南部、雷州半岛和海南岛等地。年积温≥8000 ℃·d,最冷月平均气温≥16℃,年极端最低气温多年平均≥5℃,极端最低气温一般≥0℃,终年无霜。

(3) 副热带季风气候。我国华北和华南地区的气候属于此种类型。年积温在 4500～8000

℃·d，最冷月平均气温－8～0℃，是副热带与温带之间的过渡地带，夏季气温相当高（候平均气温≥25℃至少有6候，即30天），冬季气温相当低。

(4) 温带季风气候。我国内蒙古和新疆北部等地的气候属于此种类型。年积温在1600～3400 ℃·d，最冷月平均气温在－28～－8℃，夏季候平均气温多数仍>22℃，但>25℃的已很少见。

(5) 寒温带季风气候。我国东北地区的北部的气候属于此种类型。年积温<1600 ℃·d，最冷月平均气温<－28℃，冬季严寒程度比温带更甚，寒冷期比温带更长。

(6) 高原气候。我国青藏高原的气候属于此种类型。年积温<2000 ℃·d，日平均气温<10℃，最热候的气温也<5℃，甚至<0℃。气温日较差大而年较差较小，但太阳辐射强，日照充足。

从干湿地区划分看，自东南向东北，依次为湿润、半湿润、半干旱、干旱地区，其中干旱、半干旱地区面积约占全国面积的一半。大体上全国可划分为东部季风区、西北干旱区和青藏高寒区三个大区。由于纬度高低、距海远近不同，加之地形错综复杂，地势相差悬殊，致使我国气候类型多种多样。东北地区主要为湿润、半湿润温带气候区。冬季严寒而漫长，夏季较短。华北大部分地区为半湿润暖温带气候区，部分为半干旱暖温带气候区。冬季寒冷少雨；夏季高温多雨，且暴雨较多，春旱严重。春旱和夏季降水不稳定是该区农业生产的制约因素。长江流域和江南地区为湿润亚热带气候区。冬季湿冷，春雨较多，初夏多雨，盛夏高温伏旱，沿海夏秋有热带气旋侵袭，是该区主要气候特征。华南大部和西南部分地区也属湿润亚热带气候。冬季温和，春末至夏季多雨。但冬春时少雨干旱，影响热量的利用；暴雨洪涝及热带气旋的影响也不同程度地制约本区经济的发展。热带湿润气候区域分布在雷州半岛、海南岛、南海诸岛。台湾南部和云南南部，全年暖热，降水量多，干湿分明；冬春少雨，夏季暴雨和热带气旋活动比较频繁。内蒙古属于半干旱气候区。西北地区主要是干旱气候区，种植业仅限于绿洲和山麓地带，水资源短缺是制约本区经济可持续发展的主要因素。但该区风能和太阳能资源丰富。青藏高原，大部分地区寒冷少雨。气候地区差异很大，具有从寒带到热带的各类气候。

3.3.1.3 季节突变明显

东亚大气环流存在6月和10月两次明显的突变，在短促的时间内完成环流的季节转换。冬季，东亚上空存在两支西风急流，6月南支西风急流突然消失，而到10月又有两支西风急流出现在东亚上空。长江流域夏季风和梅雨季节的来临正好对应于6月东亚上空西风急流位置的突变。

3.3.2 东亚季风对中国气候的影响

中国是世界上著名的季风区之一，中国的季风有鲜明的区域特色，不同于印度季风，也不同于东南亚季风。冬季，西伯利亚高压覆盖了几乎整个亚洲大陆，中国盛行干冷的西北风（图3.4）；而夏季，一个巨大的低压系统控制着亚洲，其中心在印度北部，中国盛行偏南的暖湿气流，25°N以北以东南风为主，25°N以南以西南风为主（见彩图3.2）。夏季风的影响范围主要限于中国东部，夏季风的北界与夏季极锋的平均位置相对应。冬季风的南界则取决于冬季极锋的平均位置（高由禧等 1962）。根据季风的影响范围，把中国划分为5个区：(1) 中国西北部，包括内蒙古大部和新疆，冬季风盛行，而夏季风未必能达到；(2) 中国东部的北半部（≥25°N，≥105°E），夏季受副热带（东南）季风影响；(3) 中国南部（包括南海）（≤25°N），夏季盛行热带(西南)季风;(4)南海南部,冬季处于东北信风控制下,很少受冬季风影响;(5)青藏高原,降水集中于夏季,风的季节性反转十分明显,为高原季风区(高由禧等 1962)。

我国四季气温变化和雨季、旱季的形成都与季风活动有密切的关系。可以说,我国东半部的主要降水都是在季风的影响下形成的。主要雨带位于夏季风的前沿,200 mm 降水等值线大致可以看作夏季风的最北界限。深入了解季风是认识我国气候及其形成与变化原因的基础。

中国从冬到夏的过渡或雨季的来临是从南海夏季风爆发开始。平均在 5 月中旬(5 月 16—20 日)前后,亚洲夏季风最早在中南半岛附近区域爆发(见彩图 3.1),这些地区冬季盛行的东北季风迅速地被西南季风代替。同时降水迅速增加,由冬半年的干季转变为夏半年的湿季(雨季)。这时中国的华南地区进入了前汛期,即雨季的盛期。季风爆发之后分两条路线,分别向西北和东北方向传播。经过一个多月的时间,西南季风控制了孟加拉湾地区、印度半岛及喜马拉雅山南麓等地区,印度季风全面爆发,南亚雨季到来。另一方面,随着西太平洋副高的第一次北跳(平均脊线从 15°N 跳到 20°~25°N),在 6 月中旬,南海的夏季西南风迅速地推进到江淮地区,这使华南前汛期雨季结束,江淮地区梅雨开始。梅雨是东亚季风区著名的雨季。梅雨在江淮地区一般可持续到 7 月上旬。在此期间,江淮地区很容易发生持续性大暴雨,以致酿成水灾。如果在鄂霍次克海和贝加尔湖以西地区有稳定的阻塞高压出现(尤其是下游鄂霍次克海地区),东亚的大范围环流形势将非常稳定。西风带的气流(冷空气)在阻塞高压的作用下分成南北两支,南支的气流向南可到达长江流域,并不断地与那里南来的暖湿西南季风气流交汇,形成梅雨锋面,产生持续的降雨,这时正处于黄梅季节,故有梅雨之称。如果阻塞高压持续很长的时间,副热带高压也极其稳定,则梅雨可持续一个月以上,甚至达两个月,如 1954 年、1991 年和 1998 年。在这种情况下,持续不断的暴雨降水可造成江淮流域的异常大洪水,给这些地区带来严重的经济和生命损失。7 月上中旬以后,随着西太平洋副热带高压的第二次北跳,夏季风继续北推,在 7 月下旬到达华北,以后再推进到东北,到达 45°N 附近,这可能是亚洲夏季风到达的最北边缘。在这期间,约从 7 月上旬开始,在中国江淮流域梅雨结束后北推的过程中,朝鲜半岛进入了雨季,在韩国称长雨(Changma),所以东亚和东北亚地区诸国的雨季皆是季风在季节性北上过程中产生的独特的雨季。华北的雨季出现在 7 月下旬和 8 月上旬(即所谓的"七下八上")。这时,华北地区平均降下了全年 1/2 左右的雨水。从 8 月下旬开始,由于西伯利亚冷空气的加强和南侵,季风开始撤退。在不到两周时间内,夏季风从北方迅速地退至长江流域,9 月上旬,回到南海北部地区,完成了夏季风一次南北向的季节进退过程。由于夏季风在东亚地区的进退和强弱具有明显的年际变化,每年夏季风来临或爆发的早晚、进退的快慢、强弱大小皆不相同,这使主要季节雨带的时空分布、雨量大小很不相同。在弱季风年,季风北推不到华北和东北地区,常导致华北的干旱少雨、江淮多雨;在强季风年,情况常常相反,即华北及东北南部多雨、江淮干旱,这时由于整个气候系统北移,ITCZ 北移,华南也多雨。

季风的强弱具有很大的年际变化特征,季风活动的异常会导致中国部分地区发生旱涝。1998 年是一个典型的例子。这一年亚洲季风偏弱,南海季风是 1980 年以来 20 年中最弱的。并且南海夏季风爆发日比常年偏晚一周左右(5 月第 5 候)。该年副热带高压位置偏南,且十分稳定,从而使雨带主要位于长江及其以南地区。由于东亚季风的爆发、活跃、中断以及撤退不仅在很大程度上决定了中国夏季的旱涝,甚至也决定了日本和韩国等国家的旱涝分布与灾害状况。因此季风的研究与预报历来受到中国、日本、韩国等国家气象学者的重视,同时通过国际合作开展了大规模的季风科学试验,推动了对季风形成和演变原因的了解,在此基础上明显地改进了季风及其降水的季节预报。

东亚冬季风的强弱主要取决于西伯利亚高压发展的程度,冬季西伯利亚高压的活动包括西伯利亚高压的强度(I_{WS})和西伯利亚高压向东南伸展的程度(I_{WE})两个方面。用接近西伯利亚高压中心的3个点(60°N,100°E)、(60°N,90°E)和(50°N,100°E)的海平面气压(SLP)平均代表西伯利亚高压的中心强度。用10°~60°N,160°~110°E 的 ΔSLP 表示东亚大陆东岸的海陆气压差。I_{WS}确实反映了西伯利亚高压的强度,而 I_{WE} 更大程度上是表征了亚洲大陆东岸和西北太平洋的气压差。冬季风指数 I_{WE} 与中国气温相关分析表明:冬季风强,全国大部分地区气温偏低;新疆、西北东部、内蒙古、华北、东北南部,到长江中下游,负相关系数达到-0.4或更大的负值;只有青藏高原及西南少数地区为正相关。冬季风与降水量的相关要比气温弱,冬季风强时降水偏少,只有江南地区相关系数达到-0.2到-0.4。虽然冬季风强时整个中国东部降水量少,特别是长江以南减少明显。但是,如果把视野扩大到赤道乃至南半球,就可以发现以东南亚为中心存在一个宽广的正相关区;西边起自印度半岛东岸经孟加拉湾、马来半岛、西太平洋向东到接近日界线,南北跨 15°N~15°S,大部地区相关系数达0.3,最高达0.5~0.7。这表明东亚冬季风强,冷空气到达赤道,甚至越过赤道使东南亚降水显著增加。

复习思考题

1. 亚洲季风有哪几个子系统?东亚季风的范围包括哪些?
2. 东亚和印尼—北澳夏季风(北半球)环流系统的低空成员有哪些?
3. 江淮流域洪涝年和干旱年东亚季风有何差异?
4. 简述东亚夏季风前沿的"三次停滞和两次北跳",并阐述其对我国东部降水的影响。
5. 东亚和印尼—北澳冬季风(北半球)环流系统的低空成员有哪些?
6. 东亚季风形成的因子有哪些?
7. 从温度和降水的角度简述我国的气候特征。
8. 根据受季风影响范围的不同,我国可以划分为哪5个区?
9. 简述夏季风和冬季风对我国气候的影响。
10. 简述我国雨带的推进过程。

第 4 章 极端事件与气候灾害

学习要点

本章重点介绍了极端事件的定义、诊断识别方法和指标,讨论了极端气候事件的监测和监测的常规业务,介绍了极端气候事件研究的一些进展以及极端事件与气候灾害的联系和区别。学习要点如下:

(1) 了解极端事件的定义,掌握几种基本的极端事件诊断识别方法,熟练掌握极端事件的检测指标。

(2) 了解极端事件的气候特征,熟悉极端事件检测的基本业务流程。

(3) 了解干旱、洪涝、高温、冷害、台风、沙尘暴等几种气象灾害的概念和基本内容,理解几种极端事件与气象灾害的关系。

4.1 极端事件

4.1.1 极端气候事件定义

极端气候事件是指那些和以往的观测事实和基本常识相比,发生频次不多、强度异常大的天气气候现象。极端气候事件通常会对社会、经济、环境等产生重大作用和负面影响。目前来看,极端气候事件还没有统一的定义标准,并且对于不同气候类型的极端事件而言,其定义具有很强的地域性和季节性差异。

IPCC 第四次评估报告(2007)和世界卫生组织 WHO 2004 年会议报告(2004)将极端天气事件定义为某一特定时间和地点、发生概率极小的事件,这里,发生概率通常只占该类天气现象的 5% 或者更低。从这样的定义来看,极端天气事件是指某一次天气过程中达到的极端事件,其特征会随着地理位置的变化而发生变化;极端气候事件则是在给定时段中,大量极端天气事件的平均状况,这种平均状态相对于该类天气现象的气候平均态来讲是极端的。从气候学的角度看,用发生概率来定义极端事件,简洁明确,避免了事件的绝对强度随区域不同而差异较大、很难用同一标准作比较的问题。

目前认为极端事件定义是指在一定时期内,某一区域或地点发生的出现频率较低的或有相当强度的对人类社会有重要影响的事件。这一定义包含了两层意思:一是事件发生的概率或频率相对较低(概率在 5% 以下,从统计意义上来说达到 20 年一遇);二是事件有相当强度,并对人类社会有重大影响。

4.1.2 极端事件的监测方法

极端事件监测一般使用绝对阈值法和百分位阈值法等方法定义的指标进行监测。结合研究现状,目前关于极端事件的监测方法大体包括以下几种:

4.1.2.1 绝对阈值法

顾名思义,绝对阈值法就是选择某一气象要素的特定值作为极端事件的判别阈值。例如:选择 35℃作为极端高温的阈值,日最高温度大于该阈值的事件即为极端高温事件。再如,日降水量大于 50 mm 的降水事件一般定义为暴雨事件,这里,50 mm 就是极端降水事件的一个判别阈值。

4.1.2.2 百分位法

百分位法是目前极端事件诊断中较为常用的一种方法,因其兼顾到了区域气候的差异性特征而较为广泛地使用。具体来说,选取某个长期序列的固定百分位值(通常取第 95 个百分位数等)作为阈值,超过这个阈值的值被认为是极端值,该事件被认为是极端事件,例如,日最高、最低气温超过或小于第 95 个或第 5 个百分位数的暖昼(夜)或冷昼(夜),日降水量超过第 95 个百分位数的强降水天气。

4.1.2.3 历史排位法

根据监测值的历史变化序列进行排序,挑选出当年值在序列中所处的位置,如 1961 年以来历史同期最高、1961 年以来次高等。

4.1.2.4 极值统计模型

从统计意义上说,气候要素本身就是一个随机变量,气候要素的极值则是这些随机变量的某种函数,未来的气候极值则是更加不稳定和难以预报的复杂随机变量。即使目前的动力气候数值模拟已有相当高的技巧,对于气候系统的描述,也只能在消去气候噪音的基础上模拟出平均气候状况的变化。但是,从概率意义上讲,人们可能用统计推断的手段寻求气候极值的分布模型,从而推估一定重现期的可能气候极值。建立极值统计模型的根本目的在于准确地推断极值序列的重现期,即指某一极值平均约能在多长时间(如多少年)出现 1 次。这一问题的理论实质,就是极值概率分布的右侧(或左侧)概率问题。一般来讲,极值分布模型包括三种经典模型:第一种类型为双指数原始分布模型,又称为 Fisher-TipPettd I 型分布(1928),因最初由 Gumbel(1958)用于水文学的洪水极值计算,故又称此分布型为 Gumbel 分布;第二种类型为柯西型原始分布;第三种类型为有界型,适用于极小值的分布,可以证明它就是 Weibull 分布。

4.1.3 极端事件的监测指标

4.1.3.1 阈值指标

阈值指标是极端事件最常用的一种指标,具体包括极值指标、绝对阈值和相对阈值指标。极值指标即指某个长期序列的极端最大、最小值及其出现的日期和时间。绝对阈值指标一般按照国家标准、行业标准、现行观测规范或经验,定义某一要素超过或小于特定阈值的日数或量值为特定指标,例如,高温日数为日最高气温≥35℃的天数。相对阈值指标采用百分位阈值,即选取某个长期序列的固定百分位值(通常取第 95 个百分位数等)作为阈值,超过这个阈值的值被认为是极端值,该事件被认为是极端事件。

4.1.3.2 多年一遇指标

多年一遇指标是从气候概率分布来看小于某概率的气候事件,一般统计 10 年一遇、20 年一遇、30 年一遇、50 年一遇、100 年一遇的小概率事件。

4.1.3.3 高影响灾害性天气气候事件指标

高影响灾害性天气气候事件是指对社会生产和人民生活影响较大、发生频率较低的天气气候事件。通常也把高影响灾害性天气气候事件作为极端天气气候事件的一种监测指标。

4.2 极端事件演变特征

4.2.1 极端事件的气候特征

在全球气候变化背景下,中国和各个区域极端事件发生的频率、强度引起了很多科学家的关注。

近年来关于极端事件的相关研究揭示了极端事件的一般特征。20 世纪 90 年代之前,绝大多数地区极端高温事件的发生频率没有明显的变化趋势,但在 90 年代以后高温事件的发生频次增加趋势明显;近 50 年来,中国北方极端低温事件发生的频次显著减少,年平均最低气温开始显著升高的时间明显早于最高气温,后者主要在 20 世纪 80 年代中期以后表现出明显的上升趋势。

过去半个世纪中国年平均暴雨日数呈微弱增多趋势,从区域上看,华北和东北大部地区暴雨日数减少,而长江中下游和东南沿海地区一般增多。根据百分位值定义的强降水频数和降水量,既与暴雨日数变化的趋势相似,又可以发现中国西部大部分地区强降水频数和降水量有比较明显的增多。中国多数地区秋季极端强降水减少,冬季一般增多,夏季南方和西部增多,而北方减少。极端降水量与降水总量的比值在中国多数地区有所增加,说明降水量可能存在向极端化方向发展的趋势(闵屾和钱永甫 2008)。

从时间变化上看(《中国极端天气气候事件图集》),全国日最高气温达到极端阈值的站次数呈现先减小后增加的趋势,20 世纪 90 年代后期,站次数增大趋势明显;全国日最低气温达到极端阈值的站次数从 1976 年以后呈现出明显的减小趋势,90 年代开始,除个别年份的站次数达到 300 个之外,大部分站次数维持在 100 个以下,不及总站次的 10%;全国日降水量达到极端阈值站次数的历年变化显示,除 50 年代存在明显的增加之外,近 50 年降水量达到极端阈值的站次数在维持着小幅震荡中略有上升。

从空间分布上看(《中国极端天气气候事件图集》),中国连续高温日数极大值位于中国的东南部,以江西、浙江一带最为严重;连续降温极端最大值位于东北、华北北部、西北北部,江西、湖南等地的极端值也较大;连续降水量极值分布在广东、海南等中国的最南部最明显,湖北途经江西、福建东南一带也是连续降水的高值区;华北地区的河北一带、西南地区的四川等地的极端降水也比较明显;西北地区的宁夏、新疆等地是连续干旱日数最多的区域,华北地区的河北、内蒙古中部连续干旱日数也比较多,对于中国的南部,湖南、四川等地的连续干旱日数明显。

中国极端气候事件的基本特征表明,极端事件发生的区域性非常明显。对于不同地区,极端事件的含义也有不同。例如:某一地区的极端高温事件在另一地区可能是正常的。

下面以干旱和雨涝为例,来简单说明极端事件时空分布的差异性。雨涝是指长时间降水过多或区域性的暴雨及局地性短时强降水引起江河洪水泛滥、淹没农田和城乡,或产生积水或径流淹没低洼土地,造成农业或其他财产损失和人员伤亡的一种气象灾害,常常与降水的极端事件相联系,但其强度和频率的分布在空间上有很大的差异性。

强降水事件是造成涝灾的主要原因。图4.1给出了我国极端降水事件站次比的逐年统计结果,从图中可见,我国极端降水事件发生的站次比呈现微弱的增长趋势。

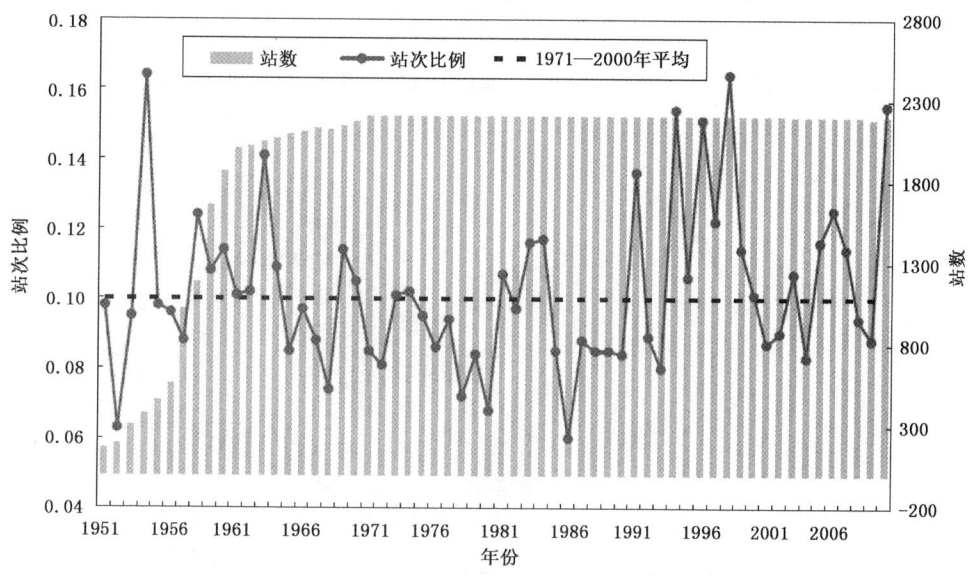

图4.1　1951—2010年中国极端强降水事件站次比序列(引自国家气候中心 2010)

利用中国地面606个台站1951—2007年的逐日降水量和平均气温资料,其中大部分站点属于国家基准站和基本站,个别为一般气象站,采用国家标准《气象干旱等级》(GB/T 20481—2006)中推荐使用的综合气象干旱指数CI来统计分析近50多年来中国的干旱时空分布特征。图4.2显示了基于CI指数统计的全国干旱面积百分率的逐年统计结果。

图4.3是1951—2007年干旱过程最长持续时间分布图,该图表明干旱持续时间长的几个中心分别位于辽河流域西部、黄河流域东部、海河流域、西南诸河流域东南部等地,最长持续时间一般有4个月以上。另外,黄河流域大部、淮河流域、西南诸河流域大部、珠江流域南部等地干旱最长持续时间一般也有3个月左右,这些干旱极端事件对经济社会都会造成严重的影响。

2010年春季,西南多省发生严重的干旱事件(图4.4)。云南、贵州两省平均降水量分别仅为常年同期的一半,且均为1952年以来历史同期最少值。而云南、贵州两省平均气温分别达到15.1℃和12.5℃,分别是1952年以来历史同期最高值和第三高值。

4.2.2　全球极端事件的演变特征

鉴于极端事件及其衍生灾害带来的巨大影响力,目前,全世界范围内关于全球极端事件的

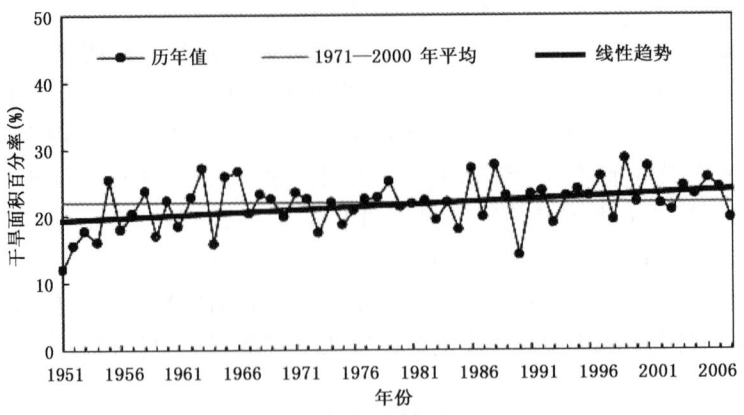

图 4.2　1951—2007 年全国气象干旱面积的逐年变化（引自邹旭恺等 2010）

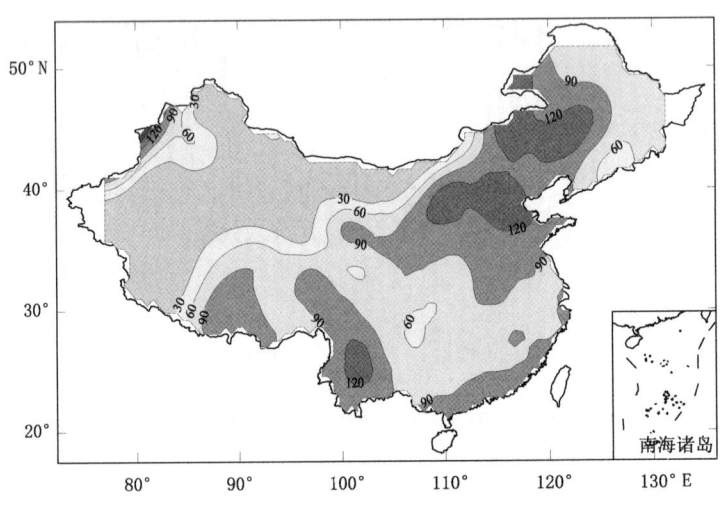

图 4.3　1951—2007 年干旱过程最长持续时间（单位：天）

特征研究已有很多，尽管由于观测资料、观测时段、研究手段给研究结果带来了一些差异和不确定性，但是大量的研究仍然在很大程度上揭示出了全球极端事件的普遍特征。

全球最高温度、最低温度研究大多数结果表明（Wang et al. 1990，Karl et al. 1991，Klysik et al. 1999），近 40 年在全球变暖过程中，日夜温度变化表现出不对称性：最低气温升高幅度较大而最高气温升温趋势较小甚至有些下降，日较差呈变小的趋势。在北半球，温度的日变率普遍减小，这种现象在美国和中国尤为显著，且南半球的澳大利亚也存在类似的现象，最低温度升高是其产生的一个重要原因。研究表明东南亚和南太平洋地区，自 1961 年以来，暖日和暖夜显著增多，而冷日和冷夜却减少了。IPCC（2007）对冬季平均海表温度的差值场进行对比后，发现近年来北半球多次出现冷事件与海温和环流异常有关。

在极端降水事件的研究中，IPCC（2007）明确指出了极端降水事件在全球范围内存在着明显的区域差异性（图 4.5），图中显示，陆地大部分地区强降水比例在增加，少部分地区强降水比例在减少。一些区域（如俄罗斯的东部区域、挪威、日本的北部、南非的纳塔耳地区和中国南方），尽管总降水量减少或不变，而极端降水的频率和强度却有增加的趋势；而另外一些地区

(如泰国、肯尼亚、埃塞俄比亚等地区),总降水量变化和极端降水变化的变化趋势一致,但极端降水的强度增大。

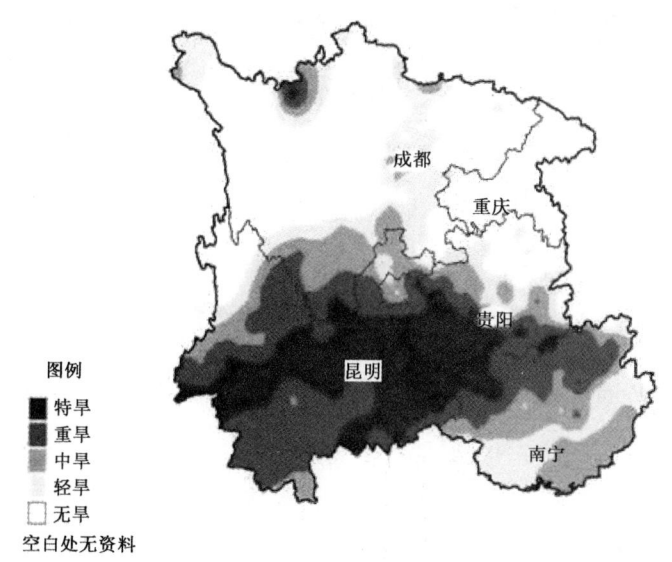

图 4.4　2010 年 3 月 26 日气象干旱监测图(引自国家气候中心 2010)

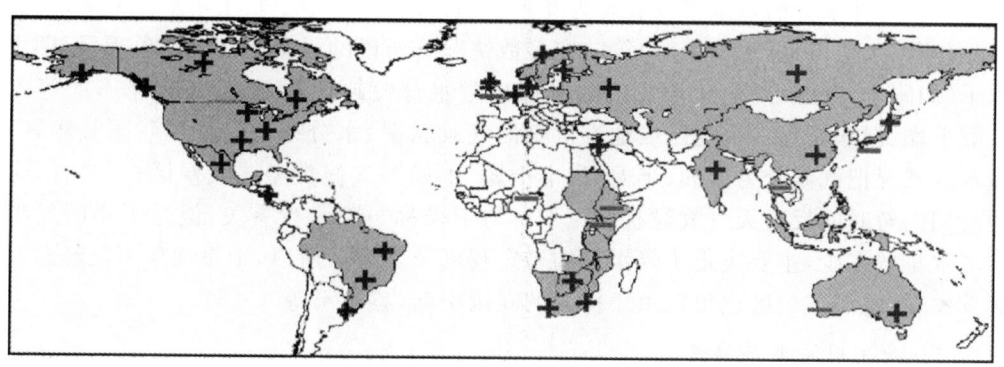

图 4.5　近 50 年强降水和极端降水所占比例变化趋势的区域分布("＋"为增加,"－"为减少)
(引自IPCC 2007)

科学家们通过对降水量变化的研究已经揭示了区域干旱的诸多事实。IPCC(2007)指出,20 世纪 70 年代以来在更大的范围内,尤其是在热带和亚热带,观测到强度更强、持续时间更长的干旱(图 4.6)。

4.3　极端事件的影响与气候灾害

在全球变暖的气候背景下,各种极端天气气候事件的频繁发生所造成的影响越来越严重,其衍生的气象灾害越来越剧烈,给社会经济和人民生产生活带来了很多的负面作用。本节除介绍几种基本气象灾害的定义和特征外,将从气象灾害的中国历史个例阐述极端事件的影响。

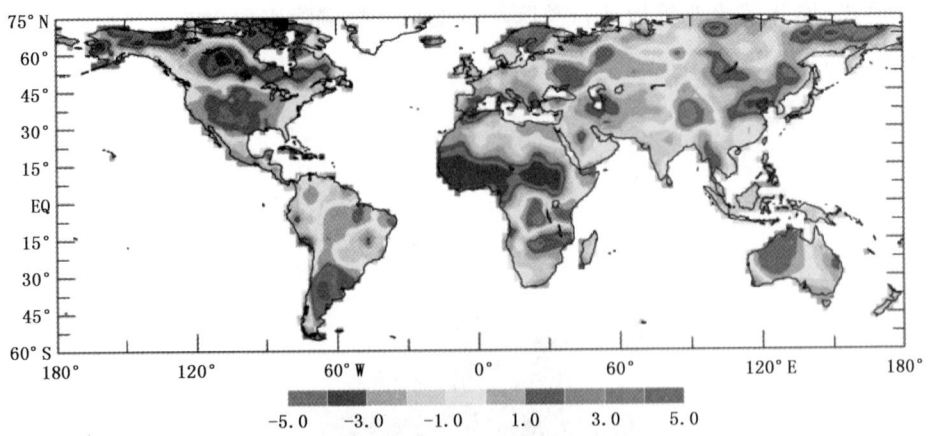

图 4.6　Palmer 干旱指数的变化趋势(1950—2002 年)(Dai et al. 2004)

4.3.1　干旱

4.3.1.1　干旱的基本定义

当降水量持续偏少时,容易形成干旱。干旱是指因水分的收支不平衡而形成的持续的水分短缺现象。这种水分的短缺可以表现为降水量的不足(气象干旱)、土壤水分的缺乏(农业干旱)或江河湖泊水位偏低(水文干旱)等。在多数情况下所说的干旱通常指气象干旱,即由各种气象因子(如降水、气温等)变化形成的随机性异常水分短缺现象,但气象干旱不能等同于干燥。一般干燥、湿润是指一个地区或地方常年的气候状况、水分条件。譬如我国气候区划中,一般按水分状况把气候分为湿润、半湿润、半干燥、干燥等气候类型或气候区;干旱、雨涝一般则指短时期内暂时的反常天气气候状况。干旱与干燥都与降水少有关,但是干旱的发生不在于平均降水量的多少,主要决定于降水量的稳定程度及强度。所以,干旱现象不仅经常在干燥气候区发生,在湿润气候区也可能由于持久的缺雨引起(盛承禹等 1986)。

4.3.1.2　2006 年川渝大旱事件

2006 年重庆、四川等地持续高温少雨,两省(市)夏季平均降水量为 345.9 mm,为历史同期降水的 2/3 左右,为 1951 年以来历史同期最小值。同时,两省(市)7—8 月平均气温也是 1951 年以来同期最高。高温持续日数之长,强度之大,均创下了当地有历史记录以来的历史同期极值。

持续高温少雨导致土壤失墒快,伏旱迅速发展加重。重庆遭受了百年一遇的特大伏旱、四川出现 1951 年以来最严重伏旱。干旱造成重庆市水利工程蓄水不足 9.5 亿立方米,仅占应蓄水量的 33% 左右,全市 2/3 的溪河断流,275 座水库水位处于死水位。重庆全市因旱受灾人口达 2100 万人,有 820.4 万人发生临时饮水困难;农作物受灾面积达 132.7 万公顷,绝收面积达 37.5 万公顷;直接经济损失达 90.7 亿元,其中农业经济损失达 66.4 亿元。四川全省有 700 多万人出现临时饮水困难;农作物受旱面积达 206.7 万公顷,成灾面积达 116.6 万公顷,绝收面积达 31.1 万公顷,损失粮食 481.4 万吨;伏旱造成直接经济损失 125.7 亿元,其中农业经济损失 108.0 亿元。

4.3.2 洪涝

4.3.2.1 洪涝的基本特征

降水量较大或者持续性偏大时,容易造成洪涝。洪涝通常是指由于江河洪水泛滥淹没田地和城乡,或因长期降雨等产生积水或径流淹没低洼土地,造成农业或其他财产损失和人员伤亡的一种灾害。

我国洪涝灾害的地域分布特别广泛,除了荒无人烟的高寒山区和沙漠戈壁外,各个地方各个季节都存在着不同程度的洪涝灾害。一般来说,山地丘陵地区的洪涝来势凶猛,但历时较短,受灾范围不大;平原地区积涝事件偏长,灾区范围广。此外,东部地区受西风带、热带气旋等影响,暴雨频繁、强度大,其洪涝的发生频率往往大于西部地区。从各季节的洪涝特征看,春季主要是由华南前汛期暴雨引发的洪灾,西部地区也可能出现融雪引起的洪涝;夏秋季是一年中发生洪涝最多的季节,并且范围广、历时长、影响大;冬季北方的洪涝主要发生在黄河干流以下河段和松花江哈尔滨以下河段,南方有些地区也会发生洪涝。

此外,城市内涝是城市化进程中由极端降水事件造成的另一种严重灾害之一。城市内涝一般是指由于强降水或持续性降水超过城市排水能力致使城市内产生积水灾害的现象。

4.3.2.2 北京"7·21"特大暴雨事件

2012 年 7 月 21 日,北京发生特大暴雨事件,气象观测显示,本次暴雨除延庆外,90% 以上的区域降水量在 100 mm 以上,是一次典型的极端降水过程。全市平均降水量达到 190.3 mm,其中房山区的最大降水量达到 460 mm,达到了特大暴雨的等级。

此次暴雨过程罕见,由于降水量大,持续时间长,带来了严重的城市内涝灾害。例如,部分中小河流和水库出现汛情,全市受灾人口达到 190 万人;航班延误严重,高峰期有近 8 万人滞留机场。暴雨还导致部分路段桥下积水严重,造成几百辆汽车被淹。本次极端降水事件导致北京全市损失近百亿元。

4.3.3 高温热浪

4.3.3.1 高温热浪的基本定义

极端高温事件一般是指气象上的定义,气象上,将日最高气温≥35℃定义为高温日;将日最高气温≥38℃称为酷热日。每个测站连续出现 3 天以上(包括 3 天)≥35℃高温或连续 2 天出现≥35℃并有一天≥38℃定义为一次高温过程,也称为高温热浪。从气象上对高温热浪的定义可以看到,高温热浪通常是指一段持续性的高温过程,由于其持续时间长,常常会引起人、动植物不能适应,并会对人类日常生活和健康产生一定的影响,也会加剧水分蒸发和作物蒸腾作用,加重干旱程度,同时还可能导致水电需求量猛增,造成能源供应紧张。因此,高温热浪是具有破坏性和负面影响的气象灾害。

近年来,由于高温热浪天气的频繁出现,带来的灾害日益严重,为此,气象部门加大了对高温热浪的监测。在业务上用于高温热浪监测的指标有:绝对温度阈值指标、基于百分位数的极端温度指标、基于概率统计分布方法计算多少年一遇的指标、高温热浪等级指标等。此外,我国气象部门针对高温天气的防御,特别制定了高温预警信号。

4.3.3.2 2003年南方高温事件

2003年夏季,中国南方地区遭受大范围热浪袭击,特别是江南、华南出现持续高温天气,历时1个多月,局地近2个月,为历史同期罕见。长江中下游至华南北部地区夏季极端最高气温达到38～40℃,浙江中南部、福建北部、江西中部等地达40～43℃,浙江、福建、江西大部以及江苏、安徽、广东、广西等省(区)的局部地区极端最高气温超过了历史同期最高纪录。夏季高温日数,长江中下游及其以南大部普遍有10～30天,江南中东部、华南北部达30～50天。与常年同期相比,上述南方大部分地区盛夏(7—8月上旬)35℃以上高温日数及整个夏季(6—8月)38℃以上高温日数均达1961年以来极大值。

4.3.4 台风

4.3.4.1 台风的定义和基本特点

一般来说,人们把发展强烈的热带气旋叫做台风,但是各国的标准有所不同。例如,东南亚国家把8级以上风力的热带气旋叫做台风,而中国目前把最大风力达到12级以上的热带气旋叫做台风。台风的形成要靠温暖的水面,没有这个条件,台风就无法生成。台风生成的基础动力来自于太阳,其生成还需要高温洋面、合适流场、地转偏向力、较小的风的垂直切变这四个基本的条件,上述四个条件缺一不可。

台风的发生区域有以下特点:第一,从两个半球来看,北半球多,南半球少;第二,从经纬度看,在北半球发生最多的地带在5°～20°N,以15°～20°N最为集中,在南半球则多发生在5°～20°S;第三,以广阔的海洋为主,但在几个大洋上,其发生也不均衡。历史资料显示,西北太平洋是台风发生次数最多的地区。

4.3.4.2 台风"桑美"

2006年8月,西北太平洋在10天之内爆发出4个热带气旋,其中之一是创下多个历史之最的超强台风"桑美"。台风"桑美"在8月5日生成,8月9日成为超强台风,8月10日17时25分登陆浙江省苍南县,发展和移动速度超快,登陆后,风力大,最大风速达到60 m/s,降水强且集中,中心气压低。

本次台风造成的灾害非常严重,以浙江省为例,全省有18个县(市、区)的325个乡镇254.9万人受灾,近4万间房屋倒塌,农作物损失严重,电力、道路、交通等基础设施损毁,人员伤亡和财产损失严重。

因致灾严重,"桑美"这一名称今后不再续用,"桑美"作为造成重大灾害的2006年第8号台风的专名载入了世界台风史。

4.3.5 沙尘暴

4.3.5.1 沙尘暴的定义和基本特征

沙尘暴是指大风将地面的尘沙扬起,使空气浑浊,水平能见度小于1 km的风沙天气现象。从沙尘暴的定义来看,沙尘暴的发生和形成需要大风、强的对流不稳定和丰富的沙尘物质这三个基本条件。气象上定义的沙尘暴天气标准在某些地区较宽,如在我国西北地区,水平能见度<1 km的风沙现象是该地区经常出现的现象,尤其是冬末初春时。因此,有些科学家加入了风速来定义沙尘暴。目前,比较常用的沙尘暴的分类是根据沙尘暴发生时的风速和水平

能见度,将沙尘暴分为强沙尘暴和特强沙尘暴。沙尘暴的发生地带主要集中在干旱、半干旱、荒漠化地区和农牧交错带。由于干旱、半干旱地区本身地表植被稀疏,加上人为因素,导致地表裸露面积扩大,形成大量的潜在沙源地,在适当的天气条件和一定大气环流的作用下,易发生沙尘暴天气。沙尘暴属于破坏性极强的灾害性天气现象,每年由于沙尘暴天气给国家和社会带来的经济损失非常巨大,因此沙尘暴的研究一直是科学家们比较关注的方向之一。

从气象观测记录来看(图 4.7),在全球平均温度迅速上升的气候背景下,中国北方地区的沙尘暴日数总体上呈现了减少的趋势,以 20 世纪 80 年代中期为界,在这之前沙尘暴日数高于多年平均值,之后则在处于低于平均值的状态下震荡减少,在 21 世纪初虽曾出现高值年份,但随后又再次减少(周自江等 2003,张莉等 2003)。从历史上看,强沙尘暴最为频繁的是 20 世纪 50 年代。关于中国沙尘暴的发生频数与温度背景的这种反相关关系(寒冷时期强沙尘暴频繁发生、温暖时期较少发生),与张德二(1982)早年研究历史时期的沙尘暴时即已指出的结论一致,且有天气学原理的合理解释。

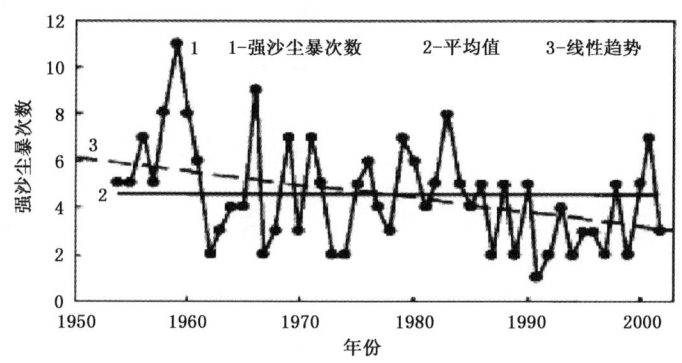

图 4.7　中国北方强沙尘暴发生次数逐年变化(引自周自江等 2003)

4.3.5.2　2006 年北京强沙尘暴

北京是风沙活动和沙尘暴的高发区之一。2006 年 4 月,中国北方地区出现 6 次沙尘天气,其中 3 次为强沙尘暴过程。4 月 16 日,北京遭遇多年来最严重的沙尘暴袭击,在 4 月 16 日到 17 日中午一天左右时间,降尘量约有 33 万吨。4 月 24 日的大风扬沙为四级中重度污染,城区阵风达到了 6 级左右,房山地区的瞬间风力达到 10 级,大风中夹杂着扬沙和浮尘。此次沙尘暴导致可吸入颗粒物浓度普遍上升,空气质量变差,污染严重,危害范围之大和影响范围之广都突破了历史同期。

复习思考题

1. 一般来讲,极端气候事件是如何定义的?
2. 极端气候事件常用的诊断方法有哪些?
3. 阈值指标中包括哪几种类型?
4. 干旱和雨涝这两种极端事件具有何种气候特征?
5. 全球极端气候事件具有哪些普遍性特征?
6. 中国极端温度事件的演变特征如何?
7. 简要阐述目前极端天气气候事件监测业务的系统。

8. 什么是气候异常?
9. 干旱、洪涝的基本定义是什么?
10. 高温热浪和低温冷害的定义是什么?
11. 台风如何定义?简述桑美的影响。
12. 沙尘暴如何定义,2006年北京的沙尘暴有何特点?

第5章 气候变化的观测事实及其影响

> **学习要点**
>
> 本章主要介绍了全球气候变化和中国气候变化的特征,包括气温、降水和其他要素的变化,以及气候变化对农业、林业、畜牧业及其他领域的影响。学习要点如下:
>
> (1) 了解全球气温、降水、海平面气压、雪盖和海冰的变化特征。
>
> (2) 了解中国气温、降水、积雪、冰川等要素的变化特征。
>
> (3) 了解气候变化对农业的影响,包括对农业气候资源、农业生产、林业和畜牧业的影响。
>
> (4) 了解气候变化对其他领域的影响,包括对水资源、海平面、生态系统以及人类健康的影响。

5.1 全球气候变化

5.1.1 全球气温变化

全球平均温度是反映地球气候系统状况的一个非常重要的指标,也是检测分析全球气候变化趋势的关键参数,因此研究全球气候变化的第一步就要建立全球平均温度序列。图 5.1 引自 WMO 发布的《WMO 2012 年全球气候状况声明》。从图中可以看到,由全球三家不同的著名研究机构做出的温度曲线,其趋势非常相似,均呈现出显著的上升趋势,表明过去 100 多年来的全球变暖是令人信服的。

据 IPCC 第四次评估报告(2007)估计,全球平均地表气温在近 100 年中的上升速率为 (0.74 ± 0.18) ℃/100a(1906—2005 年),也就是上升幅度在 $0.56\sim0.92$ ℃,这个数字大于第三次评估报告(2001)时给出的 (0.6 ± 0.2) ℃(1901—2000 年),这主要是由于增加了几个暖年。而增温迅速的近 50 年变暖速率为 (0.13 ± 0.03) ℃/10a,几乎是近 100 年的两倍。就全球平均而言,从 1850 年到大约 1915 年,除了与自然变率相联系的温度起伏外,总体没有出现很大的温度变化,但这或许部分是由于数据采集十分有限的结果。20 世纪以来的增温有两个阶段,首先是 20 世纪 10—40 年代的第一次增温期,幅度为 0.35℃,之后是降温期;从 20 世纪 70 年代至今是增温更强的第二次升温期,幅度达到 0.55℃。在过去的 25 年里,增温呈现加速,而在过去的 12 年(1995—2006 年)中有 11 个年份位居有记录以来最暖的 12 个年份之列。

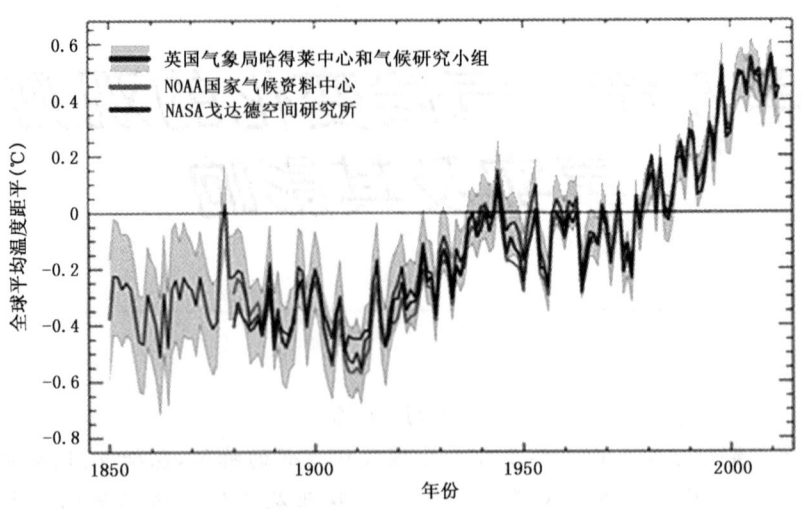

图 5.1　1850—2012 年全球地表年平均温度距平变化（相对于 1961—1990 年平均值），阴影区为不确定性区间（引自《WMO 2012 年全球气候状况声明》）

而 WMO 最新的结果为，自 1850 年有准确气象记录以来，2009 年可能在最热年份中排名第 5 位，最热年份前四名分别是 2005 年、1998 年、2007 年和 2006 年。

地球气候在过去的 100 多年里显著地变暖了，这是一个平均状况。但实际由于大气环流的变异与调整以及不同下垫面及地形的影响，在不同的纬度和区域这种变暖存在着很大的差异，而且不同季节的温度变化也各有特点。近 100 年来，增温最强的区域在亚洲大陆腹地和北美洲北部以及南半球某些海洋区域和巴西东南部，而北极平均温度几乎以两倍于其他地区的速率升高。陆地和海洋的增温也不同步，已有的观测记录表明，无论是南半球还是北半球，陆地表面温度的上升速率都快于海洋，特别是 20 世纪 70 年代以来。近 20 年来陆地和海洋的增温速率分别为 0.27 ℃/10a 和 0.13 ℃/10a。虽然全球大部分地区变暖，但 1901 年以来也有少数区域的平均温度表现为下降趋势，其中最主要的降温区位于北大西洋北部附近（见（彩）图 5.2）。

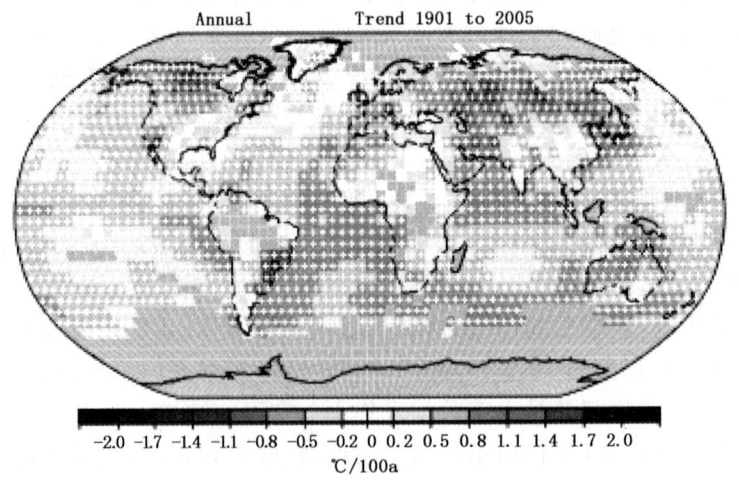

图 5.2　1901—2005 年全球表面年平均气温变化趋势的空间分布（引自 IPCC 2007）

20 世纪 70 年代末以来，全球地表冬季平均温度升高最为显著，特别是北半球中高纬地区更为明显；其次是春季；而秋季和夏季的增温相对较弱。但是，无论是哪个季节，全球绝大部分区域都以增温为主，但各季节增温最强的区域不同，如冬季出现于北美西部、欧洲北部和中国；春季出现于欧洲及亚洲北部和东部；夏季出现于欧洲和北非；秋季出现于北美北部、格陵兰岛和亚洲东部。然而较弱的降温也影响到一些区域，特别是春季南半球中纬度海洋和加拿大东部，这些区域的降温可能与加强的 NAO 有关。

5.1.2　全球陆地平均降水量变化

近百年来全球陆地平均降水量没有统计意义上的显著趋势性变化，但是具有显著的年际震荡和明显的阶段性。在 20 世纪 50 年代之前降水处于明显的增加阶段，之后一直到 90 年代早期降水减少，然后又出现了回升（见图 5.3）。

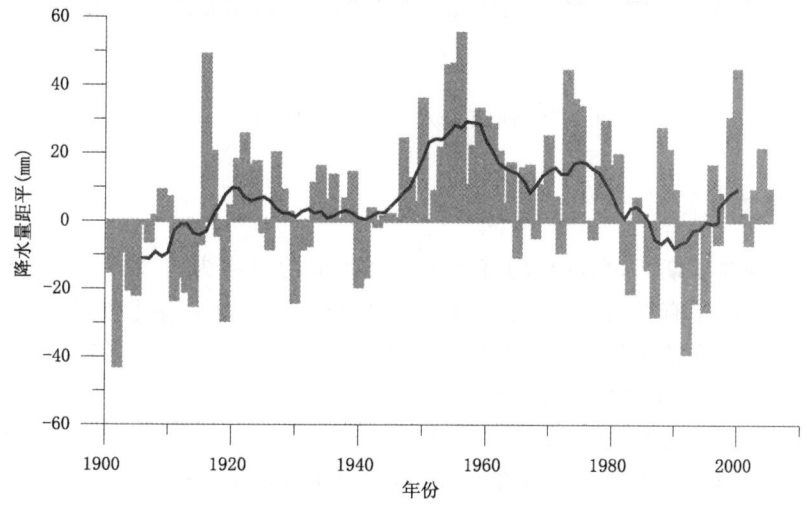

图 5.3　1900—2005 年全球陆地平均年降水量距平变化（据 GHCN 数据改绘）

虽然平均降水量序列反映了全球陆地总的降水变化，但实际降水的区域差异很大。有研究表明，20 世纪全球陆地上的降水略微增加（Hulme et al. 1998）。在北半球中高纬度大陆地区的降水明显增多，30°～85°N 陆地地区降水量平均增幅达 7%～12%，且以秋冬季节最为显著。北美洲大部分地区 20 世纪降水增幅为 5%～10%；欧洲北部地区在 20 世纪后半叶降水明显增多；1891 年以来，前苏联 90°E 以西地区降水增加了 5% 左右。但是，在北半球的副热带陆地地区，年降水量却明显减少，这在非洲北部表现得特别明显。20 世纪南半球南纬 0°～55°S 大陆区域的降水增加了 2% 左右。（彩）图 5.4 给出了 1901—2005 年陆地年降水量变化趋势的地理分布情况，可见在一些区域观测到明显的长期趋势。在北美的大部分区域，特别是加拿大的中高纬度地区，105 年间年降水量趋于增加。不过相反的情况出现在美国西南部、墨西哥西北部和下加利福尼亚半岛，那里的年降水量减少速率为 1%/10a～2%/10a。在南美大陆，亚马逊河流域和大陆东南部趋于湿润，而智利和大陆西海岸的部分地区年降水量则趋于减少。降水量减少最显著的区域在西非和萨赫勒地区。自 1901 年以来，南非的变干趋势也非常明显。1901—2005 年，印度西北部的降水增加速率在 2%/10a 以上，但是同一区域的年降水量 1979—2005 年则表现为明显的下降趋势；澳大利亚西北部的降水呈增加趋势；在欧亚大陆，降水增加的区域多于减少的区域。

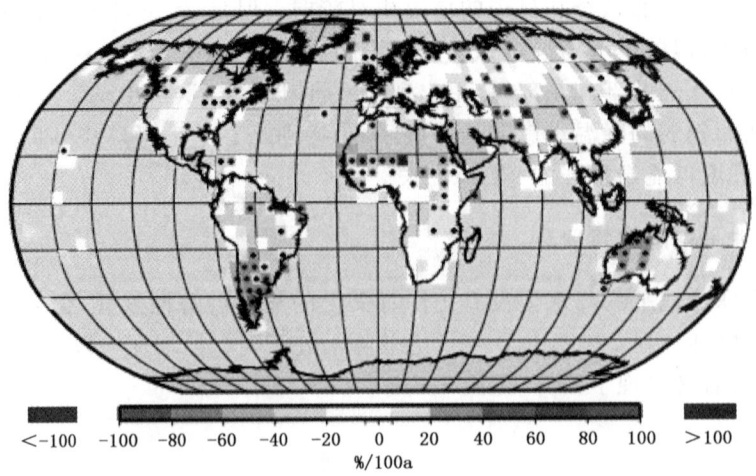

图 5.4 1901—2005 年陆地年降水量的线性趋势分布（引自 IPCC 2007）

5.1.3 其他要素变化

在 1961 至 2003 年期间，全球平均海平面上升的平均速率为 (1.8 ± 0.5) mm/a。在 1993 至 2003 年期间，该速率有所增加，约为 (3.1 ± 0.7) mm/a，但尚不清楚在该期间出现的较高速率反映的是年代际变率还是长期增加趋势。从 19 世纪到 20 世纪，观测到的海平面上升速率的增加具有高信度。20 世纪海平面上升的总估算值为 (0.17 ± 0.5) m。

大多数区域的雪盖已经减少，特别是在春季。通过卫星观测发现，1966 年至 2005 年北半球的雪盖除了 11 月和 12 月外每个月都在减少，20 世纪 80 年代后期，其年均值以每年 5% 的速率逐步下降。在南半球，为数不多的长期记录或代用资料大多数表明，在过去的 40 多年里雪盖情况或者是减少或者是没有变化。

1978 年以来的卫星资料显示，北极年平均海冰面积以每 10 年 $(2.7\pm0.6)\%$ 的速率退缩，较大幅度的退缩出现在夏季，为每 10 年 $(7.4\pm2.4)\%$。南北半球的山地冰川和积雪平均面积已呈现退缩趋势。

5.2 中国气候变化

5.2.1 中国气温变化

20 世纪 80 年代初，我国气候工作者开始建立全国平均温度序列：(1) 林学椿等 (1995) 建立的全国平均序列（简称 LYT 序列），这条序列开始于 1873 年，其特点是在 1950 年以前使用的观测资料较多，达到 546 个站。(2) 王绍武等 (1998) 建立的全国和 10 个区域的年平均气温序列（简称 WYG 序列）。这条序列的显著优点是各区均有自 1880 年以来的完整序列，资料前后均匀、空间覆盖完整。(3) 唐国利等 (2005) 建立的 1905 年以来的全国平均气温序列（简称 TR 序列）。该序列采用最高、最低温计算平均气温的方法，使得全国平均气温序列的均一性有了明显提高。(4)唐国利等(2009)又对 1950 年以前的气温记录进行了更为严格的质量控制,生成的新的全国平均温度序列(简称 TD 序列)。(5)闻新宇等(2006)利用英国 CRU 释放的高分辨率数据集 CRU-TS2.1(0.5°×0.5°),生成中国区域 1901—2003 年的气温距平序列(简称 CRU 序列),该序列与 WYG 序列比较,两者相关系数达到 0.84。这套资料采用空间插值的办法弥补了覆盖面的不足,不过由于西部地区台站稀少,相距过远,必然影响插值精度。

根据最新资料将上述序列延长至 2007 年。图 5.5 给出了 5 条主要序列的变化曲线,可见,各曲线反映的变化趋势大体一致,而且均显示出近百年中的两次增暖期;不过在 1950 年以前的一些时段各曲线还存在比较明显的差异,其原因可能主要与所用资料包括平均气温统计方法不同等因素有关。

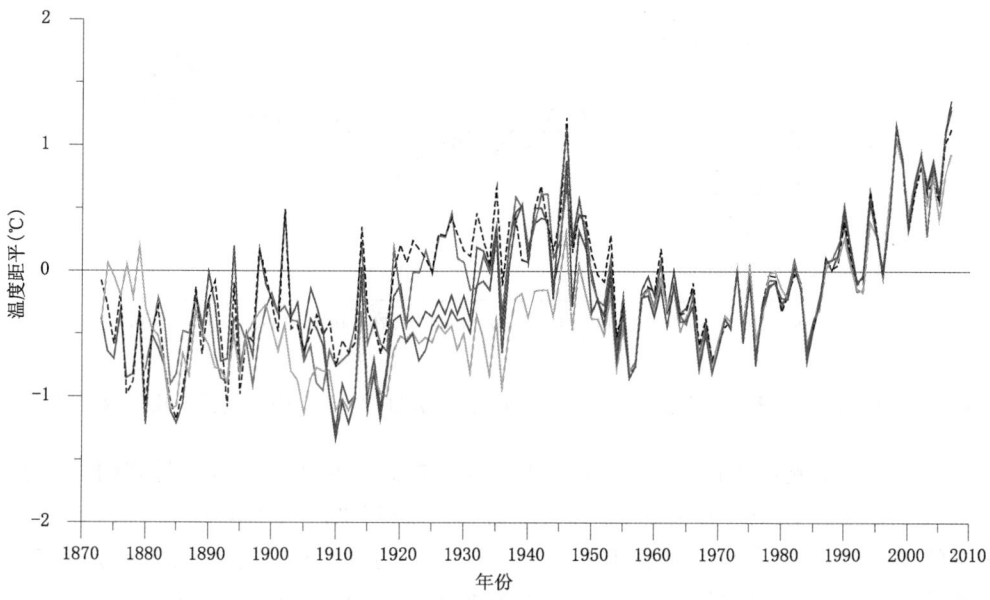

图 5.5 中国温度距平序列(相对 1971—2000 年平均)(淡蓝色,WYG 曲线,1880—2007 年;蓝色虚线,LYT 曲线,1873—2007 年;洋红色,TR 曲线,1905—2007 年;红色,TD 曲线,1873—2007 年;绿色,CRU 曲线,1873—2007 年)(引自唐国利等 2009)

表 5.1 是由各序列估计的温度变化趋势。可见,他们显示的近百年来的温度变化速率在 0.34～1.20 ℃/100a(1906—2005 年)。其中 CRU 序列给出的速率最高,约为 1.20 ℃/100a,其次是 TR 序列(0.95 ℃/100a)、TD 序列(0.86 ℃/100a)和 WYG 序列(0.53 ℃/100a),LYT 序列给出的变化速率最低(0.34 ℃/100a)。综合考虑现有结果,以各序列的平均来大体反映近百年中国的温度变化,由此得到中国近百年来的温度变化速率约为 0.78 ℃/100a,考虑估计

表 5.1 中国近百年温度变化趋势(单位:℃/100a)

序列	1906—2005 年	1908—2007 年
WYG	0.53	0.59
LYT	0.34	0.42
TR	0.95	1.11
TD	0.86	0.96
CRU	1.20	1.27

误差,增温速率为(0.78±0.27)℃/100a(95%信度区间),即中国近百年增温幅度在0.51~1.05℃(唐国利等 2009)。当然,增温速率的数值随时间不同而不同,如1908—2007年的增温速率就略高些。

《2012年中国气候变化监测公报》表明,1901—2012年,中国地表年平均气温呈显著上升趋势,并伴随明显的年代际变化特征,20世纪30—40年代和1990年以后为主要的偏暖阶段(图5.6)。1913—2012年,中国地表平均气温上升了0.91℃。2012年属于偏暖年,但偏暖程度减弱。

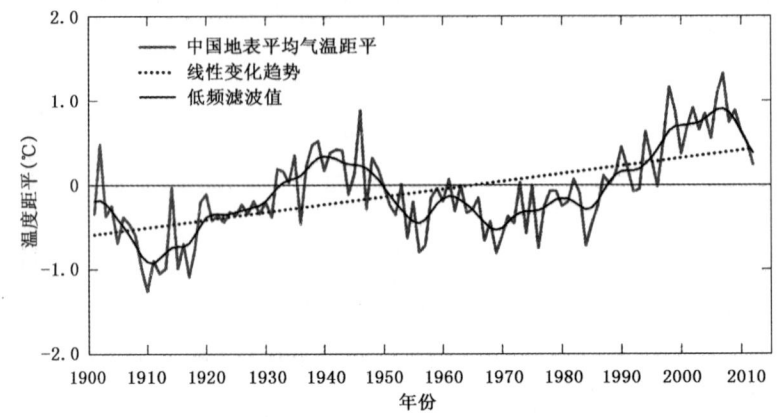

图5.6 1901—2012年中国地表平均气温距平变化(引自《2012年中国气候变化监测公报》)

近50年来,气象测站迅速增加,资料覆盖面大大提高。利用这些资料得到的结果表明,近50余年来中国的变暖趋势非常明显,1951—2007年全国年平均气温上升了1.44℃,是近百年上升速率的3倍多,说明气温呈加速上升趋势。国内外的许多研究结果表明,近50年的气候变暖主要是由以CO_2等温室气体增加为主的人类活动引起的。但还有其他一些因素需要考虑,如城市化和土地利用变化的影响等。最近的研究显示,近50年特别是近20~30年,中国经济和城市化的快速发展已经对气象观测资料序列产生了明显影响。然而因为这一问题的复杂性,上述结果还没有考虑这一因素。

近100年来,中国的气候与全球和北半球的变化大体一致,都表现出非常明显的变暖趋势。不过由于我国地域辽阔,东西南北跨度很大,因此温度的变化趋势存在着明显的区域性差异,同时也有显著的季节性差异。

全球和半球的观测事实分析表明,气候变暖有明显的纬度差异,这种差异主要表现为高纬度地区的增暖幅度大于低纬度地区。中国近百年的高、低纬度带的温度变化趋势差异十分显著。如果按照30°N以南纬度带和40°N以北纬度带比较,则较高纬度带的变暖速率是较低纬度带的近6倍。(彩)图5.7给出了按2°×2°网格区域计算的1951—2005年中国年平均气温变化速率的空间分布。可以看到,全国大部分地区均呈增温趋势,其中增温最显著的区域主要在北方,特别是34°N以北的大部分地区,增温速率普遍在0.30℃/10a以上,其中华北北部、内蒙古中部和东部、东北北部、新疆北部以及青海东北部和甘肃中部等地增温尤为显著,增温速率达到0.40~0.60℃/10a。在34°N以南区域,大部分地区也有不同程度的增温。其中黄淮和江淮地区增温率一般为0.2~0.3℃/10a;华南大部地区增温略高,增温速率一般为0.3

℃/10a,个别区域达到 0.4 ℃/10a;长江以南的其他地区增温一般在 0.1~0.2 ℃/10a;此外青藏高原增温也相对较快,增温速率为 0.2~0.5 ℃/10a。除增温显著或比较明显的区域外,增温最小的区域主要集中在中国的西南部,包括云南东部、贵州大部、四川东部和重庆等地区。而这一区域在 21 世纪初期以前甚至表现为降温趋势。

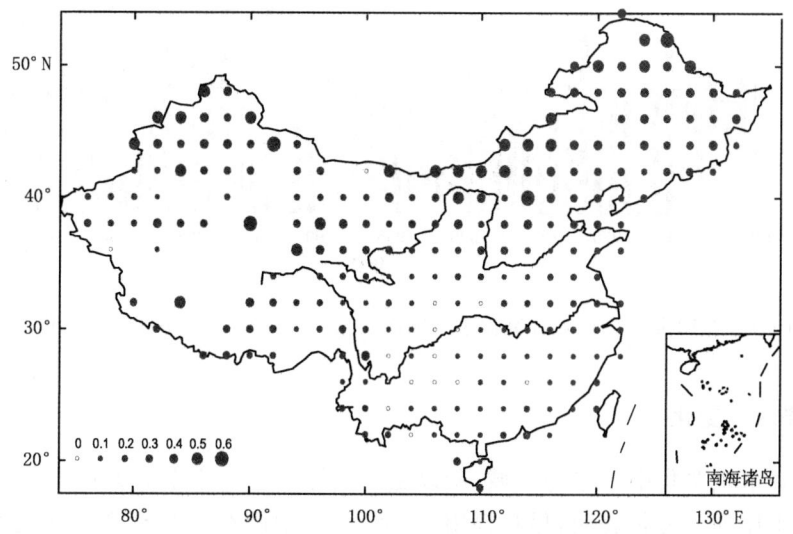

图 5.7 1951—2005 年中国年平均气温变化趋势(单位:℃/10a)(唐国利 2006)

中国八大区域(华北、东北、华东、华中、华南、西南、西北和青藏地区)的监测结果显示,1961—2012 年,青藏地区增温速率最大,平均每 10 年升高 0.39℃,自 1997 年之后连续 15 年平均气温高于常年值;华北地区平均每 10 年增温 0.30℃;东北地区的增温速率为 0.29 ℃/10a;西北地区的增温速率为 0.26 ℃/10a,2006 年之后平均气温持续下降;华东地区平均每 10 年增温 0.18℃,20 世纪 80 年代中期之后,升温速率显著加大;华南地区增温速率为 0.14 ℃/10a;西南地区增温较缓,平均每 10 年升高 0.13℃;华中地区增温速率为 0.12 ℃/10a,是中国升温速率最低的区域(引自《2012 年中国气候变化监测公报》)。

虽然年平均温度显著上升,但温度变化的季节特征也十分明显,而且部分季节的增温速率明显高于年平均温度的增温速率,冬、春、秋三季温度上升速率分别为 1.91 ℃/100a、1.55 ℃/100a 和 0.58 ℃/100a,增温幅度分别达到 2.16℃、1.48℃和 1.23℃,这也说明年平均温度的上升主要是由上述三季引起的,其中特别是冬季和春季;增温最少的是夏季,其变化速率只有 0.06 ℃/100a。从近百年两次增暖的季节特征看,20 世纪 40 年代和 90 年代虽然都是温度偏高期,但前者的最大距平值出现在夏季,且各季节的增温差相对较小;而后者则出现于冬季,且各季节的增温差相对较大。

1961—2012 年,中国共发生 194 次区域性高温事件,其中极端高温事件 21 次、严重高温事件 40 次、中度高温事件 72 次和轻度高温事件 61 次。1961 年以来,区域性高温事件频次趋多。20 世纪 60 年代前期以及 90 年代末以来为高温事件频发期。极端高温事件频次的最高值出现在 1963 年(8 次),而 1993 年则未发生区域性高温事件(图 5.8)。2012 年,共发生 6 次区域性高温事件,较常年偏多 82%,其中 1 次事件达到严重高温事件等级(引自《2012 年中国气候变化监测公报》)。

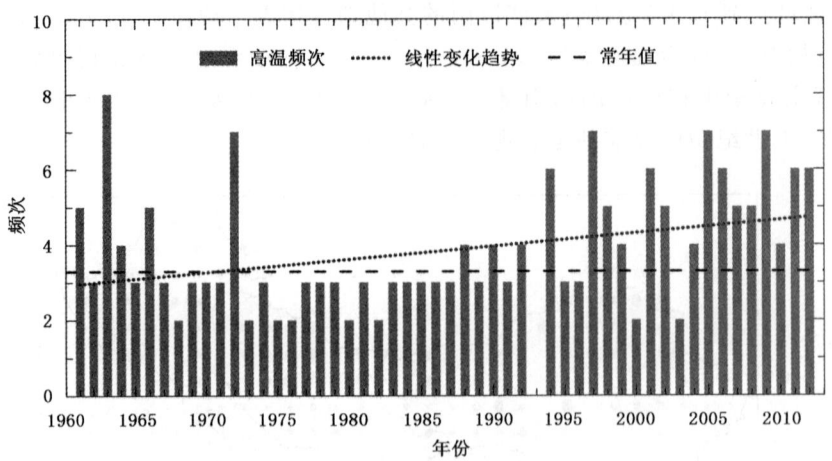

图 5.8 1961—2012年中国区域性高温事件频次变化(引自《2012年中国气候变化监测公报》)

5.2.2 中国降水量变化

由于中国降水主要集中于东部区域,所以王绍武等(2000)建立了100°E以东35个站完整的季降水量距平序列。分析表明,尽管只用35个站,对中国东部甚至全国还是有较好的代表性。近年来又把测站数量扩展到71个站(濮冰等 2007)。图5.9给出1880—2007年中国东部年降水量距平变化曲线。可以看出,中国东部的降水量没有如温度一样的长期趋势性变化,但是年代际变化比较明显。这说明至少目前还无法判断随着全球气候变暖中国东部的降水量是增加还是减少。四季降水量也以年代际变化为主,夏、秋两季的变化较大且与全年的变化较为一致。冬、春季降水量变化的幅度较小。从年降水量来看,19世纪80年代,20世纪10年代、30年代、50年代、70年代和90年代降水较多。近30年来,20世纪80—90年代降水增加,但近10年来降水趋于减少。

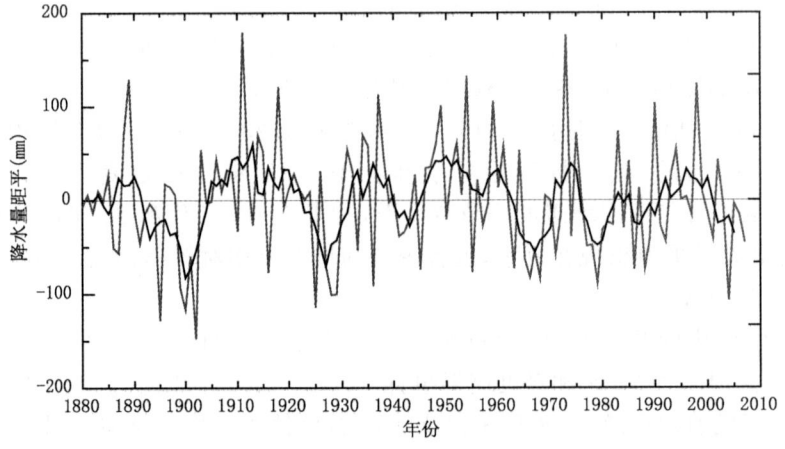

图 5.9 1880—2007年中国东部年降水量距平(相对1971—2000年平均)
(黑线是滑动平均线)(引自王绍武等 2000)

《2012年中国气候变化监测公报》指出,1901—2012年,中国平均年降水量无显著线性变化趋势。20世纪20年代、40年代、60年代降水偏少。1961—2012年,中国平均年降水量年际变化明显(图5.10)。1998年、1973年、2010年和1990年是排名前四位的降水高值年,2011年、1986年、2009年和1966年是排名前四位的降水低值年。

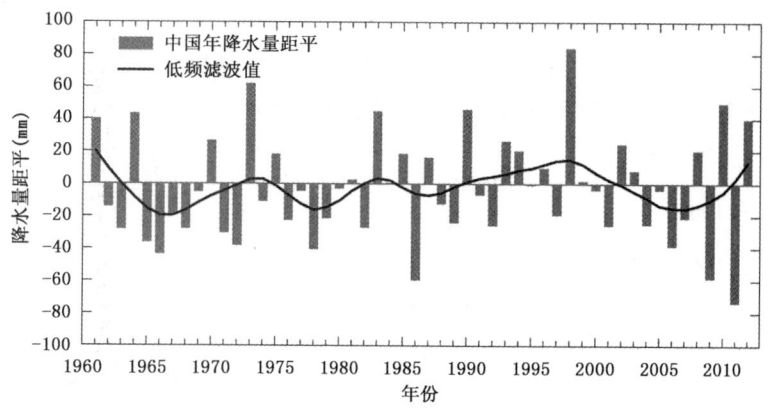

图5.10　1961—2012年中国平均年降水量距平变化

由于我国地域辽阔,降水变率的空间差异很大,因此全国平均降水量变化可能受到不同区域变率差异的影响。表5.3是每10年平均的降水标准化值及线性趋势,可见20世纪20年代和60年代降水明显偏少,而30—50年代降水偏多。

表5.3　中国每10年平均的降水标准化值及线性趋势

年代	1910	1920	1930	1940	1950	1960	1970	1980	1990	1951—2005年线性趋势	1905—2005年线性趋势
冬季	0.04	0.10	0.18	0.32	0.44	−0.26	−0.06	−0.06	0.12	−0.001	−0.013
春季	−0.10	−0.25	0.07	0.30	0.27	−0.07	−0.07	0.08	−0.01	0.030	0.024
夏季	0.00	0.01	0.22	0.50	0.06	−0.04	−0.09	−0.03	0.12	0.008	−0.004
秋季	0.29	−0.21	0.12	0.28	0.07	−0.03	0.03	0.05	−0.08	−0.033	−0.035
年	0.06	−0.14	0.19	0.38	0.12	−0.11	−0.09	0.02	0.07	−0.001	−0.006

近50年来全国平均降水量虽然没有显著趋势,但存在明显的阶段性。20世纪50年代多雨期后降水出现减少趋势,不过从60年代中期开始又出现了上升趋势。尽管全国平均变化没有明显的长期趋势,但是其区域性变化差异仍然十分明显。1961—2006年全国年降水量在东北地区南部、黄河下游、黄土高原及长江上游这一接近直角分布的地带一致减少,且降水量减少区的范围随着降水强度的增加而缩小;长江中下游、东南地区及100°E以西地区降水量一致增加(胡宜昌2013)。

中国八大区域的分析结果表明,1961—2012年,东北、华北、华中、华南和西北地区年降水量无明显线性变化趋势,但表现出较强的年际和年代际变化特征。2012年,东北、华北、华东和华南地区降水量较常年偏多,其中东北和华东降水量为1961年以来的最大值,北京等地出现历史性极端强降水事件。青藏地区年降水量呈现出较明显的增加趋势,2006年之后连续6年较常年偏多。西南地区和华中地区年降水量呈明显下降趋势,2001年以后更加显著,2012年降水量较常年偏少。

5.2.3 其他要素变化

5.2.3.1 太阳辐射

1961—2012年,中国地表接收到的平均太阳年总辐射量趋于减少,减少速率为每10年 11.1 kW·h/m^2,且阶段性特征明显(图5.11),20世纪60—70年代,中国平均太阳年总辐射量总体处于偏多阶段,且年际变化较大;80年代以来,总辐射量处于偏少阶段,年际变化也较小。2012年中国平均年总辐射量为1961年以来的次低值。

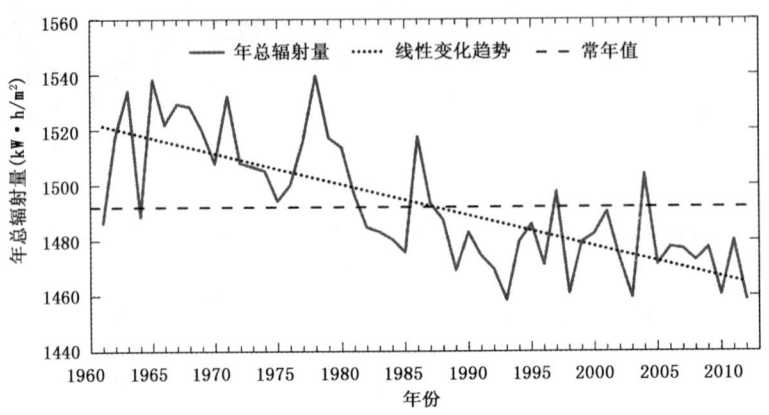

图5.11 1961—2012年中国平均太阳年总辐射量变化
(引《自2012年中国气候变化监测公报》)

5.2.3.2 总云量

1961—2012年,中国平均总云量年代际变化特征明显,20世纪90年代中期以前呈减少趋势,而之后缓慢增加,2012年较常年偏多0.21成(图5.12)。卫星监测表明,1984—2000年,我国东北北部和新疆天山一带总云量有所增加,但其他地区的云量或者表现为减少,或者变化不明显,其中华北、青藏高原北部以及新疆东部地区的总云量减少幅度较大,而江南、藏南以及青藏高原西北部地区基本保持不变。

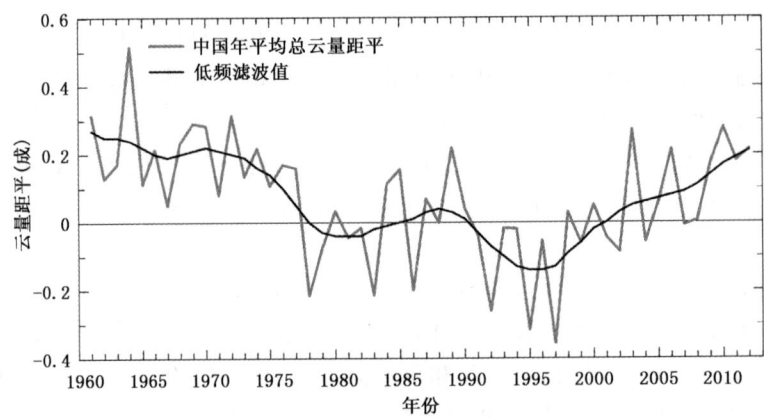

图5.12 1961—2012年中国年平均总云量距平变化
(引自《2012年中国气候变化监测公报》)

5.2.3.3 相对湿度

1961—2012 年,中国平均相对湿度总体上呈减小趋势,平均每 10 年减少 0.22%;1961—2012 年,中国 100°E 以东地区平均年雾日数年代际变化特征明显,1990 年以后持续低于常年值,呈显著的减少趋势;1961—2012 年,100°E 以东地区平均年霾日数呈显著的增加趋势,平均每 10 年增加 2.4 天;1961—2012 年,中国平均日照时数呈明显减少趋势,平均每 10 年减少 33.6 小时;1961—2012 年,中国平均≥10 ℃ 的年活动积温总体呈显著的增加趋势,平均每 10 年增加 49.2 ℃·d,尤其以 20 世纪 90 年代以后增加明显;1951—2012 年,登陆我国的台风频次变化趋势不明显,但年际变化大,最多年有 12 个,最少年仅有 4 个,登陆台风的比例呈增加趋势,尤其是近 10 年最为明显。

5.2.3.4 平均风速

1961—2012 年,中国平均风速呈显著的减小趋势,平均每 10 年减小 0.16 m/s。20 世纪 90 年代中期之后,减小趋势变缓。2012 年中国平均风速略高于 2011 年,为 1961 年以来的次低值(图 5.13)。各季节平均风速变化形式与年平均风速变化形式十分相似,冬季平均风速减小趋势最为显著,其次是春季,夏季平均风速减小趋势最小(图 5.14)。年和各季节平均风速变化趋势均通过了 0.001 显著性检验。

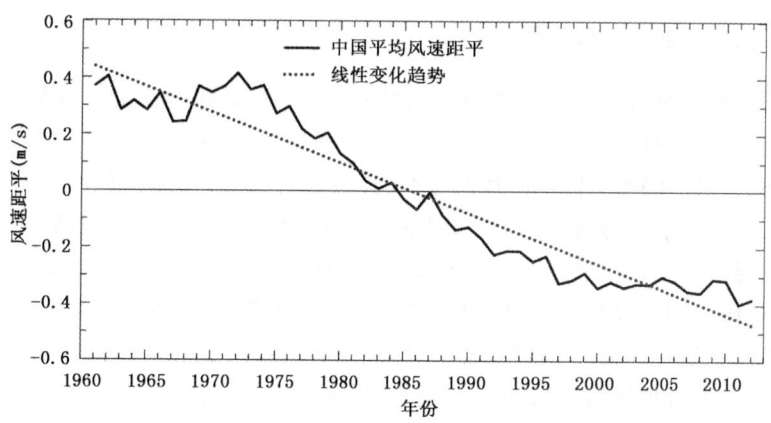

图 5.13　1961—2012 年中国年平均风速距平变化
(引自《2012 年中国气候变化监测公报》)

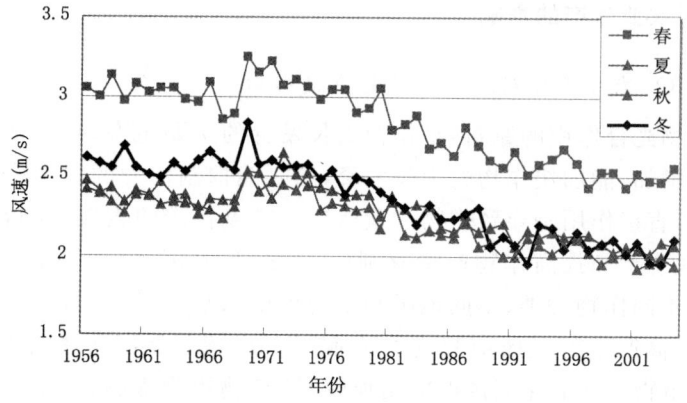

图 5.14　中国季平均风速(m/s)历年变化曲线(1956—2004 年)

5.2.3.5 冰川

气候变化对冰川也有着显著的影响,由连续物质平衡计算得出,天山乌鲁木齐河源 1 号冰川在 1959—2002 年减薄约 10 m,1995 年后物质损失加剧;小冬克玛底冰川和煤矿冰川均于 1993 年后转入负平衡。断续观测表明,"七一"冰川自 20 世纪 80 年代以来也持续负平衡,近年加剧;海螺沟冰川则自 50 年代以来持续负平衡。如果我们定义 1950 年至 2000 年间冰川末端后退≤500 m 为小幅度后退,那么这些小幅度后退的冰川分布于祁连山、青藏高原中部和喜马拉雅山一些冰川面积较大的区域;大幅度后退(后退幅度＞500 m)发生于青藏高原边缘地区、帕米尔高原以及西天山地区等(Xiao et al. 2007)。除了较普遍的退缩趋势,个别地区出现冰川前进的特例,前进冰川通常是对区域气候变冷、高海拔地区水汽通量增强等气候因子的响应。通过遥感方法对中国境内 764 条冰川面积进行监测表明,面积缩小的冰川占 80.8%,前进的冰川占 19.2%。Yao 等(2004)估算过去 40 年间消失的冰川面积约 3790 km^2,相当于冰川减薄速率 0.2 m/a。

5.3 气候变化对农业的影响

5.3.1 气候变化对农业气候资源的影响

气候变化已经严重地改变了我国气候的时空格局,导致了我国农业气候资源时空格局的显著变化:中国大陆(西南地区除外)光温生产潜力呈明显增长趋势,其中北方增幅大于南方。气候变化对不同地区的不同作物的生产潜力影响不同。热量资源总体增加但时空分布极不均匀,其中北方地区增加幅度大于南方地区,冬季和夜间增温较大,北方地区气候变暖突出地表现为最低气温的升高。气温升高增加了各地的农业热量资源,促进了复种指数增加和农业气候带向北、向西推移,喜温作物播种面积比例增加;同时我国北方干暖化趋势,南方洪涝灾害频发,也引起不同地区的种植制度发生变化。降水量变化不明显,但分布格局发生明显变化,西部和华南地区降水增加,华北和东北大部分地区降水减少。特别是,伴随着气候变化,农业气象灾害不断加剧,使得高温、干旱、强降水等极端天气、气候事件日益频发,进一步制约我国农业的气候资源和生产潜力的开发利用,并加剧农业生产的不稳定性,从而使我国粮食生产面临日益严峻的减产风险。

5.3.2 气候变化对农业生产的影响

5.3.2.1 大气中 CO_2 浓度变化对农业生产的直接影响

二氧化碳是植物光合作用的原料,是作物生长发育的主要生态因子。随着全球变化过程中二氧化碳浓度的增加,能加快作物的生长发育,同时能抑制作物的呼吸作用和蒸腾作用,提高植物水分利用率,直接作用是导致作物产量增加。二氧化碳的直接影响在大多数情况下是一种正效应,对农业生产和提高作物产量有利(王春乙等 1997,郭建平 2003)。不过,二氧化碳浓度的增加对于不同作物种类、不同地区和不同种植水平来说,其效果亦不甚相同(崔读昌 1992)。CO_2 浓度升高产生的正效应只有在光照、水分、营养状况等条件较好时才能充分体现。一般而言,C3 植物对二氧化碳浓度的增加较 C4 植物更为敏感,如小麦、水稻和大豆这样的 C3 作物会产生更大的正效应,而对如玉米、高粱这类的 C4 作物,产生的正效应相对较小。

5.3.2.2 气候变化对种植制度的影响

我国农业生产的一大特点是多熟种植,复种指数达到150%以上。温度对种植业的影响首先表现在能扩大作物的种植范围,提高土地承载力水平。气候变化使高纬度地区热量资源改善,生育期延长,喜温作物界限北移,促进了作物种植结构调整。据估算,在仅考虑热量条件增加、不考虑水分条件限制的情况下,一熟种植面积下降明显,两熟种植面积基本不变,三熟种植面积明显提高(张厚瑄 2000),两熟制北移到目前一熟制地区的中部,目前大部分的两熟制地区将被不同组合的三熟制取代,三熟制地区的北界由长江流域北移到黄河流域(王馥棠等 2003)。由于气候变暖,将使中国长江以北地区,特别是中纬度和高原地区的适宜生长季开始日期提早、终止日期延后,农业生产潜在的适宜生长季有所延长(林而达等 1997)。因此,气候变化为中国多熟种植制度的增加带来了可能。

5.3.2.3 气候变化对农作物病虫害的影响

据统计,我国常年病虫害发生面积是耕地面积的2倍多,每年因病虫害造成的粮食减产幅度占同期粮食生产的9%左右(霍治国等 2000)。气候变暖会加剧病虫害的流行和杂草蔓延。有关研究指出,温度升高会使害虫越冬界限北移(李淑华 1993),因此温度升高会使目前一些受温度限制的害虫活动范围扩大,其中以高纬度地区可能性最大。全球气温升高后,某些作物病害的分布区域可能扩大,如目前局限在热带的病原和寄生组织会蔓延到亚热带甚至温带地区(刘雨芳等 1997)。同时气候变暖还使一些病虫害发生的起始时间提前,使多世代害虫繁殖代数增加,一年中危害时间延长,作物受害可能加重。

5.3.2.4 气候变化对农作物产量的可能影响

对于不同的作物,气候变化对其产量的影响也不同(王馥棠等 2003)。在不考虑水分的影响下,早稻、晚稻、单季稻均呈现不同幅度的减产,其中早稻减产幅度较小,晚稻和单季稻减产幅度较大。气候变暖对春小麦产量的影响大于冬小麦;对灌溉小麦的影响小于雨养小麦(居辉等 2005),也就是说灌溉能减少气候变化对小麦产量的不利影响。但是对水资源比较缺乏的北方麦区而言,灌溉并不是解决问题的根本途径,适当改变种植方式,选育抗旱、耐高温的品种等也许是更为合理有效的对策。气候变暖将使玉米减产,春玉米减产幅度低于夏玉米,灌溉玉米减产幅度低于无灌溉玉米,气候变化对我国玉米生产的影响是弊大于利。

5.3.3 气候变化对林业的影响

受温度上升影响,我国整体上木本植物春季物候期提前;但空间差异明显,东北、华北及长江下游等地区的物候期提前,而西南东部,长江中游等地区的物候期推迟,同时物候期随纬度的增高而减小。气候变化使北方一些类型的森林分布出现了空间转移。如黑龙江省1961—2003年因气温升高造成分布在大兴安岭的兴安落叶松及小兴安岭及东部山地的云杉、冷杉和红杉等树种的可能分布范围和最适分布范围均发生了北移(刘丹等 2007)。长期气候变化导致一些地区林线海拔升高。如祁连山山地森林区森林面积减少16.5%,林带下限由1900 m上升到2300 m,森林覆盖度减少10%(王根绪等 2002)。受气候变化和CO_2浓度倍增的影响,未来中国森林生产力将有所增加,增加的幅度因地区不同而异,变化于12%~35%(方精云 2000)。未来我国森林生产力的增加幅度随纬度增加而增大,越湿润的地区增加幅度越大(彭少麟等 2002)。气候变化引起干旱天气的强度和频率增加,森林可燃物积累多,防火期明显延长,早春火和夏季森林火灾多发,林火发生地理分布区扩大,加剧了森林火灾发生的频度和强度。如2000年以来,东北林区夏季火灾严重,森林火险期明显延长,夏季火对森林造成的危害更大。

5.3.4 气候变化对畜牧业的影响

气候变暖将会带来一些有利的影响,如中纬度的一些地区存在着作物增产的可能,某些缺水地区的可用水量可能增加;中高纬度地区因冬季寒冷导致的人畜死亡率降低,取暖所需能源减少等。但是其对国民经济的影响将是以负面影响为主。

一方面全球气候变暖会影响整个水循环过程,使蒸发量加大,改变区域降水量和降水分布格局,增加降水极端异常事件的发生,导致洪涝、干旱灾害的频次和强度增加。另一方面气候灾害和病虫害等农业自然灾害增加,会导致饲料作物减产,饲料生产形势严峻。北方牧区气候变化导致的干旱化趋势,使半干旱地区潜在荒漠化趋势增大,草原界限可能扩大,草原区干旱出现的几率增大,持续时间加长,土壤肥力进一步降低,高产草地面积减少,草原承载力和载畜量下降。由于温室效应带来的种植业减产和粮食成本上升,同时会导致用于畜禽养殖的饲料成本增加,因此培育高饲料转化率的畜禽品种将更为重要,调整畜牧业结构、发展节粮型的草食家畜也是可能的选择之一。

由于家畜排放的温室气体占有很大比例,未来的畜牧业养殖规模可能会受到限制,高效率、集约化的生产方式会逐步扩大份额。为了让数量少的畜禽产出同样多的产品,畜禽品种必须向能最大化利用饲料饲草资源、减少温室气体排放方向发展,饲料配方也需要进一步优化。

高温会导致多种畜禽的生产性能下降。猪属于恒温动物,皮下脂肪厚,汗腺极不发达,体温调节能力差,持续的高温将使猪的代谢功能、饲料利用率、生产能力和抗病力都受到影响。高温会影响奶牛的泌乳性能,尤其是高产奶牛,热应激发生时,奶牛的产奶量一般会下降20%~30%,进而影响我国奶业的生产布局,南牛可能北移,耐热品种将受到欢迎;鸡的散热性能很差,夏季高温同样使其生产性能下降。

另外畜禽疾病增加,当环境温度、湿度等气候因素发生变化时,自然界的所有生物也会因为外部生存环境的变化受到影响。对于微生物,它们的变异和对环境变化的适应要比哺乳动物等大型动物迅速,病毒、细菌、寄生虫、敏感原更活跃,因此可损害畜禽免疫力和对疾病的抵抗力,增加畜禽疾病的发生和传播机会,加重疾病发生的程度和范围,危害畜禽健康。

5.4 气候变化的其他影响

5.4.1 气候变化对水资源的影响

气候变化对水资源的影响,主要是由于气温升高或降水增减使径流变化而引起的。但近20年来,由于气候变化和人类活动对下垫面条件的影响,我国水资源形势发生了显著变化,尤其北方地区,水资源明显减少。从1956—1979年与1980—2000年两个时段对比来看,全国平均降水总量变化不大,但北方地区普遍偏旱,黄淮海辽四个水资源一级区降水量平均偏少6%,其地表水资源量减少了17%,水资源总量减少了12%。其中海河区水资源衰减最为突出,降水量减少10%,地表水资源量减少41%,水资源总量减少25%。黄河河源区降水量总体上呈减少态势。值得关注的是,近10余年来,位于流域产流高值区的东南部降水大幅减少,减少幅度近10%,受其影响,黄河源区产水量呈持续递减的态势,径流量至少减少20%。20

世纪 90 年代以来,河源区径流的耗损呈逐年增加的趋势,径流量亦呈逐年减少的趋势。在相同降水量条件下,1990 年以后流域产流量明显小于 1990 年以前,表明气候的暖干化导致流域下垫面产汇流条件的恶化。总之,北方气候暖干化导致并加剧了水资源的进一步短缺。

气候变化对冰川也产生了影响。冰川径流的变化是气候条件和冰川面积变化共同作用的结果,径流在升温初期的增加量以及峰值出现时间取决于升温的速度和冰川规模大小。升温越快,峰值越大,峰值出现时间越早;冰川越小,气温升高引起的冰川径流变化越大,冰川径流的峰值大,退缩也快。自 20 世纪气候变暖以来,中国山地冰川普遍退缩,西部山区冰川面积减少 21%。冰储量大幅度减少,冰川融水对河川径流季节调节能力将大大降低。

5.4.2 气候变化对海平面的影响

根据政府间气候变化专门小组(IPCC)1995 年的报告,在过去 100 年里,全球海平面上升了 18 cm,相应的不确定范围为 10~25 cm,主要是由于二氧化碳等温室气体的增加、全球气候变暖、全球海洋热膨胀和山地冰川退缩的结果。20 世纪的全球海平面上升已远大于近几千年来的平均速率,21 世纪的全球海平面上升量可能数倍于这个数字(IPCC 1995)。自 1961 年以来,全球平均海平面上升的平均速率为每年(1.8±0.5) mm,而从 1993 年以来平均速率为每年(3.1±0.7) mm,热膨胀、冰川、冰帽和极地冰盖的融化为海平面上升作出了贡献(IPCC 2007)。而且,沿海海平面的变化具有明显的区域特征,例如,在过去 100 年间,大西洋的海平面平均上升大约 29 cm,太平洋平均上升 9~13 cm,印度洋平均上升 39.6 cm(冯浩鉴 1999)。

据国家海洋局《2012 年中国海平面公报》,1980—2012 年,中国沿海海平面呈波动上升趋势,平均上升速率为 2.9 mm/a,高于全球平均水平。三沙市海平面上升速率在 1993—2012 年为 4.9 mm/a,高于全球和我国沿海同期水平。2012 年中国沿海海平面为 1980 年以来最高值,较 1975—1993 年的平均值偏高 122 mm,较 2011 年偏高 53 mm。其中,东海海平面上升最为明显,为 66 mm;南海次之,为 56 mm;黄海和渤海海平面分别上升 43 mm 和 31 mm(引自《2012 年中国气候变化监测公报》)。

5.4.3 气候变化对生态系统的影响

气候作为地球生态系统存在所依赖的基本环境条件,其变化必然对地球生态系统产生重要影响。大量的观测表明:在气候变化的影响下,地球生物圈已经在物种、群落和生态系统等多层次水平上因响应于气候变化而发生着改变(IPCC 2007)。

生态系统响应气候变化已经发生了多方面的改变,其中一个重要的方面就是对积温敏感的生物发育节律与物候现象出现了明显的变化,如植物的展叶期提前、开花期提前和叶片枯黄脱落期推迟、生长季节延长,以及迁徙动物的迁徙时间改变等。现已观测到:北半球在 20 世纪的 60 年代到 90 年代生长季平均延长了约 7 天,出现了明显的早春提前和晚秋延后。

生物群落与生态系统的地理空间分布也因受气候的增暖、降水的变化以及它们的协同作用而发生改变。已有的研究结果表明:位于阿拉斯加北部、加拿大、斯堪的纳维亚和俄罗斯部分地区的高纬度地区苔原灌木明显地向北扩张(EEA 2004)。处于不同植被类型间的过渡带或生态交错带往往对气候变化的影响表现较为敏感,林线向高海拔上移,被认为是气候变暖影响的直接结果。在我国黑龙江张广才岭南坡老秃顶子、长白山北坡的岳桦—苔原过渡带、五台山高山带等,都观测到了林线上部树木更新增加,幼龄树木的密度增大,树木种随着气候变暖有一种整体向上迁移的趋势(于澎涛等 2002,王晓春等 2004)。

处于气候变化中,生态系统中不同物种由于对温度和其他气候因子变化的敏感性不同,对气候变化的反应和适应会有表现出多样化。生态系统内各要素在长期进化中所形成的相互作用关系,可能因气候变化而被打破,直接影响生态系统的稳定和功能的正常。观测事实表明:在欧洲近距离迁飞候鸟在春季迁飞的时间随着气候的变化,也出现的相应的提早,到达迁徙地的食物供应并未因植物开花、结实的提前和捕食昆虫出现的提早而发生大的改变,而保持了种群的数量稳定或上升。相反,一些长距离迁飞候鸟却并未随着气候变化,而提早其春季迁飞的时间;在到达迁徙地或迁飞到繁殖地时,已错过了最佳的食物供应时期,出现了食物供应的短缺,出现了种群内竞争以及物种间竞争的加剧,而出现种群数量的下降。由此可见,气候变化通过生态系统的物种关系,改变生态系统的结构与功能(Both et al. 2006)。

5.4.4 气候变化对人类健康的影响

近百年来,全球气候正经历着以变暖为主要特征的显著变化,在温度升高的同时,降水、日照、湿度和风等其他气候要素也出现了变化。这种气候环境的改变对人体健康可以产生多方面的影响。一是直接影响,包括温度升高、热浪、洪水等对人体健康带来的影响;二是具有更大潜在危害性的间接影响,如对媒介传播疾病和介水性传播疾病以及饮水供应、卫生设施、农业生产、食品安全的影响等。

气候变化对人体健康的直接影响表现为:(1)高温热浪对健康的热效应。随着全球变暖,热浪在世界各地频频发作,且强度越来越大。炎热的天气使得中暑发生率、居民死亡率大大增加,已经严重威胁到了人类的生命健康。近几十年来,我国也连续遭遇高温热浪袭击,如 1988 年、1998 年、2003 年、2005 年等;2006 年夏季,重庆地区更是遭受了百年一遇的严重高温伏旱。1988 年,我国南京、武汉遭热浪袭击,死亡人数达 1488;上海 1998 年经历了近几十年来最严重的热浪,热浪期间的总死亡人数达到非热浪期间的 2~3 倍。除此之外,热浪强度和持续时间的增加,也将导致以心脏、呼吸系统为主的疾病或死亡。(2)特大洪水对人类健康最直接的影响是造成大量人员的溺水死亡。如 1998 年发生在长江流域及松花江、嫩江流域的特大洪水也造成了重大人员伤亡,死亡人数高达三四千人。2007 年夏季,淮河流域平均降水量达 465.6 mm,出现了仅次于 1954 年的流域性大洪水,安徽、江苏、河南三省有 3000 多万人受灾,死亡人数上百人。

气候变化对人类健康的间接影响包括:(1)气候变化影响疾病的传播。气候变暖对人类健康的一种严重影响是导致某些传染性疾病的传播和复苏。在气候变化情景下,疟疾和登革热可能传播的地理范围会略有增加。气候条件对疟原虫及其媒介按蚊的生存影响很大,其中温度决定了疟疾的传播季节和地理分布。当温度低于 15~16℃ 时,疟原虫不能在蚊体内发育,一般对疟原虫具有流行病学意义的温度界限为 22~28℃。降水量影响蚊虫孳生的环境,并直接影响蚊媒的种群数量变动,因此,疟疾发病高峰常与降水量有关,降水量的改变可导致疟疾暴发流行。全球气候变暖后,蚊子变得更为活跃,它们所能到达的地理区域也从赤道向南和向北扩散,这给登革热的传播带来了有利的条件。(2)加剧大气污染影响人体健康。气候变暖加速了大气中化学污染物的光化学反应,增加了大气中的光化学氧化剂,会造成人群呼吸疾病和眼睛炎症的发病率升高(安爱萍等 2005)。气温增高会促进各种次级大气污染物(如臭氧和悬浮颗粒)的产生,由这些大气污染物引发的过敏症、心肺异常和死亡的发生率就相应增加。(3)气候变化引起的洪水和水资源短缺影响人体健康。气候变暖会导致洪水、干旱等自然灾害发生频率增加,无疑会引发水传播疾病,如霍乱、伤寒、甲肝等传染性疾病的发生。同时,河水温度的上升,会改变水体中的生物化学过程,促进河流里废弃物分解、藻类和细菌增长等,进而使水质下降,从而间接地影响人体健康。

复习思考题

1. 全球气候变化的特征如何?
2. 中国气候变化的特征如何?
3. 气候变化对农业有什么影响?
4. 气候变化对林业有什么影响?
5. 气候变化对畜牧业有什么影响?
6. 气候变化对其他领域(如水资源、海平面、生态系统等)有什么影响?

第6章 气候变化的原因、预估和不确定性问题

学习要点

本章介绍了气候变化的原因,包括气候变化的自然原因和人类活动对气候变化的影响,概述了21世纪全球和中国气候变化预估结果,并介绍了气候变化中存在的不确定性问题。学习要点如下:
(1) 了解气候变化的自然原因。
(2) 了解人类活动对气候变化的影响。
(3) 了解21世纪全球气候变化预估结果。
(4) 了解21世纪中国气候变化预估内容。
(5) 了解气候变化的不确定性。

6.1 气候变化的原因

气候变化的原因非常复杂,可能是自然的内部进程,或是外部强迫,或者是人为地持续对大气组成成分和土地利用的改变。总之,气候变化既有自然因素,也有人为因素。

6.1.1 气候变化的自然原因

6.1.1.1 板块漂移

地球自46亿年前形成以来,一直都处于变化中,这种变化的尺度有大有小,大者跨越的时间尺度超过数十万年,空间尺度变化也对气候有着很大的影响,其中就包括大陆漂移。大陆漂移说认为,地球上所有大陆在中生代以前曾经是统一的巨大陆块,称之为泛大陆或联合古陆,中生代开始,泛大陆分裂并漂移,逐渐达到现在的位置。板块构造学说认为,地球表面覆盖着不变形且坚固的板块(地壳),这些板块确实在以每年1~10 cm的速度在移动。该学说还认为全球岩石圈可划分为六大板块,即太平洋板块、亚欧板块、印度洋板块、非洲板块、美洲板块、南极洲板块。除太平洋板块几乎完全是海洋外,其余板块既包括大块陆地,又包括大片海洋。由于印度洋大陆与欧亚大陆间的碰撞,形成了喜马拉雅山脉和西藏高原。同时,这些高原阻隔了来自南方海洋的水汽,因而形成了今日的戈壁沙漠。在大陆板块彼此碰撞的汇聚型板块边界下,形成了大陆与大陆间的冲突带,也造成了大褶皱山脉。这些从古至今不同的地形特征,对气候变化产生很重要的影响。

6.1.1.2 地球轨道参数的变化

对于长时间尺度的气候变化而言,一个可能的原因是地球轨道参数的变化。地球在自己的公转轨道上接受太阳辐射能,假设在太阳辐射源强度不变的情况下,到达地球的太阳辐射量的变化主要是由于地球公转轨道天文参数的长期变化,即:(1)椭圆形地球轨道的偏心率(长轴与短轴之比)以 10 万年的周期变化;(2)地球自转轴相对于地球轨道的倾角在 21.6°~24.5°变化,其周期为 41000 年;(3)地球近日点时间的年变化,即近日点时间在一年的不同月份转变,其周期约为 23000 年。

由于地球的轨道参数变化不断地改变着地球与太阳的相对位置,虽然到达地球的太阳辐射量变化甚小,但地表辐射随纬度与季节的分布变化很大。科学家们利用这种关系(又称米兰科维奇理论)可以很好地解释了百万年尺度的冰期与间冰期的交替发生现象。在过去的一万年中,由于上述地球轨道的变化,7月份 60°N 处的太阳入射辐射减少了 35 W/m^2,这是一个很大的量,但在过去 100 年中,这种变化在 0.1 W/m^2 的量级,它也远远小于 CO_2 增加所引起的变化,并且是负值,因而地球轨道变化也不可能是近百年全球变暖的原因。

6.1.1.3 太阳辐射的变化

气候系统所有的能量基本上来自太阳,所以太阳能量输出的变化被认为是导致气候变化的一种辐射强迫,也就是说太阳辐射的变化是引起气候系统变化的外因。不少科学家试图以此来解释地球的气候变化,但长期以来并没有精确的测量表明太阳辐射的输出有达到显著程度的变化,因而太阳能量的输出被认为是常数,即太阳常数。直到 20 世纪 70 年代末,由于卫星观测的应用,可以在大气层以外准确地测量太阳辐射输出的变化,才知道太阳辐射输出量并不是完全不变的,尤其是在太阳黑子异常活动的周期中,年平均辐射总量的变化为 11 年太阳活动周期最大值与最小值差的 0.08%(1.1 W/m^2)的变化。从 1750 年以来,太阳辐射变化造成的辐射强迫估计为 0.3 W/m^2,其中大部分变化发生在 20 世纪上半叶,但太阳辐射的变化影响气候的机理尚不清楚,缺乏严格的理论或观测事实支持。太阳黑子数表征了太阳活动的强弱,许多科学家认为太阳黑子数多时地球偏暖,少时地球偏冷。例如,17 世纪 70 年代的太阳黑子数很少,并且寿命亦较短。当时太阳的亮度比目前约小 0.4% 或太阳照度约小 1 W/m^2(入射到地球表面的平均太阳辐射能量)。太阳能的这一减少时期对应了前面所述的小冰期的偏冷时段,因而被认为可能是发生小冰期较冷时段的主要原因。科学家们估计,自 1850 年以来太阳照度的最大变化不大可能超过 0.5 W/m^2,这个数值只是与大气温室气体增加在 10 年内引起的地球表面能量变化相同,因而太阳辐射的变化不可能是引起现代全球变暖的主要原因。

6.1.1.4 火山活动

影响气候变化的自然因素还有火山爆发,大规模火山作用将大量喷发物由岩石圈输送至大气圈、水圈和生物圈,从而造成气候、环境的快速变化,甚至导致大规模生物灭绝。火山爆发之后,向高空喷放出大量硫化物气溶胶和尘埃,可以到达平流层高度,它们可以显著的反射太阳辐射,从而使其下层的大气冷却。因而强火山爆发数年后一般总会出现全球范围的降温,其降温幅度在 0.3~1.0℃,可见火山爆发产生的是负辐射强迫。例如:20 世纪最强的一次火山爆发是 1991 年 6 月菲律宾的皮纳图博火山爆发,它使大气顶净辐射量的变化为 0.5 W/m^2,持续了 2~3 年时间,造成全球平均 0.5℃ 左右的降温,结果使连续增暖的全球地表温度曲线上呈现出一短时期的谷区。

观测表明，近百年主要的火山爆发活动期在1880—1920年和1960—1991年，由于每次火山爆发影响的持续时间只有几年，与温室气体增加产生的长期作用相比，是一种短时期的影响，不是造成近百年全球变暖的因子。

6.1.1.5 气候系统内部相互作用

气候变化，不论是平均态还是极端事件都可以由来自气候系统以外的外强迫造成，也可以由气候系统各部分之间的相互作用产生。其中最重要的方面是大气与海洋环流的变化以及其相互作用。在年际时间尺度上，ENSO和北大西洋涛动（NAO）是大气与海洋环流变化的重要表现。对于更长的十年时间尺度，太平洋年代际振荡（PDO）的主要变化特点是人们关注的重点，利用这些振荡可以解释地面气温全球平均变化的一半左右，它们也明显地与地区性的温度和降水变化有联系。许多研究表明，上述长期的大气与海洋环流的变化在近几十年是十分反常的。例如：ENSO事件从1976年以来发生得更为频繁、强烈和持久，这与热带太平洋在这一时期明显偏暖有关，因而可能与全球气候变化有密切的关联（图6.1）。

季风活动有很强的年际变化特征，也有明显的年代际和长时间变化特征及趋势，季风的长期变化问题是人们关注的一个焦点。有人认为，萨赫勒地区20世纪50年代的湿期和70—80年代的长期干旱及近十几年的转湿，可能与非洲季风雨季异常活动有关，也可能与北大西洋或其邻近地区的海表温度异常有关。而印度季风十年及以上时间尺度的长期变化也引起了科学家们的广泛关注。过去认为印度季风的这种长期变化与ENSO事件密切有关，它们之间存在负相关。即当厄尔尼诺事件发生时，印度季风弱降水会明显减少。但这种关系在最近20年似乎已被破坏。现在还不清楚季风的这种变化是否与全球气候变化有关（丁一汇等2003）。

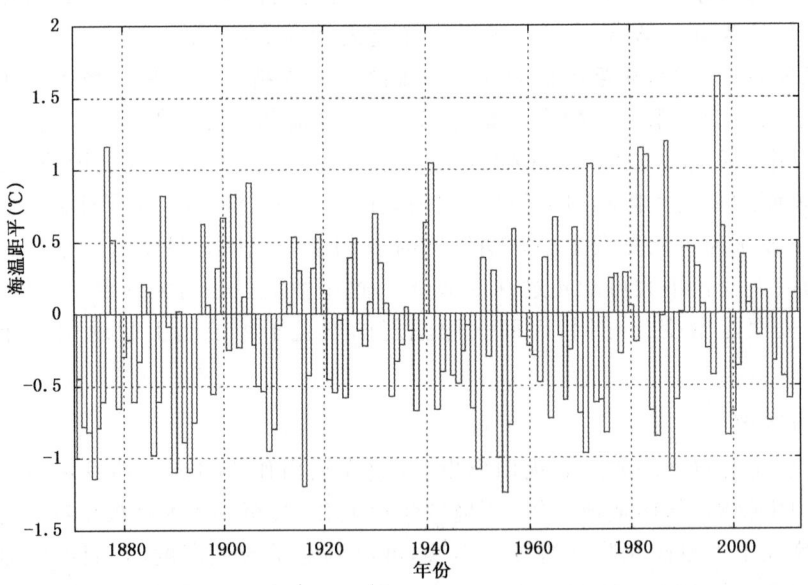

图6.1 1870—2013年Niño 3区(150°~190°W,5°N~5°S)（来自PSD）
厄尔尼诺（正海温距平）和拉尼娜（负海温距平）强度的长期变化曲线

6.1.2 人类活动对气候变化的影响

6.1.2.1 温室气体种类、特征和气候效应

人类活动排放的温室气体主要有 6 种,即二氧化碳(CO_2)、甲烷(CH_4)、氧化亚氮(N_2O)、氢氟碳化物(HFCs)、全氟碳化物(PFCs)和六氟化硫(SF_6)(表 6.1)。这些气体中的大部分在大气中有非常长的生命,如表 6.1 所列,二氧化碳的生命期为 50~200 年,甲烷 12~17 年,氧化亚氮为 120 年。这些气体一旦进入大气,几乎无法回收,只有靠自然过程使它们逐渐消失。由于它们在大气中的生命期长,温室气体的影响是长久的而且是全球性的。

表 6.1 温室气体的种类和特征

种类	增温效应(%)	生命期(年)
二氧化碳(CO_2)	63	50~200
甲烷(CH_4)	15	12~17
氧化亚氮(N_2O)	4	120
氢氟碳化物(HFCs)	11	13.3
全氟化碳(PFCs)	7	50000
六氟化硫(SF_6)及其他		—

上述温室气体对气候变化影响最大的是二氧化碳。它产生的增温效应占所有温室气体总增温效应的 63%。且其在大气中的存留期很长,最长可达到 200 年,并与大气充分混合,因而最受关注。HFCs 和 PFCs 是氯氟烃(CFC)的替代物,它们虽然对臭氧层损耗大为减轻,但对气候变化的增温效应是明显的。除了上述 6 种温室气体以外,对流层臭氧(O_3)也是一种值得注意的温室气体。

在排放温室气体的人类活动中,最显著的是所有的化石能源燃烧活动都排放二氧化碳。在化石能源中,煤含碳量最高,石油次之,天然气较低;化石能源开采过程中的煤炭瓦斯、天然气泄漏可排放二氧化碳和甲烷;水泥、石灰、化工等工业生产过程排放二氧化碳;水稻田、牛羊等反刍动物消化过程排放甲烷;土地利用变化减少对二氧化碳的吸收;废弃物排放甲烷和氧化亚氮。

6.1.2.2 气溶胶及其气候效应

气溶胶是悬浮在空气中的微小颗粒(直径在 0.001~10 μm)的总称,包括自然过程产生和人类活动产生两种。自然气溶胶有火山灰、尘灰(soil dust,大部分产自北非及亚洲的沙漠地区)、海盐气溶胶(sea salt aerosol)等。人为气溶胶有硫酸盐、化石燃料有机碳、化石燃料黑炭、生物质能燃烧、矿产灰尘气溶胶等。它们对大气辐射的总效应与温室气体相反,即产生冷却作用。

近年来大气气溶胶的气候效应越来越引起人们的重视,大气气溶胶的气候效应比温室气体复杂得多。应当特别强调,尽管大多数研究认为气溶胶对气候的影响与温室效应气体的影响是反向的,但两者不能简单的抵消。从两者寿命来看,对流层气溶胶的寿命只有几天到几周,它的辐射强迫作用集中在排放源附近,而且对北半球的影响比较大;而温室气体的寿命是 10 年至 100 年的尺度,已经在全球范围内产生影响。从影响的时间上看,气溶胶主要影响白天的太阳辐射,而且对夏季低纬度影响较大;而温室气体则对昼夜都有影响,且冬季和中高纬

度影响大。从下垫面的关系看,气溶胶对辐射的影响与下垫面的光学性质关系极大,同样一层气溶胶,下垫面光学性质不同时产生的辐射强迫会有很大的差别,甚至引起符号相反,而温室气体的影响则基本上与下垫面性质无关。

气溶胶粒子增加主要是影响地球大气辐射平衡和云雨过程,这两种过程都会引起气候变化。一方面,气溶胶粒子通过吸收和散射太阳辐射,改变地—气系统的能量收支,直接影响气候变化。一般来说,气溶胶粒子能吸收、散射太阳辐射和地—气长波辐射,但对太阳辐射的影响较大,因而过去认为气溶胶增加对气候的影响主要表现为地表降温。另一方面,气溶胶粒子还作为云的凝结核(CCN)改变云的光学特性和生命期,间接影响气候。气溶胶粒子增加对云雨过程的影响,一般也表现为云滴数量增加、云的生命史延长、被云覆盖的面积增加,其气候效应也是使地表降温。近期一些模式研究表明,人类活动造成的气溶胶粒子增加的气候变冷效应可以大部分抵消人类活动造成的温室气体增加引起的气候变暖效应。气溶胶对辐射的影响取决于其时间和空间的分布、自身的光学特性和物理化学性质,以及下垫面的光学性质;而气溶胶的分布、物理化学性质及地表状况这些因子都有极大的时间和空间变率。因此客观准确地给出气溶胶的光学特性、化学成分、粒子尺度谱分布及其时空分布等特征是正确评估气溶胶气候效应的必要条件。

6.1.2.3 土地利用对气候变化的影响

人类活动影响气候变化的另一因素是土地利用的变化。这主要有两个原因:土地利用的变化直接造成陆面物理特性的变化,从而影响辐射、热量和水的交换;再则,植被类型、密度和有关土壤特性的变化通常可引起陆地碳储存及其通量的变化,进而使大气温室气体含量发生变化。土地利用变化分两种类型,一类是直接由人类活动引起的变化,如毁林、造林、农业灌溉以及城市化、交通等;另一类是间接变化,即气候的变化或 CO_2 含量的变化可使生物群落的植被结构和功能发生变化或者造成生物群落本身的迁移。

为什么人为土地利用变化会对我们的气候产生影响呢?主要是因为人为改变大尺度的植被特性对地表反照率会产生很大的影响。比如说:农田的反照率与自然地表有很大的不同,尤其是森林;而森林地表的反射率一般又比开阔地要低,这主要是因为在森林上空有较大的叶片,入射辐射在森林冠层内的多次反射,导致森林反射率降低。这种效应在雪地尤其明显,因为开阔地面容易全部被雪覆盖,从而具有更高反射率。根据 IPCC AR4 的估计,由于砍伐森林造成的土地覆盖变化增加了地表反照率,其产生的相关辐射强迫为 (-0.2 ± 0.2) W/m^2。

陆地覆盖的改变还会影响一些其他物理属性,如潜热与感热通量的比率(Bowen 比率)和地表粗糙度等,它们将通过陆气间的各种能量交换,如潜热、感热通量的变化,进一步改变地表能量和水汽收支,直接影响近地面大气温度、湿度、降水和风速的变化。另一方面,研究还表明,大范围的开垦和耕种引起地区性冷却,量级可达 1~2℃。这是由于蒸散率和冬季反照率增加的结果。雪—植被反照率作用也能明显地影响近地面温度。非洲萨赫勒地区的长期干旱有人也认为与该地区植被或土地利用变化有关。所有上述研究都表明,大范围土地利用的变化都能产生明显的区域气候影响。但科学家们也认识到,过去 50~100 年造成的实际土地利用变化对全球气候变化的作用不可能达到与温室气体增加产生的全球气候变化的量级。

6.2 气候变化预估

气候变化预估(Projection of Climate Change)实际上是模拟评估气候系统对人类活动引起的温室气体、气溶胶排放、大气浓度情景(构想)、辐射强迫情景的响应,是在未来各种可能发生的社会、经济、人口、环境治理、技术进步等综合假设条件下作出的。因而严格说来,气候变化预估只是告诉人们未来可能的气候变化趋势与变化范围。

6.2.1 21世纪全球气候变化预估

气候变化预估是科学家和公众以及决策者共同关心的问题,其中几十年到一百年时间尺度气候变化的预估与各个国家和地区制定长远社会经济发展计划息息相关。目前随着人们对大气、海洋、陆地、冰雪、生物等各圈层相互作用认识的进一步增强,耦合地球各圈层的气候系统模式已成为描述气候系统复杂过程、理解气候变化规律,特别是预测未来气候变化的最重要甚至是不可替代的研究工具。气候模式从空间范围可分为全球气候模式和区域气候模式,而从复杂程度上可分为简单气候模式、中等复杂程度气候模式和完全耦合气候模式。目前用于气候变化预估的气候模式主要是海-气耦合模式,即大气和海洋均有独立的控制方程组,但它们又是通过界面上的交换过程耦合在一起,其他子系统,如陆面、冰雪等是以相对简单一些的形式给出的(参数化)。

6.2.1.1 全球平均气温和降水预估

在IPCC第二次评估报告中,使用了6种IS92排放情景,不同模式给出的1990—2100年全球平均气温增加1.0~3.5℃;在IPCC第三次评估报告中,使用35种温室气体排放情景,不同模式给出的1990—2100全球平均地表温度的增加范围为1.4~5.8℃;与IPCC第三次评估报告相比,有更多的物理气候系统模式参与第四次评估报告(AR4)气候变化的数值模拟研究,因此也就更加容易定量地比较模式结果的差异,给出模拟结果的置信区间。

根据对IPCC AR4中相关模式的最新结果分析(见(彩)图6.2),在SRES B1、A1B和A2情景下,本世纪中期(2046—2065年),多模式集合预估的全球地表气温的平均增幅依次为1.3℃、1.8℃和1.7℃;至本世纪末(2090—2099年),平均变暖的幅度及其可能性范围则分别为1.8℃(1.1~2.9℃)、2.8℃(1.7~4.4℃)、3.4℃(2.0~5.4℃)。综合分析表明,在某一具体排放情景下,全球地表气温平均变暖的范围应在多模式集合平均预估结果的-40%至60%之间。全球变暖也将会导致全球水圈循环的加强,从而引起全球降水状况的改变。根据多模式、多情景的集合预估结果,在全球变暖的背景下,全球平均降水量将会增加。但预估的降水变化存在着很大的空间变率和季节变率。相对于1980—1999年,在SRES A1B排放情景下,2080—2099年中高纬度大部分地区、东部非洲、中亚和赤道太平洋地区降水增加20%以上;与此相反,地中海、加勒比海和副热带各大陆西海岸地区的降水量则会减少20%以上。总的来说,尽管存在着很大的空间变率,全球陆地降水量平均增加5%,海洋区降水量增加4%。近年来,全球变暖背景下极端天气气候事件的变化已引起广泛关注。但是相对于气候平均态而言,极端天气气候事件是一种稀有事件,不但时空尺度较小,而且还具有突发或转折性,模式对于极端气候事件的模拟存在着更大的困难,预估研究的不确定大,模式间的差异也较大。根据IPCC AR4的结果,伴随着平均温度的升高,极端高温和低温均呈升高的趋势,其中极端低温

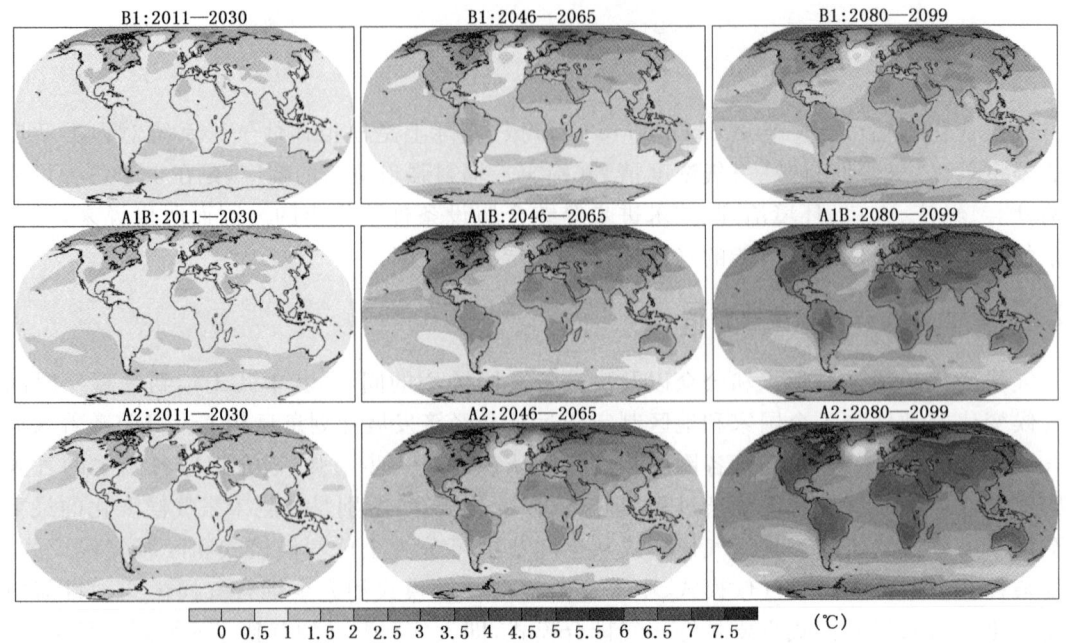

图 6.2 在 SRES B1、A1B 和 A2 排放情景下,多模式集合预估的本世纪不同时段年平均
地表气温相对于 1980—1999 年平均的变化情况(引自 IPCC 2007)

的变化更强。对于夏季的热浪事件(通常是指连续的高温),很有可能发生的变化是强度变大,持续时间变长以及发生的次数更加频繁;而冷事件爆发的频率将会减少。与降水相关的极端事件预估,在变暖的气候背景下,北半球的副热带地区和中纬度地区夏季变得更加干燥,干旱事件发生的可能性增大;同时强降水事件发生的可能性也会增加,尤其是在副热带地区。全球大部分地区降水的强度增强,已有研究表明在北欧以及亚洲季风区,在全球变暖的情景下洪水发生概率会有提高。

6.2.1.2 全球海平面的预估

在全球变暖的背景下,海平面高度并非是全球一致的升高。根据地转关系,海平面的梯度决定着海洋的表层地转流。在年代际及百年际时间尺度上,影响海平面高度变化的因子主要有海水温度变化、盐度变化、陆地水体变化及地球物理过程等。其中陆地水体的变化主要是由山岳冰川及极地冰盖的消融引起的。IPCC AR4 报告中详细比较了 17 个模式模拟的三种不同温室气体排放情景下由热膨胀引起的全球平均海平面高度的变化。结果显示,相对于 1980—1999 年的全球平均海平面高度,在 A1B 和 A2 情景下 21 世纪由热膨胀引起的全球平均海平面将升高 0~0.4 m,升高幅度相当。到 21 世纪末,在多种温室气体排放情景下,预估的全球地表平均增暖 1.1~6.4 ℃,海平面相应上升 0.18~0.59 m。同时,高温、热浪、强降水事件的发生频率很可能会增加,热带气旋(含台风和飓风)的强度可能会增强。现有模式结果表明,1.9~4.6 ℃ 的全球平均增暖(相对于工业化前)如果持续千年,会最终导致格林兰岛冰盖的完全消融,进而造成海平面升高约 7 m。

6.2.2 21世纪中国气候变化预估

中国地处东亚季风区,自然地理及气候条件复杂多变,这为进行该地区气候变化预估带来了较大困难。但是随着气候模式相关技术的发展,以及人们对气候系统认识的逐渐深入,在全球变暖背景下对中国区域21世纪气候变化预估具有重要的参考价值和社会意义。下面将从全球模式预估和区域模式预估两个方面简要介绍中国气候变化预估已有成果。

6.2.2.1 21世纪中国温度变化预估

图6.3分别给出了CMIP5中13个气候模式(包括国家气候中心模式BCC_CSM 1.1和BCC_CSM 1.1-M)在RCP 2.6、RCP 4.5和RCP 8.5情景下对中国区域平均气温的预估结果。在这三种情景下,几乎所有气候模式预估的中国区域气温都持续增暖。在RCP 2.6情景下,随着排放情景的变化,中国区域平均气温在约2050年达到升温峰值,在2050年到2070年间基本保持不变,21世纪后30年出现降温趋势。这种特征与全球平均气温变化类似。在RCP 4.5情景下,中国气温在21世纪持续增加,约到21世纪末变缓。在RCP 8.5情景下,所有模式模拟的中国平均温度在21世纪持续上升。国家气候中心模式BCC_CSM 1.1和BCC_CSM 1.1-M对这三种情景下气温变化的模拟与多模式集合平均基本一致。21世纪末,多模式集合平均在RCP 2.6、RCP 4.5和RCP 8.5三种情景下的中国区域平均增温幅度分别达到1.4℃、2.5℃和5.7℃。

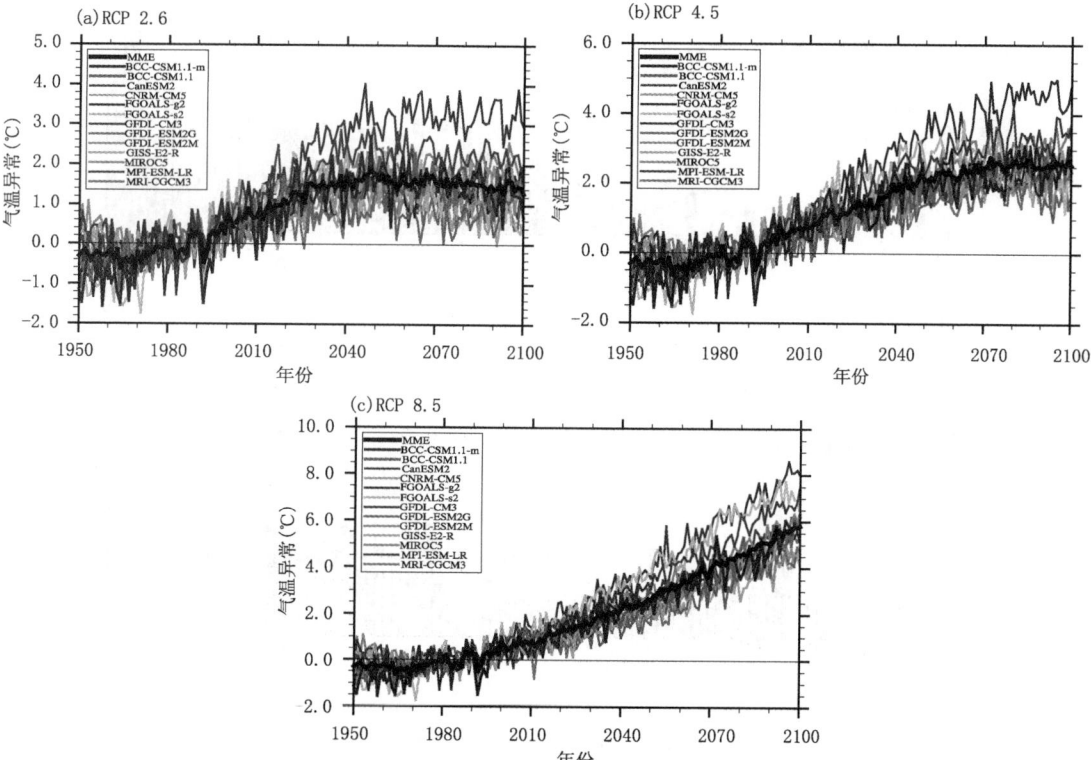

图6.3 在三种未来排放情景下参与CMIP5的部分气候模式(包括我国研发的BCC_CSM1.1,BCC_CSM1.1-M,FGOALS-g2和FGOALS-s2)对中国平均地表气温异常(相对于1971—2000年平均)的模拟。粗黑实线代表多模式集合平均结果,细线表示各个模式结果(吴统文等 2013)

6.2.2.2 21世纪中国降水变化预估

当前全球气候模式对降水的模拟研究中还存在很大的不确定性,各个模式模拟结果之间的差异比较大。但是对于未来降水变化,当前的研究中也取得了一定的共识:模拟认为中国地区未来降水呈现增加的趋势,尤其是北方地区、西部地区。就全国平均来说(图6.4),21世纪不同时期内平均降水都呈现一定的增加趋势;21世纪前半叶,平均降水量增加幅度不会很大,2041—2050年,平均降水分别增加5%、3%、5%;此后降水将持续增加,到2091—2099年平均

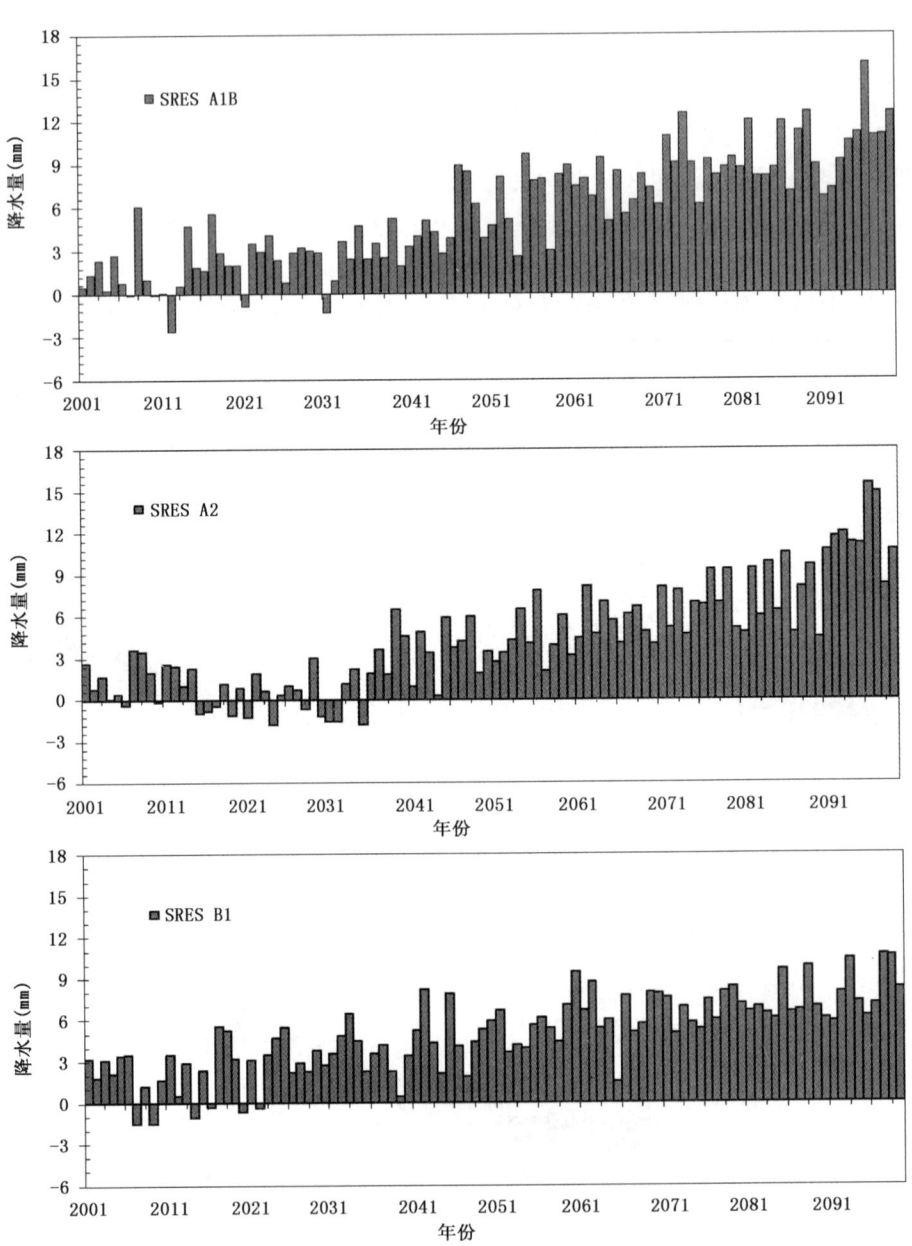

图6.4 SRES A1B、A2、B1情景下,中国地区21世纪降水时间变化

(引自《现代气象业务丛书:气候变化业务》)

降水增加幅度突然增大,分别增加11%、12%、8%。SRES A1B情景下,2050年前个别年份有减少趋势,降水增加幅度基本在6%以内;2050年以后,降水增加幅度基本在6%~10%;在21世纪末期很多年份降水增加幅度超过10%;降水百年线性趋势达到11%/100a。SRES A2情景下,2040年以前降水增加不明显,很多年呈现减少的趋势;2040年以后降水开始持续增加;降水百年线性趋势达到11%/100a。SRES B1情景下的降水变化和SRES A1B情景下差异不大,但增加幅度小于SRES A1B情景下,百年线性趋势只有7%/100a。

6.2.2.3　21世纪中国极端天气气候事件变化预估

对于热浪指数(HWDI),由于未来几十年中国地区增温显著,中国各大农业区热浪指数的增加趋势比较明显,西北地区、西南地区增加趋势最为明显。SRES A1B情景下,2011—2020年,新疆、西藏地区增加幅度较大,为6~8天;而江汉江淮地区(长江中下游地区)、华北地区南部(淮河流域)热浪指数变化不大(图6.5a)。2021—2030年,除青海省及其周围地区、西北西南地区热浪指数增加8天以上;华北地区、江淮地区、华南地区增加幅度不超过5天(图6.5b)。

对于连续干日(CDD),SRES A1B情景下东北地区减少趋势显著。2011—2020年,东北地区、华北地区北部连续干日将减少,尤其是内蒙古东北部地区减少趋势最大;西北地区(除青海周围的地区)、西南地区、江淮江汉地区、江南华南地区连续干日都表现为一定的增加趋势,但增加幅度较小,不超过3天(图6.5c)。2021—2030年,东北地区、华北地区北部及整个内蒙古地区、青海地区连续干日继续减少,而江汉江淮地区、江南地区(长江中下游地区)连续干日增加显著,增加5天左右(见图6.5d)。

对于大雨日数(R10),显著特点是西南地区会减少,而东北、西北地区变化不大。此外黄河中游、江南华南地区西部大雨日数表现出减少的趋势。江汉、江淮地区大雨日数在2011—2020年略有增加,而到2021—2030年将呈现一定的减少趋势(图6.5e~f)。对于5天最大降水量(R5d),全国大部分地区5天最大降水量都将增加,江南华南大部分地区增加量在5~15 mm。2011—2020年,华北地区北部、东北地区南部(辽东半岛地区)5天最大降水量减少(图6.5g~h)。

6.2.2.4　基于区域气候模式的中国气候预估

国家气候中心使用区域气候模式(RegCM3,下文简称区域模式)、单向嵌套全球环流模式(FvGCM,下文简称全球模式),进行了中国及东亚地区20 km水平分辨率21世纪后30年的气候变化模拟试验,并对结果进行了初步分析。

(彩)图6.6给出区域模式模拟的中国冬、夏季地面气温的变化。冬季模式模拟的气温变化分布为北方升温大于南方,在东北地区增温幅度最大。冬季区域模式模拟的中国区域平均升温为3.6℃。相对于冬季升温南北梯度较大的特点,夏季两个模式模拟的升温分布均呈现为东部低、西部高,但在华北西部至内蒙古一带,以及青藏高原部分地区,区域模式的升温要远大于全球模式,这与其模拟的此季节降水减少较多有一定的关系。

区域模式模拟的中国区域降水的总趋势也是增加的,但幅度要小,年平均增加值为5.5%((彩)图6.7)。增加最大的时段为9月至12月,其中12月份的增加比例是全年最高的,为23.6%;另一增加较多的时段为春季的3、4月份;但夏季3个月降水将减少。区域模式模拟的降水量增加值在东北、西北和青藏高原东麓一般在10~25 mm,部分山区可能达到25 mm以

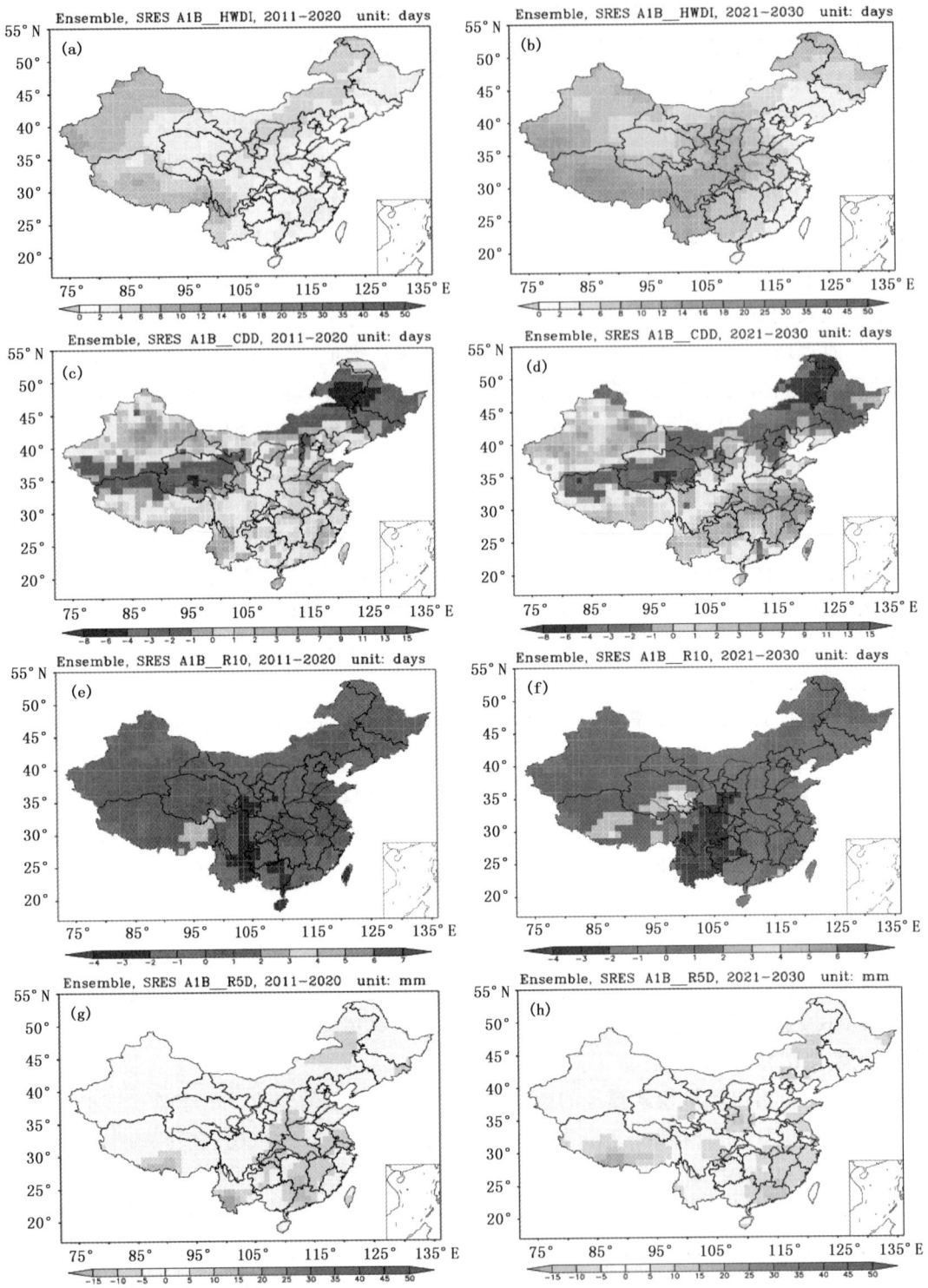

图 6.5 SRES A1B 情景下,2011—2020 年、2021—2030 年极端气候变化
(引自《现代气象业务丛书:气候变化业务》)

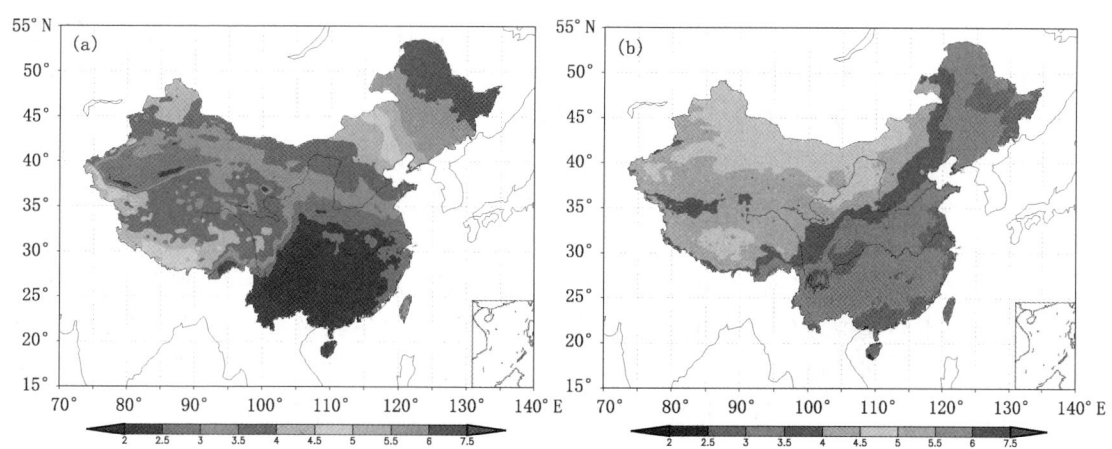

图 6.6 中国地区 21 世纪末气温的变化（单位：℃）（引自《现代气象业务丛书：气候变化业务》）
(a)区域模式模拟的冬季变化；(b)区域模式模拟的夏季变化

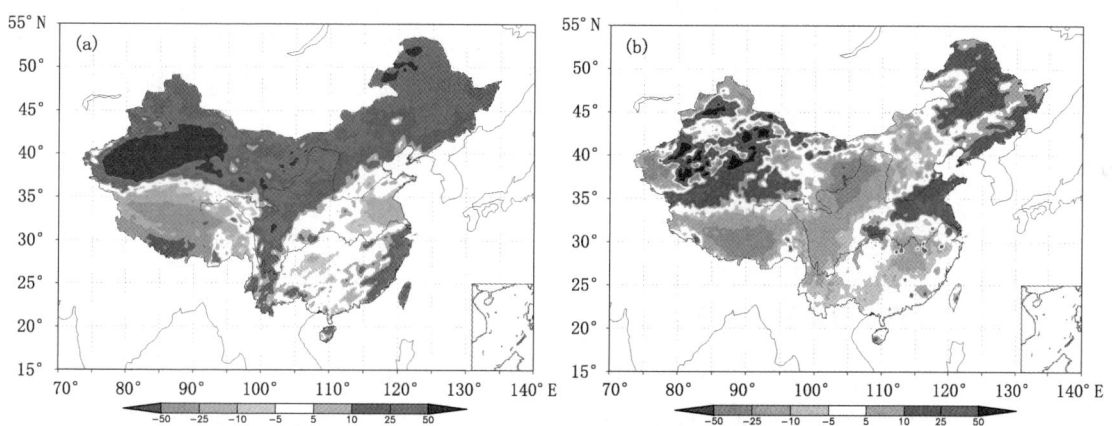

图 6.7 中国地区 21 世纪末降水的变化（单位：%）（引自《现代气象业务丛书：气候变化业务》）
(a)区域模式模拟的冬季变化；(b)区域模式模拟的夏季变化

上。此外我国东南的浙江、福建沿海地区和台湾岛等地，降水量增加也较多。江淮、青藏高原大部分地区及贵州等地降水将有所减少，减少值可以达到 10 mm 或更多。夏季区域模式的模拟在大部分地区是减少的，特别是在黄河中上游、青藏高原以及江南等地，最多减少 25%，但黄淮地区降水有较大增加。区域模式模拟的东北、西北地区降水，以增加为主，中国区域的平均变化为减少 2.1%。年平均降水变化的模拟，区域模式的模拟在东北、西北和黄淮地区增加，其他地方的变化不大或为减少，其中减少的大值区为青藏高原及云南等地。

6.2.3 气候变化预估的不确定性

在目前的科学水平下，气候模式对复杂的真实气候系统的描述还存有较大距离，利用气候模式对未来 50 至 100 年全球气候变化进行预估的可靠性还不高，不同模式的预估结果之间也还存在较大差别。因此，当前的气候模式仍然需要大大改进。第一，云辐射过程、云和水汽反馈过程、陆面过程以及海洋物理过程等是气候模式不确定性的主要来源；第二，关于未来温室气体和气溶胶排放情景的不确定性也比较大。应该看到,利用气候模式进行未来人为气候变化趋势预估在定性上有一定程度的可靠性,但是在定量上仍存在较大的分歧。利用气候模式进行未来降水和极端气候事件的模拟和预估,其结果的信度更低。

利用区域气候模式进行气候变化影响的区域预估,是最近开展较多的另一项工作,但除了全球模式的不确定性影响外,一些在全球模式中有时可以忽略的因素,如土地利用和植被改变、气溶胶强迫等,都会对区域和局地尺度气候产生很大影响。因此,在区域尺度上气候变化预估的不确定性则更大。目前,在利用区域模式进行中国气候变化预估方面,现在开展的模拟工作还比较少,不同模拟工作所采用的全球模式驱动场、排放情景及分辨率等都存在较大差异,难以进行相互之间的比较并给出未来的变化范围。与此同时,现在开展的模拟工作一般都是针对当代(1961—1990 年)和未来远期(2071—2100 年)时段,对未来 20~50 年的工作基本空缺。

为了进一步减少科学上的不确定性,除了必须加强气候观测系统建设外,在未来的基础科学研究领域中,要优先支持过去不同时间尺度气候变化基本规律和原因的研究,碳循环过程及大气中温室气体浓度和气溶胶含量的趋势预估研究,气候系统内部关键物理过程与反馈机理研究,以及气候系统模式的检验、改进与模拟、预估研究。此外采用多模式进行气候变化模拟集合,是减少预估中不确定性的重要方面。以上这些方面还需要做大量和长期的研究试验和探索工作。

6.3 气候变化的不确定性

6.3.1 代用气候资料分析和器测时期观测资料

由于气候变化的区域性或不均一性,利用局部地区的代用资料进行气候变化检测研究,总有一些地区温度的变化与全球或半球平均状况不一致。因此,某些单个地点的序列无法代表全球或半球平均温度变化。更具有说服力的气候变化检测研究需要使用全球或半球平均古温度序列。许多学者利用代用资料,如年轮资料为主或利用年轮、冰芯、珊瑚等代用古气候记录,得到全球或半球平均温度序列,但对资料的可靠性和代表性问题考虑并不十分全面,这些研究的一个共同弱点是序列长度只有 400~500 年,而气候变化信号的检测需要至少近 1000 年的全球或半球平均温度变化资料,用近 400~500 年的温度序列去判断近 100 年的增暖是否异常,仍不能看作是充分的。

利用仪器观测的现代气候数据是比较可靠的资料,但这些资料同样存在分布不均、观测仪器变更等多种原因的影响。例如,中国序列较长的一些测站资料,大部分集中在东部地区,而且各地区以及不同的时期,观测方法和仪器上也有很大差异,这部分资料所反映出来的气候变化趋势仍然包含不确定性。

卫星观测可以弥补常规观测空间分布的明显不足,其变量可以包括海面温度、雪盖、湿度、植被指数等,其变量的反演方法可以从很简单到很复杂,但只有 20 世纪 70 年代以来的资料,并且受到观测分辨率、资料校准和反演技术的局限,甚至还会受到难以预测的大气成分(如云和大气水汽变化或火山爆发)变化的影响。

6.3.2 人类活动和太阳活动在近百年全球变暖中的贡献

IPCC 在 2007 年发布的第四次评估报告中指出,20 世纪中叶以来大部分的全球平均温度的升高很可能(大于 90% 的可能性)是由于观测到的人为温室气体浓度增加所导致的。IPCC 的结论主要来自于气候模式模拟的结果,即:如果仅考虑太阳活动等自然因子的作用,气候模式无法模拟出 20 世纪中叶以后的全球变暖;只有同时考虑了自然因子和温室气体的作用,才能够模拟出全球气候的变暖趋势。为了证明近 50 年的气候变化是由人类活动引起的,科学家将气候模式的模拟结果与近百年的观测事实进行了比较,他们发现:单考虑气候变化的自然波动或单考虑人类活动的影响,均不能很好地模拟过去的气候变化;但当同时考虑两者的作用时,则可以比较好地模拟出近 100 年的气候演变。

IPCC 的最新评估报告还认为,工业化革命以来太阳活动造成的直接辐射强迫比人类活动小一个量级,说明太阳活动在这一时期的气候变化中所起的作用很小。实际观测也表明,在过去二十多年间观测到了明显的全球气温的升高,而这一时期的太阳活动强度并没有显著的增加趋势;由于卫星资料的使用使得过去 20 多年的观测资料具有很高的可信度,因此,这足以说明太阳活动对近 20 多年的气温变化并没有明显影响。但从历史上来看,在 1950 年以前的至少 7 个世纪中,北半球年代际温度变率重建结果中的相当部分很可能归因于太阳活动和火山活动的变化,并且在该记录中的 20 世纪初较明显的变暖可能归因于人为强迫。由于人类活动通过燃烧化石燃料向大气中释放二氧化碳气体而改变了入射的太阳辐射和向外的红外辐射,从工业化时代(大约 1750 年)开始以来人类活动对气候的总体影响是变暖的,这个时期人类对气候的影响超过了太阳活动、火山爆发等自然过程的变化带来的影响。1750 年以来由于太阳输出量的变化造成的直接辐射强迫仅为 0.12 W/m^2(数值范围在 0.06 至 0.30 之间),比人类活动的辐射强迫小一个量级,说明太阳活动在这一时期的气候变化中所起的作用很小。

但是,也有一些科学家对 IPCC 的这一结论并不认可,他们认为,气候模式并不能证明全球变暖是由人类活动引起的,IPCC 报告中气候模式所显示的温室气体浓度升高和全球平均温度变化之间的一致性主要是通过调整计算机模式中的物理参数得到的,但计算机参数的调整具有很大的随意性。另外,从历史气候变化的记录来看,20 世纪的气温与过去 400 年来小冰期的平均气温相比可能是最暖的,但中世纪暖期的气候很可能比当前的气候更暖。二氧化碳浓度和温度的相关性并不高,因此也不能支持是二氧化碳浓度升高引起温度变化的结论。如 20 世纪 40 年代之前二氧化碳浓度的上升并不迅速,但全球气温却存在一个变暖阶段;1940—1975 年二氧化碳浓度上升迅速,但这一时期的温度却在下降。他们还认为,IPCC 有可能低估了太阳活动(太阳风及其磁场效应)变化引起的强迫,这一强迫可能远比人类活动所引起的强迫更为重要。如果只是利用"太阳辐照度"来表示太阳活动,会忽略太阳紫外线或太阳风及其对宇宙射线和云覆盖的效应,因而减弱了太阳活动变化的气候效应。有很多观测证据表明太阳活动变化与气候变化密切相关,如阿曼洞穴中的石笋数据所揭示的 C-14(指示受太阳活动调制的宇宙射线变化)和 O-18(指示温度或降水的变化)同位素的变化在 3000 年的时间尺度上具有很好的一致性。因此,太阳活动变化的气候效应值得重视,太阳活动变化还可解释 20 世纪 40 年代前的气候增暖及随后出现的 60—70 年代的冷却期、中世纪暖期、小冰期和其他 1500 年准周期的气候变化。

6.3.3 对气候系统过程与反馈认识的不确定性

气候系统本身极其复杂,目前尚无法完全了解气候变化的内在规律。对碳循环中地球物理化学过程认识及各种碳库估算、各种反馈作用及其相对地位的认识存在不确定性。变化中的气候和环境条件会影响大气中 CO_2 的浓度,相应的也会影响到自然界的碳循环。这种反馈,有时是正反馈,起到放大和增加起始变化的作用;有时也会是负反馈,起到衰减和缩小起始变化的作用。

从海—气系统来看,有以下反馈效应。首先,海洋温度的变化可以影响海水中 CO_2 的化学性质。海洋表层中 CO_2 分压强会随着海洋温度的升高而增大,使得海洋对 CO_2 的净吸收减少。其次,海洋环流的变化可能受气候变化的影响。随着海洋表层水温的升高,海洋斜温层会变得不利于垂直方向的混合和交换,会减少海洋对大气中 CO_2 的吸收。再次,风应力的减小也会影响海洋环流。然后,全球风的分布类型的改变也会影响海—气间的 CO_2 传输。最后,由于气候发生改变,海洋生态系统和物种的组成分布会发生改变,这会影响到海洋表层水中 CO_2 的分压强,进而影响海—气间的 CO_2 传输。

对碳循环中地球物理化学过程的认识及各种碳库的估算存在不确定性。第一,低估了海洋的吸收作用;第二,地球生态系统中还有很重要的吸收 CO_2 过程没有发现;第三,估计砍伐森林而释放出的 CO_2 仅仅是当前估计值的下限。

对碳循环中各种反馈作用及其相对地位存在不确定性。由气候引起的变化在海洋生态学中是具有重要意义的,这不仅关系到生物资源的维持和管理,而且关系到气候系统的生物地球化学反馈。但与海洋生产能力相关的过程还未被充分理解,同时这一反馈作用的方向和大小还都不确切。

虽然温室气体(GHGs)和气溶胶的排放是增加或减少辐射强迫、改变气候平衡状态的重要原因,但目前我们对 GHGs 及气溶胶的源、汇和分布及其与辐射强迫的非线性关系并不十分清楚。另外,对大气物理、化学过程及整个气候系统的机制缺乏深入研究,特别是以下几个方面:海洋热交换、云和水汽辐射特性、高纬度地区陆地雪盖和海冰变化、大气稳定性和水汽分布、海洋和陆地生态系统对 CO_2 的吸收作用及陆面水循环和土壤水分的变化等。上述几个方面的不确定性使得全球气候模式对季节和区域气候变化的判断众说不一,特别是对区域降水量变化的判断差异显著。

6.3.4 未来排放情景的不确定性

目前,未来温室气体排放清单与排放构想中的不确定性主要表现在:

(1)排放清单本身并不能完全地反映过去和未来的温室气体排放状况,一般都只是过去有限的一定时间段的排放量,而且对未来的排放构想一般都是依据这些现有的数据和假设条件得到的预测数据。其中,不确定性主要来源于温室气体排放数据的有限性和缺乏排放信息,而且这些不确定性也影响到温室气体排放量估算方法的应用和有效性。

(2)目前有的情况或指标的估算是相对容易和准确的,而有的情况则存在很大的不确定性。例如:与能源相关的活动,如水泥生产所产生的 CO_2 排放量的计算一般被认为是较为准确的,而有些情况下由于数据缺乏或温室气体产生与排放难以识别从而限制了估算的范围和准确性。

目前，在 IPCC 所提供的方法学中也只能要求各国的温室气体排放清单提供有关每一类温室气体排放与去除的单一点估计方法。所以，还需要改进估算的方法和数据的收集程序。特别是有关从土地利用活动和复杂工业过程中排放的温室气体的估计，因为这类估计要么面临无方法可寻，要么数据相当不完整。另外的一个特别需要就是提高各类源，以及目前排放因子的精确度。

总之，从目前温室气体排放清单数据与温室气体排放量估计方法来看，不确定性主要来自估计模型与实际的近似程度、模型中的各种假设、未来排放的构想与情景假设、数据的完整与否等。

6.3.5 气候模式的模拟能力

作为气候变化研究的主要工具，模式的模拟能力直接影响到对气候变化归因的判断，同时也影响到未来预估情景的可靠性。经过数十年的发展，模式的模拟能力已大大提高，但不确定性依然存在，主要表现在：(1)目前模式的模拟结果与实际观测结果相比，仍存在较大差距；(2)模式本身有缺陷，由于科学认知水平有限，目前人类对于气候系统中各种物理、化学和生物过程的参数化的认识仍存在较大不确定性，对地球辐射能量平衡、云、降水等模拟所用参数的理解也有待提高。

虽然气候模式仍然存在很大的局限性，这种局限性导致模式预测的气候变化在强度、时间，以及区域细节上存在不确定性，模式对某些气候变量(如温度)的模式估算可信度高于其他变量(如降水)，等等。但就目前的科学发展水平来看，气候模式是模拟和了解气候的极为重要的工具，它们有相当高的可信度，能够提供对未来气候变化的可靠和量化的估算。IPCC 认为气候模式在提供有关未来气候变化，特别是大陆及其以上尺度的气候变化的可靠量化估算具有相当高的可信度。这种可信度源于模式是建立在获得公认的物理原理基础之上的，以及它们能够再现观测到的当前气候和过去气候变化特征的能力。

在科学评估中，决策者需要的不仅仅是对所感兴趣的数值(如全球平均地表温度变化)范围的表述，而且还需要科学家给出这种定量陈述可靠性的基本信息。政府间气候变化专门委员会(IPCC)的气候变化科学评估从一开始就认识到表述不确定性的重要性。在第一次评估报告中，IPCC 明确地把对事件的科学认识分为确定的、能够可信地计算得出的、预测的、基于作者判断的等几类，这些分类如今看来仍然非常重要。IPCC 第二次评估报告指出，需要用客观、一致的方法来确定和描述气候变化科学的信度水平。在确定信度水平时，确保作者们所使用的信息可以追溯到有关的科学文献，从而有效地满足对客观性的要求。IPCC 第三次评估报告是第一个试图针对不同学科和广泛的国际读者群来描述不确定性的科学评估报告，"可能性"和"信度"语言的使用成为第三次评估报告的一个特征。2010 年 7 月，IPCC 召开了关于第五次评估报告不确定性处理的专家会议，并发布了"IPCC 第五次评估报告主要作者关于采用一致方法处理不确定性的指导说明"。该指导文件细化并更新了第三和第四次评估报告中关于不确定性处理的内容，对三个工作组如何一致地处理不确定性作了说明，将"可能性"和"信度"纳入到统一的背景中进行考虑。

复习思考题

1. 简要概述气候变化的可能原因，包括自然因子和人类活动两个方面。

2. 气候变化预估的含义是什么?
3. 21世纪全球气候变化预估的结果如何?
4. 请简要概述21世纪中国气候变化预估情景。
5. 气候变化的不确定性主要表现在哪些方面?各方面的主要影响因素是什么?

第7章 减缓和适应气候变化

> **学习要点**
>
> 本章简要介绍了国际社会应对气候变化的主要历程和中国在应对全球气候变化中的战略,所采取的基本立场和政策行动。学习要点如下:
>
> (1)了解应对气候变化的含义和意义,熟悉中国应对气候变化指导思想。
>
> (2)了解国际社会应对气候变化的主要历程和文件,掌握这一过程中达成的重要共识。
>
> (3)了解政府间气候变化专门委员会评估报告到基本情况,理解历次报告的基础作用。
>
> (4)了解中国应对气候变化的政策和行动,理解中国在国际气候谈判中的基本立场。
>
> (5)熟悉农业对气候变化的适应措施,了解其他领域对气候变化的适应措施,了解中国极端事件变化趋势,熟悉对极端天气气候事件的应对措施。
>
> (6)了解国际减缓气候变化现状,了解世界各国减缓气候变化的主要措施,熟悉中国减缓气候变化主要对策和措施。

7.1 应对气候变化的内涵

气候变化问题不仅是科学问题和环境问题,也是能源问题、经济问题和政治问题,事关政府的许多重大决策和国家安全大局。全球气候变化对环境、生态和社会经济系统具有深远影响。一方面,我们要面对气候变化的直接影响;另一方面,我们还必然面对由于减缓行动产生的间接影响。应对气候变化是一项长期复杂而艰巨的任务。

7.1.1 应对气候变化的含义和意义

应对气候变化包括适应气候变化和减缓气候变化两个方面。适应气候变化是自然生态系统和人类经济社会系统为应对实际的或预期的气候刺激因素或影响而作出的趋利避害的调整,通过工程措施和非工程措施化解气候风险,以适应已经变化并且还将继续变化的气候环境。减缓气候变化是为了减少对气候系统的人为强迫,通过减少温室气体排放和增加碳汇,以减小气候变化的速率与规模。

7.1.2 中国应对气候变化指导思想

坚持适应与减缓气候变化并重是立足中国基本国情和发展阶段的正确选择。气候变化是全人类面临的共同挑战，各个国家和地区在应对气候变化方面具有重大的共同利益，肩负着重大的共同责任。工业革命以来向大气中排放大量温室气体导致全球变暖，发达国家负有不可推卸的责任，其人均能源消耗和温室气体排放强度居高不下，应当承担控制和减轻温室气体排放的义务。由于发展阶段滞后、发展能力低下、应对极端气候事件能力较弱，广大发展中国家更易受到气候变化的不利影响。中国是一个气候条件复杂、生态环境脆弱、自然灾害频发、易受气候变化影响的国家，同时也是世界上最大的发展中国家，面临着发展经济、消除贫困、改善民生的艰巨任务。在应对气候变化的过程中，要全面贯彻落实科学发展观，推动构建社会主义和谐社会，坚持节约资源和保护环境的基本国策，以控制温室气体排放、增强可持续发展能力为目标，以保障经济发展为核心，以节约能源、优化能源结构、加强生态保护和建设为重点，以科学技术进步为支撑，不断提高应对气候变化的能力，为保护全球气候作出新的贡献。应对气候变化特别是极端事件的发生，是实现中国经济社会又好又快发展必须重视和解决的重大现实问题，是保障人民生命财产安全必须重视和解决的重大民生问题，是促进世界和谐发展必须重视和解决的重大战略问题。当前和今后一个时期，我们一方面要承担与发展阶段、应负责任和实际能力相称的国际义务，另一方面，应当以科学、认真、扎实、负责的态度，切实做好适应气候变化和应对极端气候事件的各项工作，努力把灾害损失降到最小限度，努力将与气候相关的风险控制到最低限度，促进人与自然和谐共处和经济社会的可持续发展。

中国目前正处于工业化、城镇化快速发展的关键阶段，生态环境脆弱，能源结构以煤为主，控制温室气体排放面临严重挑战。中国在可持续发展的框架下，把控制温室气体排放与国内节能降耗、发展可再生能源、植树造林等相关政策措施有机结合。中国重视节约能源和开发利用低碳能源，并且着力提高全社会应对气候变化的意识，通过节能减排、低碳生活等一系列宣传教育和公众参与活动，中国公众应对气候变化的意识进一步提高，全社会积极应对气候变化的氛围正在逐步形成。

7.2 国际社会应对气候变化的历程

气候变化已不仅是环境问题，更是发展问题，是涉及公平、发展、经济、能源和政治的重要战略问题。为了应对气候变化带来的挑战，国际社会采取了积极的响应行动，开始了一系列从科学研究到气候变化科学评估和制订相关国际条约的行动。这些行动始于1979年，第一次世界气候大会制定了世界气候计划及其四个子计划，即世界气候研究计划、世界气候影响计划、世界气候应用计划及世界气候资料计划，揭开了全球气候变化科学研究的序幕。

7.2.1 国际气候变化谈判的历程和重要文件

从20世纪80年代后期起，全球气候变化问题开始列入国际政治议程，影响力和关注度也逐渐扩大。以下将简要介绍国际气候变化谈判的主要进程和重要成果。

《联合国气候变化框架公约》(UNFCCC)和《京都议定书》(KP)是21世纪之前国际气候谈判取得的最重要成果。他们从谈判到生效，走过了艰难历程。

第 7 章 减缓和适应气候变化

1988年,由世界气象组织(WMO)和联合国环境规划署(UNEP)联合成立政府间气候变化专门委员会(IPCC)。IPCC下设三个工作组,分别对温室气体与气候变化的科学认识、影响与对策评价以及气候变化的经济学问题等三个方面进行广泛深入的研究。1988年,联合国43次大会首次讨论气候变化问题,通过43/53号决议。同年,在加拿大多伦多召开的第一次世界气候大会提出,要求全球二氧化碳的排放量到2005年减少20%,到2050年减少50%。1989年11月,联合国与荷兰政府共同组织召开了关于"大气污染与气候变化"的部长级会议,发表了《诺德魏克宣言》。

1990年,联合国45/212决议正式决定发起《联合国气候变化框架公约》(简称《公约》)谈判,并成立政府间谈判委员会(INC)。1991年2月,《联合国气候变化框架公约》谈判开始,经过15个月的谈判,最终于1992年5月通过。《公约》的目标是"将大气中温室气体的浓度稳定在防止气候系统受到危险的人为干扰的水平上";并要求所有缔约方依据"共同但有区别的责任"原则,编制并提供温室气体的国家排放清单;合作执行适应和减缓气候变化的对策;促进信息交流和公众教育。1992年6月,在联合国环境与发展大会(里约热内卢地球峰会)期间,155个与会国签署了《联合国气候变化框架公约》。《公约》要求附件Ⅰ所列发达国家缔约方率先采取减排行动,到"20世纪末将二氧化碳和其他温室气体的排放恢复到1990年的水平"。1994年3月21日《联合国气候变化框架公约》生效(迄今共有184个缔约方)。《联合国气候变化框架公约》的最终目标是:稳定温室气体浓度水平,以使生态系统能自然适应气候变化、确保粮食生产免受威胁并使经济可持续发展。《公约》的成果主要在于确定了人们要行动起来应对气候变化,并且确定了不同国家在承担责任方面"共同但有区别的责任",这也是我国在气候变化谈判中强调的基本原则和立场。

1995年3月,在柏林召开了《联合国气候变化框架公约》第一次缔约方大会(COP1),以后每年召开一次。COP1的成果是通过了著名的"柏林授权",《京都议定书》的谈判开始启动。1996年7月,在日内瓦召开COP2,会议通过了《日内瓦宣言》,呼吁各缔约方制订有法律约束力的减排目标,推进议定书谈判。1997年12月,在京都召开COP3,谈判达成《京都议定书》,首次定量确定发达国家排放温室气体的限额(2008—2012年平均排放量比1990年下降5.2%)。《京都议定书》提出了帮助发达国家以较低成本实现减排目标的"灵活机制",即排放权交易(ET)、联合履约(JI)和清洁发展机制(CDM)。1998年11月,COP4在阿根廷首都召开,通过了《布宜诺思艾利斯行动计划》,要求到COP6时完成实施《京都议定书》规则的谈判并实现履行《公约》的平衡进展,争取使《京都议定书》在2002年生效。1999年10月,COP5在波恩举行会议,南北方在减排义务和灵活机制等问题上存在严重分歧,最后,决定通过COP6完成《京都议定书》谈判。2000年11月,COP6在海牙举行会议,遭受重大挫折。伞型集团、欧盟集团和77国集团与中国未能就《京都议定书》条款达成协议,谈判破裂而休会,推迟到2001年7月下旬在波恩复会。2001年7月,COP6在波恩举行第二阶段会议,通过了《波恩协议》,对《布宜诺思艾利斯行动计划》的主要议题达成了政治上的共识。直至该年10月,COP7在马拉喀什的会议才完全完成了《布宜诺思艾利斯行动计划》所规定的谈判任务,但由于美国退出《京都议定书》等原因,在最后达成的协议中,有许多指标和义务已大打折扣。

《京都议定书》(简称《议定书》)的达成是这一时期最主要的谈判成果。该文件的主要成果是规定了发达国家的义务:在2008—2012年内将二氧化碳等温室气体排放量在1990年排放水平上平均减排5.2%。这是人类历史上首次以法规的形式限制温室气体排放;签署议定书的国家达到184个,美国是唯一未签署的发达国家。需要指出的是,《京都议定书》1997年即通过,但其实施并不顺畅,许多发达国家并不愿意担负起这一具有强制约束力的责任,其间经历诸多曲折,至2004年俄罗斯政府批准《京都议定书》,才达到文件规定的要求,并于2005年2月正式生效。

进入21世纪中后期,气候变化的国际谈判进入协调和突破阶段,谈判的交锋和博弈日趋激烈。这一时期的主要事件和文件包括:

2007年12月3—15日,巴厘岛联合国气候变化大会。这是一次世人瞩目的联合国气候变化大会,来自《联合国气候变化架公约》的192个缔约方以及《京都议定书》的176个缔约方的1.1万名代表参加了此次大会。这次会议最大的成果为"巴厘岛路线图",确定了《公约》和《议定书》下双轨谈判的进程,即:在《京都议定书》框架下谈判,制定出发达国家2012年后量化的减排指标;在《联合国气候变化框架公约》下,加强谈判进程,美国要承担量化减排指标,发展中国家也要在发达国家技术和资金支持下,采取具有实质性效果的国内减缓行动。在这次会议上,还提出了"三可"的概念,"巴厘路线图"规定所有发达国家的减排目标必须"可衡量、可报告、可核实",发展中国家只有得到国际资金、技术和能力建设支持的减缓行动,才接受"三可"审评,自觉采取的减排行动完全不必接受"三可"标准。会议还决定在2009年12月哥本哈根缔约方会议上达成国际减排协议。

2009年12月7—19日,哥本哈根气候大会。哥本哈根气候大会是迄今级别最高的,由各国首脑参加的气候变化谈判峰会,126个国家领导聚首哥城,商讨《京都议定书》一期承诺到期后的后续方案,即2012—2020年的全球减排协议,以期为巴厘岛路线图画上句号。人们满怀期望在此次会议达成国际减排协议,各国代表在谈判期间进行了艰苦的博弈,却未达到预期目标。直到会议的最后时刻达成了《哥本哈根协议》,该协议并未获得缔约方大会表决通过,是一份对缔约方不具约束力的"灰色协议"。但从对谈判总体进程的推动来看,《哥本哈根协议》也具有积极贡献,其最大的效果在于凝聚了共识,向国际社会传达了积极的信号,并成为国际社会共同应对气候变化谈判的新起点。《哥本哈根协议》坚持了双轨谈判以及"共同但有区别的责任";对发达国家及发展中国家减排承诺和行动作出了要求,发达国家就资金问题提出了2012年以前每年100亿美元以及到2020年每年1000亿美元的承诺;在发展中国家实施减排行动目标及透明度问题上,为国际气候谈判开辟了新的"战场"。这次会议提出的建立绿色气候基金,成为后续谈判的重点之一。

2010年11月29日—12月10日,坎昆气候大会。坎昆会议在资金、技术、适应等议题上均取得了形式上的进展。《哥本哈根协议》中所提及的快速启动资金以及到2020年每年1000亿美元的长期资金已经写入新的案文,绿色气候基金也获得一致共识;在"技术"议题上,明确了要通过建立技术机制,包括技术执行委员会和气候技术中心网络,促进国际技术合作;在适应问题上,会议通过建立"坎昆适应框架"以及"适应委员会",就适应问题机制、机构建设达成了共识。这些共识和进展,一定程度上打破了哥本哈根会议后国际谈判进程停滞甚至倒退的僵局,为国际气候制度谈判注入了信心。然而,坎昆会议只是在这些议题的框架结构上达成了共识,在更为关键的具体内容层面缔约方还是南辕北辙。在共同愿景、减排目标以及《京都议定书》第二承诺期等焦点问题上,坎昆会议没有取得实质性进展。

2011年11月28日—12月11日,德班气候大会。这次会议的焦点问题包括,双轨制的存续(京都议定书第二承诺期)、长期目标与峰值、减缓、适应、资金、技术、市场机制。这次气候变化大会中各种谈判力量进一步分化组合,发达国家趋向团结,发展中国家阵营松动,在长期目标作出了让步;我国的处境更加艰难。德班会议取得的五大成果:一是坚持了《联合国气候变化框架公约》、《京都议定书》和"巴厘岛路线图"授权,坚持了双轨谈判机制,坚持了"共同但有区别的责任"原则;二是就发展中国家最为关心的《京都议定书》第二承诺期问题作出了安排;三是在资金问题上取得了重要进展,启动了绿色气候基金;四是在《坎昆协议》基础上进一步明确和细化了适应、技术、能力建设和透明度的机制安排;五是深入讨论了2020年后进一步加强公约实施的安排,并明确了相关进程,向国际社会发出积极信号。

7.2.2 政府间气候变化专门委员会

世界气象组织(WMO)和联合国环境规划署(UNEP)于1988年成立了政府间气候变化专门委员会(IPCC)。IPCC的工作职责是在全面、客观、开放和透明的基础上,对全球范围内有关气候变化及其影响以及减缓和适应气候变化措施的科学、技术、社会、经济方面的信息进行科学评估,并根据需求为《联合国气候变化框架公约》(UNFCCC)提供科学技术咨询。迄今为止,IPCC已经组织编写出版了一系列评估报告、特别报告、技术报告和指南等,对政府间谈判和科学界产生了重大影响。

7.2.3 IPCC评估报告的编写规则和评估流程

IPCC评估报告汇集了世界上气候变化最新研究成果,对国际气候谈判和科学家均具有重大影响。其组织编写和评审、文献和结论引用均具有严格和规范的流程,基本流程如图7.1所示。

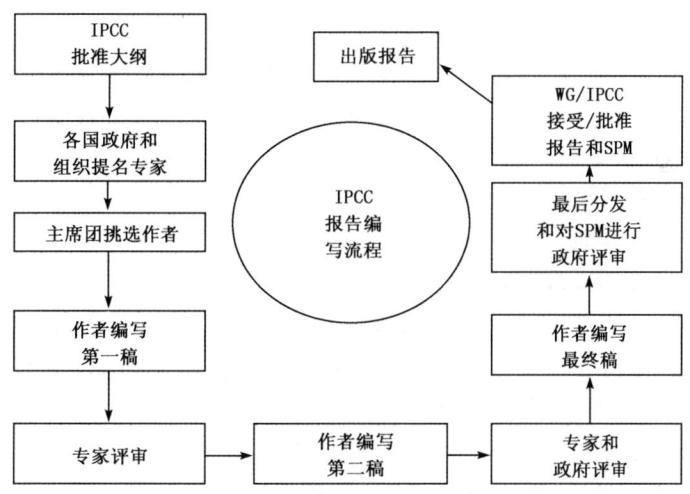

图7.1 IPCC报告编写流程示意图

7.2.3.1 IPCC评估报告编写组织结构

IPCC下设三个工作组和一个国家温室气体清单专题组。第一工作组评估气候系统和气候变化的科学问题;第二工作组评估气候变化导致社会经济和自然系统的脆弱性、气候变化的正负两方面的影响及适应方案;第三工作组评估气候变化减缓的科学、技术、环境、经济和社会问题;清单专题组的职责是研究与清单有关的方法和准则问题。每个工作组和专题组设有两名联合主席,一位来自发达国家,一位来自发展中国家,另设一个技术支持组,其所在地通常在发达国家联合主席所在国。主席团由 IPCC 主席主持,并由三个工作组联合主席、国家温室气体清单专题组联合主席、IPCC 副主席、各个工作组的副主席组成。IPCC 活动所需经费来自各国政府的自愿捐助,此外,WMO、UNEP 和《公约》组织也会提供支持。

7.2.3.2 IPCC 评估报告的内容

IPCC 主要以科学问题为切入点,在全面、客观、公开和透明的基础上,对全世界范围内现有的与气候变化有关的科学、技术、社会、经济方面的资料和研究成果进行评估,主要内容包括物理科学基础,人类和自然系统受气候变化的影响及其脆弱性、对不可避免的气候变化的适应方案,以及避免气候变化的减缓方案等。

IPCC 报告主要包括综合性评估报告、特别报告、方法报告和技术报告。每份评估报告都有决策者摘要,摘要以联合国所有官方语言出版。这些摘要反映了对主题的最新认识,并以非专业人士易于理解的方式编写。自从 IPCC 成立以来,已于 1990 年、1995 年、2001 年和 2007 年分别发布了四次气候变化评估报告。2008 年 4 月,IPCC 决定继续推出第五次评估报告,其中第一工作组评估报告将在 2013 年初完成,其他工作组的报告和综合报告将在 2014 年完成。从 2001 年 IPCC 第三次评估报告开始,每份综合性评估报告都由第一工作组报告、第二工作组报告、第三工作组报告和综合报告四大部分组成,各工作组报告和综合报告均包含决策者摘要、技术摘要和主报告,其中决策者摘要主要面向各国政府决策者,技术摘要主要面向相关领域专家,主报告主要面向直接从事气候变化领域某个方向研究的专业人士。

7.2.3.3 IPCC 评估报告的评审规则

IPCC 评估报告的评审坚持三项原则。第一,吸纳最为合理的科学和技术建议,使 IPCC 报告能够体现科技和社会经济方面的最新成果,且内容尽可能的全面。第二,广泛的传阅过程确保评审专家的广泛代表性,包括来自发展中国家、发达国家和经济转轨国家的独立专家(未参与撰写某一特定章节的专家),目的是让尽可能多的专家参与 IPCC 的评审过程。第三,评审过程保持客观、公开和透明。

为确保 IPCC 报告的全面性、代表性和客观性,每份报告在正式发布之前,必须通过三个阶段严格的科学和技术评审,包括对报告初稿进行专家评审,对报告修改稿和决策者摘要初稿进行政府和专家评审,以及对决策者摘要修改稿进行政府最终评审。如果发现 IPCC 报告中出现文字、数据或图表方面的错误,IPCC 将组织对该项错误进行讨论、核实和最终确认,并公开发布勘误表,对 IPCC 报告相关内容予以更正。

为确保 IPCC 报告的全面性、代表性和客观性,要求参与 IPCC 各项评估工作的专家或成员严格遵照执行《IPCC 工作原则》。IPCC 的方针和规程明确要求,作者要明确突出文献中意见不一致的地方,这种对不一致性的描述要贯穿整个报告。同时,IPCC 也在报告大纲的编制和通过、主要作者的遴选、报告编写和文献证据引用、报告的评审和最终批准等环节上,注重充分考虑多方面的观点和意见,体现气候变化领域主要观点的均衡性和最新成果。

7.2.4 IPCC 历次评估报告的主要结论和对谈判的影响

迄今为止,IPCC 已经组织出版了四次评估报告,对政府间谈判和科学界产生了重大影响,也是各国制定应对气候变化方案并采取实际行动的重要参考依据之一。1990年出版的IPCC第一次评估报告确认了有关气候变化问题的科学基础,促进了政府间的对话,促使联合国大会作出制定《联合国气候变化框架公约》的决定,由此推动了1999年《联合国气候变化框架公约》的制定。1995年出版的IPCC第二次评估报告为系统阐述《公约》的最终目标提供了坚实的科学依据,并在1997年《京都议定书》的谈判中发挥了重要作用。2001年出版的IPCC第三次评估报告为制定气候变化政策以满足气候公约的目标提供了客观的科学信息,推动了公约谈判的进程。2007年出版的IPCC第四次评估报告为国际社会应对气候变化体制的建立提供了科学依据和信息。表7.1给出2007年前较为细致的国际气候谈判时间列表,用于说明IPCC历次报告的影响。

表7.1 IPCC历次评估报告发布与国际气候谈判时间表

年份	事件
1979年	第一次世界气候大会呼吁保护气候
1988年	世界气象组织和联合国环境规划署组建政府间气候变化专门委员会(IPCC) 联合国大会通过保护气候的决议
1990年	IPCC第一次评估报告(IPCC FAR)发布 第二次世界气候大会呼吁制订保护气候的公约 联合国大会决定启动公约谈判
1992年	《联合国气候变化框架公约》开放签署,我国签署(1992)并批准(1993)
1994年	《联合国气候变化框架公约》生效
1995年	IPCC第二次评估报告(IPCC SAR)发布 《联合国气候变化框架公约》第一次缔约方大会决定启动议定书谈判
1997年	《京都议定书》通过,我国签署(1998)并核准(2002)
2001年	IPCC第三次评估报告(IPCC TAR)发布
2004年	俄罗斯国家政府、杜马和联邦委员会相继批准《京都议定书》
2005年	《京都议定书》生效
2007年	IPCC第四次评估报告(IPCC AR4)发布 COP-13巴厘路线图

7.2.4.1 第一次评估报告及其对《公约》谈判的影响

1990年IPCC发布的第一次评估报告以综合、客观、开放和透明的方式,评估了一系列与气候变化相关的科学问题,包括温室气体和气溶胶、辐射强迫、过程和模型、观测到的气候变率和变化以及观测数据体现的温室效应等,总结了气候变化对农业和林业、自然地球生态系统、水文和水资源、人类居住环境、海洋和海岸带、季节性雪盖、冰和永冻土等的影响,并且规划了能源和工业、农业、林业以及其他人类活动、沿海地区管理等领域适应和减缓气候变化的对策。

第一次评估报告确信:人类活动产生的各种排放正在使大气中的温室气体浓度显著增加,这将增强温室效应,从而使地表升温。报告说明了导致气候变化的人为原因,即发达国家近200年工业化发展进程中大量消耗煤、石油、天然气等化石能源的结果,也就明确了主要的责任者,从而首次将气候问题扩展到政治层面,促使各国就全球变暖问题开始进行谈判,从而推动了《公约》的制定和诞生。1992年,《公约》在纽约联合国总部通过并于1994年正式生效。

7.2.4.2 第二次评估报告及其对《公约》谈判的影响

1995年,IPCC发布了第二次评估报告,证实了第一次评估报告的结论。虽然当时定量表述人类活动对全球气候的影响能力仍有限,且在一些关键科学问题上仍存在很大的不确定性,但越来越多的证据表明,已经出现的全球变暖"不太可能全部是自然界造成的",人类活动已经对全球气候系统造成了"可以辨别"的影响。第二次评估报告强调:大气中温室气体的含量在继续增加,如果不对温室气体排放加以限制,到2100年全球气温将上升1～3.5℃;要达到《公约》的最终目标,保证大气中温室气体浓度的稳定,需要大量减少温室气体排放。这次报告成为促进《京都议定书》签订的科学基础。1997年12月,《公约》第三次缔约方大会通过了《京都议定书》,明确规定了发达国家在《公约》第一承诺期内减排温室气体的定量目标。

7.2.4.3 第三次评估报告及其对《公约》谈判的影响

2001年,IPCC发布了第三次评估报告,确认了气候变化的真实性。该报告强调:气候变化速度超过了第二次评估报告的预测,气候变化已不可避免。报告指出,过去的100多年,尤其是近50年来,人为排放使大气中的温室气体浓度超出了过去几十万年间的任何时间;近50年观测到的大部分增暖可能(2/3以上的可能性)归因于人类活动造成的大气中温室气体浓度上升。报告还指出,气候变化的相关问题将不断扩大,将在经济、社会和环境等方面对可持续发展产生重大影响。

第三次评估报告的评估结论和成果,促进了《公约》谈判中增加"气候变化的影响、脆弱性和适应工作所涉及的科学、技术、社会、经济方面内容"以及"减缓措施所涉及的科学、技术、社会、经济方面内容"两个新的常设议题,并为2002年《京都议定书》的通过生效,提供了充分的决策咨询,推动了《公约》的谈判进程。

7.2.4.4 第四次评估报告及其对《公约》谈判的影响

2007年IPCC发布的第四次评估报告,将国际社会对气候变化问题的关注提升到了前所未有的高度。第四次评估报告首次明确指出气候系统的变暖是毫不含糊的,近半个世纪以来的气候变化"很可能"(九成以上的可能性)主要是由人类活动所致,20世纪后半叶北半球平均温度可能是近1300年中最高的。与第三次评估报告相比,第四次评估报告把对于人类活动影响全球气候变化的因果关系的判断,由原来的六成信度提高到九成的信度。该报告也采用了更多的有关气候变化影响和适应的最新研究结论,指出人为造成的气候增暖使许多自然和生物系统发生了显著变化,有近九成的地球自然生态系统变化与全球气候变暖有关。全球变暖对自然生态和人类生存环境的影响将会随着温度持续升高而不断加剧,对可持续发展构成严重威胁。未来气候变化可能会在水资源、农业、生态系统、人类健康等方面产生重大不利影响。报告还指出,在未来几十年内,需要采取更广泛的适应措施降低气候变化风险。

在IPCC发布第四次评估报告后,历史上规模最大的一次联合国气候变化大会于2007年12月在印度尼西亚巴厘岛举行。大会决议敦促各方利用IPCC第四次评估报告的评估结论参与各议题的谈判以及制定国家政策和战略,并将报告中有关发达国家2020年在1990年基础上减排25%～40%目标范围的表述,加入到结论文件序言中。可以说,IPCC第四次评估报告为联合国气候变化大会形成"巴厘路线图"提供了科学依据,为《京都议定书》第一承诺期2012年结束后有关减排温室气体的国际谈判奠定了重要的基础。

7.3 中国应对全球气候变化战略

7.3.1 中国在国际气候谈判中的基本立场

中国政府历来十分重视全球变暖问题,在安理会常任理事国中,率先签署并批准了《联合国气候变化框架公约》和《京都议定书》。中国坚持发展中国家的基本定位,坚持"共同但有区别的责任"原则、公平原则、各自能力原则,同国际社会一道积极应对全球气候变化。在国际气候谈判过程中,中国始终强调要考虑发展中国家的实际情况和需要。为促进联合国气候变化会议取得积极进展,中国政府在国际气候谈判中坚持以下原则立场:

一是坚持《联合国气候变化框架公约》和《京都议定书》基本框架,严格遵循巴厘路线图授权。《公约》和《议定书》是国际合作应对气候变化的基本框架和法律基础,凝聚了国际社会的共识,是落实巴厘路线图的依据和行动指南。巴厘路线图要求为加强《公约》和《议定书》全面、有效和持续实施,应确定发达国家在《议定书》第二承诺期的进一步量化减排指标,并就减缓、适应、技术转让、资金支持等作出相应安排。

二是遵循《联合国气候变化框架公约》规定的"共同但有区别的责任"原则。根据这一原则,发达国家应带头减少温室气体排放,并向发展中国家提供资金和技术支持;发展经济、消除贫困是发展中国家压倒一切的首要任务,发展中国家履行公约义务的程度取决于发达国家在这些基本的承诺方面能否切实有效的执行。发达国家200多年的工业化过程中排放了大量温室气体,是造成当前全球气候变化的主要原因,理应承担率先大幅减排的历史责任。从现实能力看,发达国家拥有雄厚的经济实力,掌握着先进的低碳技术,而发展中国家缺乏应对气候变化的财力和技术手段,还面临着发展经济、消除贫困、应对气候变化等多重艰巨任务。因此,发达国家应率先大幅度减排,同时要向发展中国家提供资金、转让技术。发展中国家在发展经济、消除贫困的过程中,在发达国家的支持下根据各国国情采取积极的适应和减缓气候变化的措施。

三是在可持续发展框架下应对气候变化的原则。这既是国际社会达成的重要共识,也是各缔约方应对气候变化的基本选择。当代的发展不应损害后代的发展能力。应当在可持续发展的框架下,统筹考虑经济发展、消除贫困、保护气候,积极推动绿色、低碳发展,实现经济社会发展和应对气候变化的双赢。

四是坚持统筹减缓、适应、资金、技术等问题。减缓和适应气候变化是应对气候变化的两个有机组成部分,应当同等重视。减缓是一项相对长期、艰巨的任务,而适应对发展中国家尤为现实、紧迫。资金和技术是实现减缓和适应气候变化必不可少的手段,发达国家向发展中国家提供资金、技术转让和能力建设支持是发展中国家有效应对气候变化的根本保证。

五是坚持联合国主导气候变化谈判的原则,坚持"协商一致"的决策机制。中国不反对通过《公约》和《议定书》谈判进程外的非正式磋商或小范围磋商探讨《公约》和《议定书》谈判中的焦点问题,推进谈判进程,但上述会议均应是对《公约》和《议定书》谈判进程的补充,而非替代。"协商一致"原则是《联合国宪章》的重要精神,符合联合国整体和长远利益,对增强决策的民主性、权威性和合法性有重要意义。因此,必须坚持"协商一致"的决策机制,在确保谈判进程公开、透明和广泛参与的前提下,以适当方式提高工作效率。

总之,在国际气候谈判中,中国首先是从国家利益和世界各国的共同利益出发,根据问题本身的实际情况,独立自主地决定自己的立场和政策。在南北关系上,反对单边主义,维护发展中国家的生存权和发展权,致力于推动建立公正合理的国际政治经济新秩序。强调发达国家是造成当代全球环境问题的主要责任者,要求发达国家一方面率先承诺减少温室气体排放,另一方面向发展中国家提供必要的资金补偿和技术转让,以加强发展中国家应对气候变化能力。中国是一个负责任的大国,对已批准的国际合作协议必将履行自己的义务,也希望其他国家顾全大局,履行各自的承诺。

7.3.2 中国应对气候变化的政策与行动

中国应对气候变化的总体目标是:控制温室气体排放取得明显成效;适应气候变化的能力不断增强;气候变化相关的科技与研究水平取得新的进展;公众的气候变化意识得到较大提高;气候变化领域的机构和体制建设得到进一步加强。我国把应对气候变化与贯彻落实科学发展观、实施可持续发展战略,加快建设资源节约型、环境友好型社会,建设创新型国家结合起来,以发展经济为核心,以节约能源、优化能源结构、加强生态保护和建设为重点,以科技进步为支撑,努力控制和减缓温室气体排放,不断提高适应气候变化能力。

我国正处于全面建设小康社会的关键时期,同时也处于工业化、城镇化加快发展的重要阶段,发展经济和改善民生的任务十分繁重,应对气候变化的任务也十分艰巨。妥善应对气候变化,事关我国经济社会发展全局和人民群众切身利益,事关国家根本利益。

我国坚定不移地走可持续发展道路,结合国民经济和社会发展规划,制定了应对气候变化国家方案,采取了一系列政策和措施,取得了积极成效。

一是健全应对机制。早在1990年,国务院环境保护委员会就设立了国家气候变化协调小组。2007年,成立了国家应对气候变化领导小组。国务院有关部门各司其职,各省、自治区、直辖市政府也设立了相应的领导和工作机构,形成了由国家应对气候变化领导小组统一领导、发展改革委归口管理、各有关部门分工负责、各地方各行业广泛参与的国家应对气候变化工作机制。

二是制定国家方案。中国作为一个负责任的发展中国家,对气候变化问题给予了高度重视,成立了国家气候变化对策协调机构,并根据国家可持续发展战略的要求,采取了一系列与应对气候变化相关的政策和措施,为减缓和适应气候变化作出了积极的贡献。

三是加强科学研究和技术研发。通过加强气候变化领域的基础研究,进一步开发和完善研究分析方法,加强对相关专业与管理人才的培养等措施。通过加强自主创新能力,积极推进国际合作与技术转让等措施,加快先进技术产业化步伐,提高农业、水利、林业等部门适应气候变化的技术水平,为有效应对气候变化提供有力的科技支撑。

四是开展宣传教育。中国政府有关部门在正规教育和非正规教育中都涵盖了应对气候变化的内容,并通过各种媒体手段普及气候变化知识。利用广播电视、互联网、出版物等多种手段开展宣传教育,加强气候变化方面的宣传、教育和培训,增进社会各界对气候变化的了解和认识,鼓励公众参与等措施。通过发表《中国应对气候变化的政策与行动》白皮书,系统地介绍了我国应对气候变化工作和落实国家方案所取得的成就。

五是提高适应能力。通过完善多灾种的监测预警应急机制、多部门参与的决策协调机制、全社会广泛参与的行动机制,加强极端气象灾害监测预报能力建设。中国高度重视气候变化对不同领域和地区的影响,坚持以增强防灾减灾能力和提高适应气候变化能力为目标,在农业、林业、水资源、海岸带等领域采取了一系列措施。

六是控制温室气体排放。通过加快转变经济发展方式,强化能源节约和高效利用的政策导向,加大依法实施节能管理的力度,加快节能技术开发、示范和推广,充分发挥以市场为基础的节能新机制,提高全社会的节能意识,加快建设资源节约型社会,努力减缓温室气体排放。

中国积极推进减缓气候变化的政策和行动,在调整经济结构,促进产业结构优化升级;大力节约能源,提高能源利用效率;发展可再生能源,优化能源结构;减少农业、农村温室气体排放;推动植树造林,增强碳汇能力等方面采取了一系列政策措施,取得了显著成效。

7.3.3 气象部门应对气候变化的主要任务

气象部门是国家应对气候变化的基础性科技部门。目前,我国的经济社会可持续发展和参与国际环境外交,都对我国气候变化科研与业务工作提出了紧迫的需求。中国气象局对气候变化工作做了前瞻性的部署,及早向党中央、国务院上报决策建议,将应对气候变化列入国家重大发展战略,得到了党中央、国务院领导人的高度重视。构建中国气象局气候变化科研与业务工作网络,调动区域级气候变化业务单位的力量,共同建设中国气候变化业务和服务体系,以满足国家需求为第一要务,有力促进我国气候变化科研、业务和服务工作的顺利开展。

作为国家应对气候变化的基础性科技部门、IPCC国内牵头部门和国家气候委员会挂靠部门,中国气象局高度重视气候变化工作。经过多年努力,气象部门已建立了门类比较齐全、布局基本合理的气候观测系统,积累了几十年甚至上百年的气候观测数据,并牵头组织编制了中国气候观测系统建设规划和实施方案;建立了我国第一代短期气候预测动力气候模式,研发了新一代气候系统模式,可以更好地进行气候变化预估模拟研究。在国家发展和改革委员会、财政部的支持下,中国气象局又组织开展了第三次全国风能、太阳能资源调查和评估工作,为风电、太阳能发电、发展可再生能源提供了可靠的科学依据。为适应全球气候变暖背景下极端天气气候事件增多增强的形势,气象部门着力加强对极端天气气候的监测、预报预警工作,提高防御极端天气气候灾害的综合能力;围绕气候变化的热点问题、政府关注的重点问题,开展科学分析,为党中央和国务院制定我国应对气候变化内政外交政策及时提出决策建议;组织国内有关部门参与IPCC科学评估报告的编写、政府评审等活动,与科技部、中国科学院联合组织专家编写《气候变化国家评估报告》等,为我国应对气候变化工作提供很好的科技支撑。

中国气象局贯彻落实《中国应对气候变化国家方案》行动计划任务分工安排。其中主要行动包括:①统一思想,提高认识,加强领导,统一部署,协调配合,做好应对气候变化工作;②加强气候与气候变化综合观测系统的建设,增强气候变化支撑能力建设,为应对气候变化提供可靠的技术保障和基础信息;③加强全球气候变暖背景下的防灾减灾工作,增强防御极端天气气候事件和气象灾害的能力;④加强气候变化影响评估和适应措施研究,增强气候变化服务能力;⑤推进气候变化领域的科学研究和技术开发,加强科研机构和人才队伍建设,为国家应对气候变化提供科学支撑;⑥加强气候变化科普、宣传、教育和培训工作,提高全社会应对气候变化意识;⑦加强我局牵头跨部门委员会工作,增强各委员会在我国应对气候变化工作中的统筹协调和决策咨询能力;⑧做好IPCC各项工作,加强气候变化外交谈判与国际合作,增强我国在国际气候变化领域中的主导能力。

气象部门应对气候变化的保障措施包括:①健全组织机构,加强领导;②加强气候变化科技创新体系建设;③加强气候变化人才队伍建设;④加强气候变化经费投入和能力建设;⑤加强气候变化法规标准体系建设;⑥深化业务技术体制改革。

7.4 适应气候变化

近百年来,气候变化正使全球一些重要的系统失去原有的平衡,产生气候系统不稳定因素,这包括:海洋与大气环流模态改变,亚洲季风减弱,北大西洋温盐环流调整,北极海冰快速融化,冰川和格陵兰岛冰盖快速退却。全球气候变化最直接的威胁就是气候规律发生变化,一系列灾害天气发生的频次和强度、季节和持续时间、地点和范围等超出了以往的观测事实和基本常识,从而引发更加极端的气候事件。适应是人类应对全球气候变化挑战的明智选择;适应是人类为响应短期和长期的气候变化以及极端灾害天气而采取的调整措施,这些措施将增强社会经济活动的生存能力,降低人类社会对全球变化的脆弱性。在20世纪末期人类已提出对全球变化的影响适应问题(叶笃正等 2003)。

全球变化研究面临的困难主要在于地球系统的复杂性(符超峰等 2006)。适应气候变化具体而言主要包括:农业对气候变化的适应,森林、海洋、草地、湖泊、荒漠、湿地和城市绿地等重要领域生态系统的适应,人类社会对极端气候事件的适应,等等。

7.4.1 农业对气候变化的适应

气候变化对农业和自然生态系统的影响表现为正负两个方面,从目前的认知水平和人们的认知观点来看,负面影响表现更为突出。对大多数发展中国家而言,尤其是最不发达国家和小岛屿发展中国家,农业是重要的经济来源,同时也最容易受到气候变化的影响。全球性的气候变化正在给世界农业生产带来冲击,干旱、洪涝、高温、冻害等极端气候频发,由于气候变化导致的气候带变迁、水资源短缺、病虫害加重、土壤有机质分解加快、侵蚀和荒漠化加剧等自然灾害正在成为影响农业生产的重要制约因素。气候变化导致了农业生产的不稳定性增加、产量波动性增大、土地生产力下降、生产成本增加、农产品质量降低、畜禽生产和繁殖能力可能受到影响,从而影响社会经济的发展和食品安全。相对于其他行业而言,农业是受天气气候影响最为脆弱的行业,农业靠天吃饭,短时期仍难以根本改变。气候变化会加剧农业水资源的不稳定性与供需矛盾,农业水资源时空分布状况发生变化,气温升高,蒸散量增加,大部分地区农业水资源减少。并且气候变暖及降水量的减少使土壤表层干燥,风蚀沙化过程加速,干旱发生频率和强度增加,加重土壤侵蚀和沙化趋势。农田土壤沙化会引起土壤有机质大量损失,农田土壤肥力的不断下降,导致土壤贫瘠,农田土壤环境质量变差。由于气候变化加剧病虫草害而导致的农药用量增加,将加重农业环境的污染。在全球变暖背景下,大部分地区气象灾害以及农业病虫害频繁发生。此外,土地退化、旱涝异常等加剧,农业生产自然风险还将进一步增大,促进农业持续稳定发展,保障粮食安全的压力对人类社会而言逐年增大。可以利用农业气象工具及其产品,改进土地利用、虫灾控制和改变耕种方法,从而保障粮食供应安全。深入研究全球变暖以及极端事件增多增强形式下农业病虫害的发生规律、分布范围和传播途径。应该使作物选择多样化,培育和引进抗旱、防洪、耐盐碱地和适应新气候条件的作物,提高畜牧业、渔业养殖和耕作技术,增加粮食储备。通过控制水土流失和水土保持措施,更好地管理土地及其使用情况。

加强农业对气候变化的适应,需要研究农业生产面临的极端事件,特别是连片、连年干旱对农业生产的自然风险,进一步提高农业抗旱标准,扩大耐旱作物种植面积。我国在气候变化对农业和水资源的影响及其对策问题的研究方面取得了不少成果,但与世界先进水平相比还有一定的差距。例如,从计算模型看,我们应用的模型基本上属于单纯的农业模型,其缺点是未考虑气候变化和农作物生长以外的因素,所以模拟的输出只是一种"理想化"的结果,与实际情况可能相差较大。同时,过去的影响研究主要采用国外发展的未来气候变化区域情景,尚未利用我国自己的气候变化预估结果和区域情景,这对于具有鲜明区域特征的气候变化影响研究来说,其实际应用价值受到很大限制。

气候变化对我国农业等敏感经济领域的影响及其适应对策,需要引进和应用气候变化综合影响评估模型,对气候变化影响进行综合的定量评估;改进并完善气候变化对农业的影响模型;定量评估农业对气候变化的最敏感和最脆弱地区的影响程度,进行气候变化引起的异常气候事件频率变化的影响分析;提出气候变暖对农业结构及有关社会经济因素的影响(包括农牧业比例、布局,农业种植布局规划,粮食作物、经济作物、饲料作物的分配,以及与其他农产品的关系等)以及气候变暖对农牧业病虫害的影响分析。

此外,加强农田水利等基础设施建设,提升农业综合生产能力,推动大规模旱涝保收标准农田建设,开展大型灌区续建配套与大型灌溉排水泵站更新改造,扩大农业灌溉面积、提高灌溉效率,推广农田节水技术,开展农业水价综合改革暨末级渠系节水改造试点工作,提高灾害应对能力。建立和完善农业气象监测与预警系统。研究培育产量高、品质优良的抗旱、抗涝、抗高温、抗病虫害等抗逆品种,扩大良种种植面积,进一步加大农作物良种补贴力度,加快推进良种培育、繁殖,推广一体化进程。这些都可以有效提高农业对气候变化的适应,有利于将气候变化对农业造成的负面影响降到最低。

7.4.2 其他领域对气候变化的适应

根据气候变化对水资源的影响,涉及流量、补给和理化性质的变化情况,需要加强有关水资源的水量和水质的评估,在国家层面上,可以对水价进行调节,建立健全法律框架,保护和恢复清洁的淡水资源,确保淡水的长期可持续使用。应该加强与给水工业的合作,确保将气候变化影响及其风险纳入水资源与基础设施的规划与管理过程中。关键的适应措施包括:保护地下水资源;改进现有供水系统的管理与维护;流域保护和改进供水系统;地下水和雨水的收集与脱盐;更好地利用循环水;开展洪水控制与干旱监测。

气候变化对我国沿海地带基础设施和经济发展的影响及其适应对策。沿海港口和城市是带动经济繁荣和发展的龙头,也是推动该区域城市化进程的主要动力。作为人口、资源和基础设施集中的地区,气候变化最不利的影响将可能出现在这些地区。城市人口集中,增加了受气候变化影响的脆弱性,不仅有海平面上升以及强度可能增加的台风的威胁,还有暴雨洪涝、风暴潮、高温热浪、雾霾、雷电等灾害的影响,采取务实有效的适应性措施对沿海政府来说至关重要。因此,需要对我国沿海海平面变化的记录及其分析,建立中国沿岸海平面变化预估的优化模型;计算未来海平面不同上升情景的海水淹没范围,中国沿海海岸侵蚀、气候变化和海平面上升对海洋生态系统的影响分析等。

气候变化对我国敏感区域的综合影响与适应对策。综合评估气候变化对敏感区域(高原、农牧交错带和干旱半干旱地区)的总体影响和适应对策,分析气候变化造成的区域性偶发事件的影响,评价气候变化影响的区域分布和公平性问题,按"由上向下"研究方法度量区域影响,观测到的区域影响原因分析,潜在的不规则的区域影响分析等。气候变化对敏感部门和敏感区域的影响分析是综合影响评价的基础,也是制定气候变化政策的主要依据,历来受到包括我国在内的世界各国政府的重视。

气候变化对我国生态系统的影响与适应对策。遴选适合自然生态系统生产力估算的模型,利用模拟的气候基线、情景数据以及其他环境因子数据模拟自然生态系统的生长力,在建立自然生态系统脆弱性指标体系和评价模型的基础上,探求气候变化对自然生态系统影响的阈值。特别注意气候变化对特有和濒危生态系统的影响。从生态安全、生态风险角度及生态系统服务功能确定气候变化的敏感性、脆弱性和阈值,加强对气候变化反应的滞后性考虑,加强包括濒危物种、生物入侵和生物多样性热点区以及气候灾害和生态系统灾害的分析。虽然自然生态系统对气候变化具有一定的适应能力,但是仍需要政府和研究机构采取一定的保护措施。首先,要减缓人类对自然生态系统的压力,包括制止毁林、毁草,防止水土流失,以及发展人工管理的林业和牧业。其次,进行保护式的管理,包括建立自然生态系统保护体系、加强生态恢复工程建设、防治和控制自然灾害等。湿地系统对气候变化的适应包括:充分考虑水资源管理,对西北湖泊湿地应该加强湖泊生态用水调配;对沿海湿地必须考虑海平面上升不利影响,加强海平面上升监测和预警,修订规划有关环境建设标准;对青藏高原湿地必须考虑冻土及冰雪层变化,建立防灾体系。

气候变化对重大工程和人体健康等都有重要影响。气候变化会增加汛期洪涝发生频率,影响水利工程的安全性;气候变化通过增加疾病的发生和传播机会危害人类健康。对于工程方面适应气候变化的影响,需要强化沿海地区交通运输应对海平面上升的防护对策,采取陆地河流与水库调水、以淡减压等适应措施,应对河口海水倒灌,提高沿海城市和重大工程设施的防护标准,提高港口码头设计标高,调整排水口的底高,等。

气候变化对我国能源发展战略研究与应对。主要国家响应气候变化能源发展战略的分析与评价;对我国现行能源战略及相关研究进行回顾与评价;我国响应气候变化的中、长期能源发展战略研究;我国响应气候变化的中、长期能源发展战略评价与选择;我国实施响应气候变化中长期能源发展战略的障碍分析;我国实施响应气候变化中长期能源发展战略的政策和措施建议;等。

7.4.3 极端天气气候事件的应对

近百年来的气候变化最直接的威胁就是气候规律发生改变,台风、强降水、高温干旱、低温冷害、强对流天气等发生的频次和强度超出了以往的观测事实和基本常识,从而引发更加极端的气候事件。不同区域因经济发展水平的不同,对气候变化的敏感性和脆弱性各不相同,不发达地区抵御极端气象灾害的能力更弱。因此,要大力探索气候规律改变和极端气候事件发生发展所产生的影响及其规律,研究极端气候事件的发生频率、空间分布特征、变化规律及其原因,认识和把握大气环流变化形式,准确预测极端气候事件的生成发展趋势。

近几十年来,我国极端天气气候事件的频率和强度也出现了明显的变化,这包括夏季高温热浪增多,区域性干旱加剧,强降水频次增加。近50年来全国平均的炎热日数呈现先下降后增加的趋势,近20多年上升较明显。自1950年以来,全国平均霜冻日数减少了10天左右,这与日最低气温比日最高气温增高更明显的事实是一致的。寒潮事件频数显著下降。与降水相关的极端天气气候事件变化具有明显的区域性,近50年来长江中下游流域和东南丘陵地区夏季暴雨日数增多较明显,西北地区强降水事件频率也有所增加。中国西北东部、华北大部和东北南部干旱面积呈增加趋势。20世纪90年代以来登陆中国的台风数量有较明显下降趋势,造成的降雨量也有减少现象。中国北方包括沙尘暴在内的沙尘天气事件出现频率总体上呈下降趋势。

相关研究表明,未来我国的气候变暖趋势将进一步加剧。与2000年相比,2020年我国平均气温将升高0.5~0.7℃,2050年将升高1.2~2.0℃。在此背景下,未来100年我国极端气候事件的发生频率可能性增大,干旱区范围可能扩大,荒漠化可能加重,沿海海平面仍将继续上升,青藏高原和天山冰川将加速退缩,一些小型冰川可能消失。无论是否减排以及采取何种措施减排,全球地表气温在未来100年持续升高的趋势已经无可避免,我国应对极端气候事件更具有现实性和紧迫性。我们一定要站在支撑经济社会可持续发展和服务人民福祉安康的战略高度,切实把应对防范极端气候事件摆在重要和优先位置。我国目前抵御极端气候事件的风险的能力总体较弱,不同区域因经济发展水平不同,对气候变化的敏感性和脆弱性各不相同,不发达地区抗御极端气象灾害的能力更弱。要大力探索气候规律和极端气候事件发展影响规律,研究极端气候事件发生频率、空间分布特征、变化规律及其原因,认识和把握大气环流变化形势,准确预测极端气候事件的生成发展趋势、总体强度、影响区域,以及风、雨、温度及其影响程度等精细化结构特征,建设快速有效的应急服务系统和气象服务体系,强化灾害天气监测预警、预报服务、应急处理,科学制定和实施防灾措施和应急预案,增强应对防范的针对性和有效性。要加大对大中城市、农村、沿海、重要江河流域、重要铁路公路沿线、输变电线路、主要战略经济区、地质灾害易发区域气象监测网络的投入力度,提高应对极端气候事件的综合预警能力、抵御能力、减灾能力。要建立健全防御极端气候事件的体系和机制,完善应对极端气象灾害的应急预案、启动机制以及多灾种早期预警机制,完善部门联合、上下联动、区域联防的防灾机制。科学修订气候变化脆弱行业的气象防御标准。加强气候影响评价和气象灾害风险评估,严格实施气候风险论证制度,未雨绸缪,加强规划,科学设计,使人居环境和重要的战略基础设施远离灾害多发区、易发区和自然环境脆弱区。

7.5 减缓气候变化

全球气候变化主要是由人为大量排放温室气体引起的,解决气候变化问题最根本的措施也就是减少人为的温室气体排放,或增加对大气温室气体的吸收,或埋存。为此,在过去的近20年时间里,国际社会开展了积极的行动,包括由联合国组织谈判制定气候变化框架公约、区域间政府组织制定减少温室气体排放的国际政策等。这些国际谈判和行动是促进全球采取协调行动减缓气候变化、实现稳定大气温室气体浓度共同目标的基础和保障。但由于关乎各国重大的政治和经济利益,这一过程困难重重,在与中国密切相关的发展中国家承诺具体义务方面,各方的利益博弈更为激烈。减缓全球气候变化是长期、艰巨的挑战。目前,国际社会减少温室气体排放、减缓气候变化的行动正在进入全新的发展阶段,气候变化减缓合作机制也不断发展完善,一些国家也根据本国的情况制定了减缓气候变化的国家战略,以趋利避害,实现经济、社会和环境的可持续发展。

7.5.1 国际减缓气候变化现状

基于科学发现和对科学结论的正确理解,应对气候变化国际合作才得以克服重重阻力,不断形成新的共识,到目前为止国际间的合作向前迈进了四大步。一是1992年通过的《联合国气候变化框架公约》(简称《公约》),确立了应对气候变化国际合作的基本原则,特别是"共同但有区别的责任"原则,承认消除贫困、发展经济是发展中国家的优先需要,明确了发达国家应承担率先减排和向发展中国家提供资金、技术和能力建设支持的责任和义务。二是1997年通过的《京都议定书》(简称《议定书》),对发达国家减排指标、清洁发展机制等"灵活履约机制"和温室气体种类等做出了具体规定。三是2007年底制定了"巴厘路线图",启动了双轨谈判进程,明确了发达国家必须承担"可比的"强制减排义务,而发展中国家需在可持续发展框架下,在得到发达国家提供"可测量、可报告、可核实"(三可)的资金、技术和能力建设支持的情况下,采取"可测量、可报告、可核实"的适当国内减缓行动。四是2009年哥本哈根会议上发表了《哥本哈根协议》,并通过了若干决定,进一步确认了《公约》和《议定书》的主渠道地位,坚持了"巴厘路线图"的双轨进程,提出了发达国家和发展中国家各自的减排目标和减缓行动,就发达国家提供资金和技术转让作出相关安排,并重申了"共同但有区别的责任"原则。近十年以来,国际气候变化的发展和减缓气候变化的行动一直在持续,出现了很多新的现象,总结起来可以归纳为下面几个方面:

(1) 政府间气候变化专门委员会(IPCC)在2007年年底发布了《第四次气候变化评估报告》,该评估报告对推动下一阶段的气候变化国际谈判发挥重要作用。该报告认为,气候变暖的现象得到了观测事实的确认。全球变暖90%的可能是由人类活动引起的。气候变化已经对自然生态系统和社会经济系统产生了明显的影响,并将在未来数十年至几个世纪继续对农业生产、海平面上升、水资源供需、人类健康等方面产生更加严重的影响。报告认为,越早采取温室气体减排行动,总的代价越小;报告还建议采取经济手段如税收和排放贸易等促进全球温室气体减排行动,以降低减排成本。

(2)《京都议定书》下发达国家第二承诺期的谈判处于胶着状态。2005年《京都议定书》正式生效,意味着以缔结国际条约的方式减缓温室气体排放、保护全球气候成为国际上的实际行动。随着《京都议定书》的生效,根据《议定书》的规定,缔约方会议于2005年年底决定启动发达国家在《京都议定书》下第二承诺期的谈判,并于2006年5月正式开始了这一谈判进程。这一谈判的核心内容是确定发达国家在第二承诺期的量化的减排义务,这是推动保护全球气候进程的核心内容。由于美国政府一直没有表态改变对《京都议定书》的立场,使《京都议定书》第二承诺期义务的谈判进展缓慢。实际上,发达国家在《京都议定书》下第二承诺期的谈判将是未来几年气候变化国际谈判的重中之重,将对国际社会应对气候变化的努力产生重大影响,国际社会对此也给予了高度和广泛的重视。从某种意义上说,这项谈判比WTO谈判还要重要,因为它关系到了全人类的生存和发展问题,也涉及各国经济和社会的长期发展。

(3) 欧盟已经作出正式决定,提出了到2020年进一步减排温室气体的目标。2007年在布鲁塞尔召开的欧盟春季首脑会议上,欧盟各成员国领导人在会上一致同意承诺到2020年将欧盟温室气体排放量在1990年基础上至少减少20%,可再生能源在能源中的比例提高到20%,以及能源效率将在1990年基础上提高20%,即通常称为"三个20%"。欧洲国家的决定对企业有巨大的影响,中国的企业需对此给予足够的重视。

(4)美国保护气候的政策和立场在发生一些微妙的积极变化。美国虽然没有批准《京都议定书》,不承担《议定书》规定的减排义务,但美国国会已经通过了一系列保护全球气候的议案;美国加州已经通过立法,要求加州的企业承担温室气体减排义务。美国民众减排温室气体的支持率非常高。一旦美国的政策向采取积极政策和措施方向转变,则必将对全球气候变化的发展产生重大的推动作用。

(5)与美国相反,加拿大和日本的气候变化立场则发生了一些消极变化。加拿大 2006 年政府换届后,在参与保护全球气候的立场方面向美国靠拢,出台了一些新的对保护气候而言是倒退的政策,从一个原来积极推动保护气候的国家变为一个非常消极的国家,招致很多外界批评,尤其是来自非政府组织的批评。日本政府也在观望,在看美国是否会参与下一阶段的减排承诺,在看发展中国家是否会参与,已经不像过去那么积极推动保护全球气候了。

(6)气候变化已引起全球企业和公众的高度关注和重视。2007 年 1 月底的达沃斯世界经济论坛年会,有多达 17 个专题涉及气候变化问题。在 2005 年的年会上,气候变化问题还只被列为全世界应该关注的第三重要问题,而 2007 年会上已被列为首要问题。2007 年 5 月,联合国可持续发展委员会也把气候变化作为其最主要的议题展开辩论和谈判。由此可见,不仅仅是《联合国气候变化框架公约》在讨论全球气候变化问题,很多其他论坛都在采取行动,为保护气候作贡献。这也反映了气候变化对各个领域都可能产生重大的影响。

7.5.2 中国减缓气候变化对策和措施

针对国际气候谈判形势,根据我国社会经济发展长远战略,研究提出中国在 21 世纪不同时间段可能承担温室气体控制义务的程度、起始时间等科学建议,提出符合中国未来社会经济发展的温室气体控制义务的定性和定量的科学表述,提供中国参加气候变化谈判和履行国际公约的思路、对策和策略建议,逐步建立中国参与气候变化谈判的科学支持体系。利用气候变化领域国内外最新科研与业务成果以及气候变化对中国自然生态系统和社会经济系统的综合影响评估结果,提出与中国经济可持续发展、食物安全、水资源安全、能源安全、防灾减灾、生态系统建设、重大工程项目建设、人体健康等方面有关的对策和措施建议;利用中国专家在碳循环、大气化学等方面的科研与业务成果,为中国参与国际环境外交谈判及相关活动提供技术支持。具体如下:

(1)中国未来可能承担温室气体限排义务问题。未来中国和世界各主要国家经济发展与温室气体排放构想分析;全球温室气体限排义务的分担原则和重要影响因素研究,以及中国未来承担义务的各种可能性分析;针对发达国家要求发展中国家承担限排义务的不同情况,中国应采取的相应谈判策略。

(2)温室气体总量控制方案及温室气体减排的责任分担原则与度量指标体系。对各种温室气体总量控制方案的科学意义、不确定性内容及其理论基础进行比较研究,提出符合中国情况的温室气体总量控制方案;确定现有温室气体总量控制方案物理指标的含义、相互转换关系和不确定性区间,提出适合中国国情的温室气体减排措施;比较分析温室气体不同排放途径对全球气候系统和社会经济发展的影响,提出中国未来控制温室气体的思路和具体途径。多学科、多角度综合分析现有各种温室气体减排指标和原则的理论基础;分析现有各种温室气体减排指标涉及的主要要素及其在指标体系中的作用;控制温室气体排放主要指标之间的比较研究及中国的对策。

(3)《联合国气候变化框架公约》及《京都议定书》的执行、监督、核查机制。遵约程序的目标、原则、适用范围和措施的监督、核查机制等;遵约程序的运作方式和机构设置;遵约程序同公约的多边协商程序及争端解决程序的关系;《京都议定书》三机制的遵约机制;遵约机制的建立和启动程序;与其他环境公约中遵约程序的比较研究;各有关方面对遵约问题的基本立场;中国对遵约程序的立场和对策;《京都议定书》遵约机制的建立对发展国际环境法的重要意义以及后京都议定书进程等。

(4)低碳经济和低碳技术问题。低碳经济的指标问题,如温室气体排放量、实现低碳经济的投入、实现低碳经济的政策努力、公众参与度等;低碳经济的实现途径问题,如建立高效低能耗的产业结构,采用先进的用能技术,合理发展可再生能源和发展低碳农业等。研究重点包括:低碳经济对中国可能产生的影响及其对策分析,国内外市场潜力研究,对促进中国能源可持续发展的战略作用分析,对中国中长期社会经济发展和将来承担某种减排义务的战略利弊分析等。

(5)气候变化领域中的公平和效率问题。国际环境法中公平原则的比较研究;气候变化中公平与效率问题的理论基础;综合定量地分析南北集团的差异性;减排义务和减排成本的不同分担原则及分担方法的公平效率特性评价;不同国际合作机制或政策措施的公平和效率特性评价;资金和技术转让的理论基础、方式、影响因素,以及促进国际转让的可能途径;南北集团之间实力的不对称、信息的不对称等对决策过程中程序公平的不利影响,提出中国在减少程序公平障碍方面的努力方向和对策建议;等。

(6)主要国家或国家集团气候变化政策形成的背景条件分析。综合评价全球气候变化对世界各国或国家集团直接影响的差异;分析国际气候变化政策对不同国家或国家集团的可能影响;评估主要国家温室气体排放历史与现状的差异及其政策意义;分析世界地缘政治因素对气候变化政策的影响;分析世界经济和技术因素的地区差异及其对气候变化政策形成的意义;综合分析全球气候变化地域差异对区域和全球政策意义。

(7)经济贸易体制的影响分析。在气候变化减缓中,势必对全球经济贸易体制产生重要影响,这方面的研究急需加强。碳交易是利用市场机制引领低碳经济发展的重要选择,碳交易及其衍生金融市场未来前景广阔。中国是全球最大的碳资源国家,在碳交易方面有巨大的发展潜力,但目前中国的碳贸易、碳金融建设都相对滞后。一方面,应积极同时审慎地参与全球碳排放市场;另一方面,探索性的在特定区域开展碳汇交易,推动中国特色的碳交易制度和中国特色碳市场建设。通过积极参与和制定相关标准和规则,争取在全球碳交易中赢得定价权,扩大话语权。

(8)在可持续发展的框架下应对气候变化的理论体系。提出相应的概念模型及理论方法,包括在概念和理论层面阐述和界定影响、脆弱性、适应性、减缓、可持续发展等要素的内涵及相互关系;提出若干理论与方法,如适应行动的基线选择,适应气候变化的优先领域,适应气候变化的技术选择以及适应气候变化的资金机制与技术转让。进行案例研究,包括重要影响领域适应气候变化对策的实证分析,如地区性案例分析、部门案例分析、项目水平的案例分析、资源环境案例分析,选择大气、水资源、生物多样性、土地退化等受气候变化不利影响比较明显的环境问题开展分析;提出适应气候变化的国家战略框架,包括适应气候变化国家战略的定位与目标,适应气候变化战略的基本原则与方针,适应气候变化的优先领域和任务以及适应气候变化的对策。

中国积极推进减缓气候变化的政策和行动,在调整经济结构、转变发展方式、大力节约能源、提高能源利用效率、优化能源结构、植树造林等方面采取了一系列政策措施,取得了显著成效。

(1) 调整经济结构,促进产业结构优化升级

遏制高耗能、高排放行业过快增长。政府通过严格执行新开工项目管理政策和提高行业市场准入标准,有效地抑制了高耗能、高排放行业的盲目扩张。加快淘汰落后产能。促进服务业和高新技术产业快速发展。落实支持服务业和高新技术产业加快发展的配套政策和措施,营造良好的发展环境。

(2) 大力节约能源,提高能源利用效率

从中国国情出发,解决能源约束矛盾,一方面要开源;另一方面,必须全力实施节约优先的方针,大力节约能源,提高能源效率。节能是缓解能源约束矛盾,保障国家能源安全的现实选择;是解决能源环境问题的根本措施;是提高经济增长质量和效益的重要途径;是增强企业竞争力的必然要求。具体措施就是要建立节能减排目标责任制。国家对省级政府下达节能减排目标,对措施落实情况进行评价考核,并向社会公告考核结果。推进重点领域节能减排。深入推进千家企业节能行动,形成了2000多万吨标准煤的节能能力,开展重点耗能企业能效水平对标活动。此外,推动新建建筑执行节能强制性标准,并加快既有建筑节能改造。实施"节能产品惠民工程",对能效等级1级或2级以上高效节能空调、电视机、冰箱等十大类产品,通过财政补贴方式加大推广力度。在我国能源约束矛盾凸显的同时,我国能源利用效率与世界先进水平相比仍存在较大差距。

(3) 发展可再生能源,优化能源结构

中国政府在《可再生能源中长期发展规划》中,提出到2020年使可再生能源在一次能源消费结构中的比重达到15%左右。中国将加大对风电、太阳能、生物质、车用新型燃料、智能电网等新能源产业的支持力度。当前,我国资源、环境和生态形势异常严峻,这主要是由我国目前以煤炭为主的能源结构以及粗放的能源消费方式造成的。解决能源问题是推进生态文明建设的重点内容。但是,我国正处于城镇化和工业化的快速发展时期,能源消费快速增长仍将持续较长一段时间。因此可再生能源不但承担着满足日益增长的能源需求的重任,又可以明显地减缓能源生产消费过程中产生的环境和生态问题。

(4) 减少农业、农村温室气体排放

近年来,中国在减少农业和农村温室气体排放方面取得积极进展。迄今已在全国大多数县开展了测土配方施肥行动,引导农民科学施肥,减少农田氧化亚氮排放;推广以秸秆覆盖、免耕等为主要内容的保护性耕作,发展秸秆养畜、过腹还田,增加土壤有机碳含量;建立了草原生态补偿机制,落实草畜平衡、禁牧休牧轮牧制度,控制草原载畜量,避免草场退化。同时,大力发展农村沼气,推广太阳能、省柴节煤炉灶等农村可再生能源技术。

(5) 推动植树造林,增强碳汇能力

面对全球森林面积不断减小的局面,中国通过大规模植树造林,加强森林恢复,从而增加森林生态系统碳贮量和碳吸收,森林碳汇能力呈现出持续增长的良好势头。争取到2020年森林面积比2005年增加4000万公顷,森林蓄积量比2005年增加13亿立方米。自20世纪80年代以来,中国政府通过持续不断地加大投资,平均每年植树造林400万公顷。森林覆盖率由20世纪80年代初期的12%提高到目前的20.36%。近几年,通过集体林权制度改革等措施,

调动了广大农民参与植树造林、保护森林的积极性,很大程度上减少了毁林行为,有效增强了温室气体吸收汇的能力。

复习思考题

1. 《联合国气候变化框架公约》和《京都议定书》在国际气候谈判中有何意义?
2. IPCC第四次评估报告为国际社会应对气候变化体制的建立提供了怎样的科学依据和信息?
3. 国际气候谈判中,中国遵循的基本立场主要包含哪几点?
4. 应对气候变化的含义及意义是什么?
5. 中国应对气候变化的指导思想是什么?
6. 农业适应气候变化有哪些措施?
7. 请概述国际减缓气候变化现状。
8. 中国减缓气候变化的对策和措施有哪些?

第8章 气候基础业务

> **学习要点**
>
> 本章介绍了我国开展气候业务的需求和主要内容,阐述了气候业务的重要性,着重讨论了短期气候预测的方法、内容和思路,介绍了中国气象局气候业务系统的布局和流程。主要学习要点如下:
>
> (1)了解发展中国气候业务的国家需求,掌握现代气候业务的主要内容。
>
> (2)熟悉气候监测诊断的主要内容和产品,了解我国气候系统观测体系的现状,理解常用的气候诊断统计方法。
>
> (3)了解我国短期气候预测业务的历程,熟悉国家气候中心气候预测的主要任务以及主要的预测产品,掌握我国短期气候预测所用的方法,理解我国预测我国冬季温度和夏季降水的思路,了解我国月动力延伸集合预报系统的构成和业务流程,熟悉我国气候模式系统的主要成员,掌握气候模式降尺度的概念和主要方法。
>
> (4)掌握气候应用和气候影响评价的概念和内容,了解气候影响评价的产品和气候灾害评估的业务流程。思考开展气候可行性论证的意义和必要性,熟悉气候资源开发利用的主要内容。
>
> (5)了解中国气象局气候业务系统的布局和流程,了解国家级现代气候业务系统框架结构。

8.1 气候业务的需求和内容

现代气候业务是现代气象业务的核心组成部分,主要包括气候监测诊断、气候预测、气候评价和气候服务等,现代气候业务的显著特征是气候监测的标准化、气候预测的客观化、气候评价的定量化和气候应用服务的精细化。

在全球变暖背景下,各地气候规律、极端气候事件的发生频率发生了较大的变化,气象灾害的时空分布特征的不确定性也越来越大,气候灾害预测难度更大,气象防灾减灾的形势越来越复杂和严峻。因此,气候业务发展和科技人才创新越来越受到各国政府的重视,国际气候变化环境外交斗争越来越尖锐,气候业务面临着前所未有的挑战。更准确地监测和预测气候和气候变化,最大程度减少气候灾害风险,适应和减缓气候变化带来的负面影响,维护环境外交中的国家权益,时代赋予了气候工作新的使命。同时,经济发展和社会进步对气候业务提出了全方位、多层次、专业化的需求。

8.1.1 发展气候业务的国家需求

当前经济社会对气候业务的需求是全方位的,气象防灾减灾需要气候监测具有针对性和气候预测具有准确性,需要关注异常的气候条件及极端天气气候事件的影响;各行各业以及城镇化、工业化、农业现代化对气候应用服务要求更高更广、针对性更强;规避气象灾害风险作为适应气候变化的气象服务要求更新更高;风能、太阳能资源的开发利用成为气候应用服务工作的重点和亮点。发展气候业务的国家需求体现在:

第一,经济社会发展对气候业务的需求。气候资源、环境和气候灾害三大方面对于保持社会经济的可持续发展有重要影响。促进我国经济和社会的可持续发展,实现经济增长方式的两个转变,保持经济增长的同时控制人口增长,保护自然资源,保持良好的生态及环境,都对气候业务提出了更高的要求。

第二,防灾减灾的需求。我国气象灾害频繁发生,主要有干旱、洪涝、台风、低温冷害、霜冻、热浪等。因气象灾害造成的损失占全部自然灾害损失的70%以上,每年因气象灾害造成的损失平均约占国民生产总值的1‰~3‰。为减少灾害损失,趋利避害,我国各级政府对气候预测的要求愈来愈高。另外,极端气候事件和气候灾害频率有所增长。因此,加强监测、预测和影响评估能力,成为现代气候业务发展的重要课题。

第三,环境保护和可持续发展的需求。气候和气候变化对农业、水资源、能源、陆地生态系统、海岸带以及近海地区、敏感部门和脆弱地区产生重大影响,气候监测、预测、影响评价、气候变化适应和减缓对策成为全球重大的前沿科学课题。环境保护和可持续发展对工业产业结构、能源结构带来变化,从而影响气候和气候变化。可再生能源(如风能、太阳能、大气电能、光能等气候资源)的产业化利用、防止荒漠化、控制温室气体的排放、生物多样性以及生态和环境的综合保护等都对气候业务提出了更多更高的需求。

第四,国家安全需求。在现今国际环境下,国防安全是经济发展安全的前提。气候条件的缓变和突变对国家安全的很多方面产生影响,需要从战略高度对国防安全提供全方位的气候保障服务。气候变化造成的周边地区水资源、粮食短缺及环境难民潮的涌现,将引发边境形势紧张和安全隐患,需要经常监测周边地区气候与作物状态,发布粮食安全预警,及时采取预防措施。另外,我国有漫长的海岸线和宽广的海域,沿海气候与海洋内部的状况也关系到国家的安全。

8.1.2 现代气候业务的主要内容

现代气候业务是指充分利用当前综合观测的全球气候系统资料,以现代气候科学理论为基础,集气候监测与诊断、气候预测、气候影响评估和气候应用服务为一体的气候业务体系。

8.1.2.1 气候监测与诊断

气候监测与诊断是整个气候业务的基础。气候监测实质上是指用现代化的观测技术对气候系统(包括大气、海洋、陆面、冰雪和生态系统等)进行全面观测,并利用资料的同化处理或综合分析系统对气候变量的时空分布进行实时分析,以监视气候异常信号和气候变化过程的业务工作。需要指出的是,气候监测不是简单的观测,而是需要在观测资料的基础上进一步深入进行有气候学意义的分析。气候诊断就是根据气候观测资料,对气候变化和气候异常的程度、特征及其原因进行分析判断。

目前,我国的气候系统观测体系已初具规模,初步具备了全面监测全球大气、海洋、陆面、生物圈、冰雪圈五大圈层及其相互作用的基本条件,从过去对大气和海洋的监测到现在开展全球气候系统的综合监测诊断,揭示气候系统各分量特征及其演变规律。

8.1.2.2 气候预测

短期气候预测是指在月、季、年时间尺度上对气候系统及其气候要素变化做出预报。气候预测是现代气候业务的核心。主要的预测产品有:《每月气候预测》、《季度气候预测》和《年度气候预测》;ENSO 预测,季风爆发预测,梅雨预测等。我国短期气候预测业务经历了从经验与统计、物理统计到动力与统计相结合方法三个发展阶段,目前我国气候业务所用的方法主要有统计方法、物理量诊断方法和气候系统模式预测方法。动力—统计相结合的气候预测技术是目前预测业务的重要手段。气候模式预测正成为气候预测能力持续提高的重要手段,而利用现代气候动力学理论,以动力气候模式预测为基础,进行动力—统计相结合的预测技术和以降尺度技术为特点的动力模式解释应用将是现代气候预测业务今后一段时期的主要预测方法。

8.1.2.3 气候评价与气候影响评估

现代气候业务当中,气候评价与气候影响评估则是客观量化气候及其异常事件对不同行业的影响,提供适应对策的服务环节,是整个气候业务体系中与其他行业相结合的重要环节。

目前气候灾害影响评估利用不同气候影响评估模式,由定性气候影响评估向客观定量评估方法转变,建立了气候动力预测模式和不同影响评估模式相联系的预评估模式系统,进行农业年景、水资源等客观预评估。另外,在当前对气候灾害综合影响认识的基础上,进一步开展气候灾害风险普查,加强气候灾害分析评估,开展气候灾害风险区划工作。

8.1.2.4 气候应用与服务

气候应用与服务是应用气候学中的基本理论和信息解决国民经济各行业遇到的具体的气候问题,从而服务于社会、政府和大众。2009 年 8 月底召开的第三次世界气候大会通过了"全球气候服务框架",集中体现了经济社会对气候业务产品和服务的需求。深化与各级政府、社会公众和重点影响行业用户的业务合作和互动,构建信息交流与共享、用户培训与反馈、联合会商与预警、订制服务与产品为主要内容的合作伙伴关系,针对气候敏感性行业,提供社会和用户需求的气候应用服务产品,提高气候业务专项服务能力,是现代气候业务面临的重要任务。

8.2 气候系统的监测与诊断

8.2.1 气候系统监测诊断的意义和发展阶段

在气候系统自身的动力学作用和系统外部的强迫作用下,气候系统不断地随时间演变,而且具有不同时空尺度的气候变化与变率。认识气候系统的变化,必须通过监测来实现。气候监测诊断工作自 20 世纪 70 年代中期以来日益受到气象工作者的重视,是现代气候业务的基础工作之一。

8.2.1.1 气候系统监测诊断的意义

气候系统监测诊断的意义主要表现在四个方面:第一,气候系统观测数据信息的收集是一切气候业务和研究的基础;第二,对气候系统各分量、各要素的异常程度及时给出判断,这对于及时了解气候系统的状况并在技术层面上提供有用的异常信号或在服务上作出及时响应具有十分重要的意义;第三,对正在发生或刚发生过的气候异常事件及时开展成因分析,这将有利于加深对气候异常形成机制或机理的认识,从而增强对同类气候异常事件的预测能力;第四,为气候预测、灾害评估和预评估等工作提供强有力的资料信息和技术支持。

8.2.1.2 气候系统监测诊断的发展阶段

气候监测和气候诊断是在20世纪70年代才提出的,首先要从美国气候诊断年会说起。美国气候诊断年会是针对当前全球气候异常进行讨论的工作会,自1976年起于每年秋季(10月中旬至11月初)召开。每年集中了美国最主要的气候学家进行研讨,从第2届开始逐渐有其他国家的科学家参加。从会议内容看,基本上能反映当年世界范围最新、最主要的成果。

20世纪80年代,美国、澳大利亚、日本等国开始发布气候系统监测诊断产品。中国的《气候监测公报》于1990年10月正式刊出,标志着中国气候监测诊断业务的开始。该产品每月一期,期号自1990年9月起编,自2004年8月更名为《气候系统监测公报》,2003年起建立了网络电子产品。监测诊断工作最初由当时的国家气象中心负责,1995年转由新成立的国家气候中心承担。产品在内容上不断丰富,《ENSO监测简报》和《季风监测简报》分别于1996年和2003年相继诞生,监测的时间尺度也由最初的月时间尺度逐步缩短到日时间尺度。

8.2.2 气候系统监测的内容和产品

8.2.2.1 气候系统监测的内容

(1)气候监测范围

气候系统监测资料基本涵盖了大气圈、水圈、陆地圈和冰雪圈的相关气象要素的监测资料,其中包含大气资料(多层次)、海洋资料(表层和次表层)、冰雪资料(积雪与海冰)、射出长波辐射OLR资料和台站资料(地面气温和降水观测)。

(2)气候要素监测

气候要素是表征某一特定地点和特定时段内的气候特征或状态的参量。狭义的气候要素即气象要素,如空气温度、湿度、气压、风、云、雾、日照、降水等。这些参量是目前气象台站所观测的基本项目。广义的气候要素还包括具有能量意义的参量,如太阳辐射、地表蒸发、大气稳定度、大气透明度等。气温、降水与光照对动植物的生长、分布及人类活动都有着重大影响。根据广义的气候要素可推论气候的热力条件与动力条件,加深对某一区域气候状况的理解。

国家气候中心(2005)和各省级气候中心(2008)先后开展了以极端气温和极端降水为主的实时极端事件滚动监测业务。具体监测对象包括极端高温、极端低温、极端降水。此外,还对热带风暴、干旱、沙尘暴、暴风雪等极端事件开展了初步的监测业务。

(3)大气环流监测

大气环流是指围绕地球的大气在全球范围展开的环流运动,包括全球行星风系、三圈环流、定常分布的平均槽脊、高空急流、西风带中的大型扰动、季风环流。大气环流异常时常是引发大范围或者局地气象灾害的直接原因。因此,监测大气环流异常是我国气候监测业务的重要内容,同时也是监测季风系统、Walker环流、对流活动等异常的重要手段。

大气环流异常的监测内容主要有:500 hPa高度(图8.1)、对流层高层和低层的风场、流函数和势函数等物理量的平均和距平场,欧亚和亚洲地区经向和纬向环流,北半球和西北太平洋副高面积、强度、脊线位置和北界位置等,极涡面积以及印缅指数等监测指标。

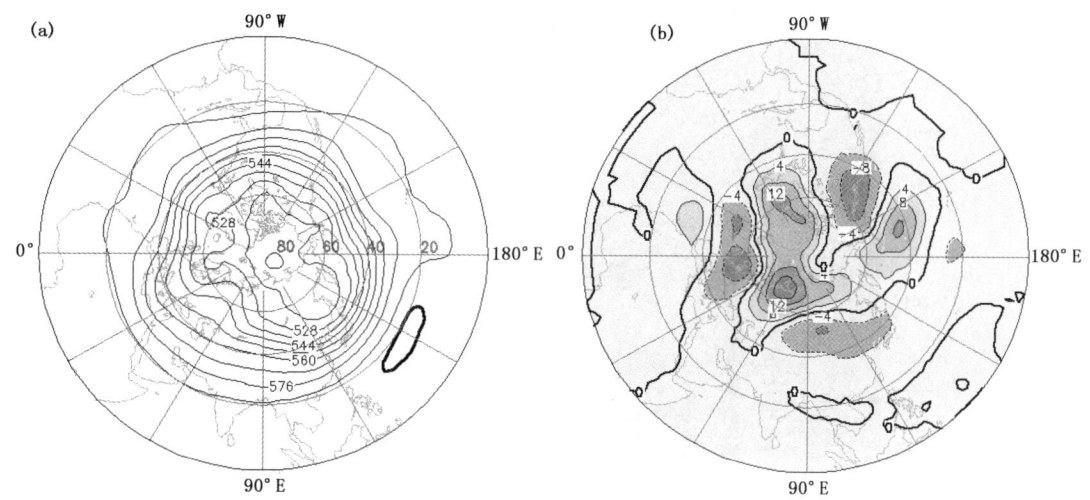

图 8.1　2012 年 12 月北半球 500 hPa 月平均位势高度(a)及距平(b)(单位:dagpm)

(4)海洋监测

地球表面约 2/3 的面积是海洋,海洋与陆地的下垫面特征和热力特征有明显的差异,是气候系统的一个非常重要的分量。海—气相互作用是地球气候最重要的物理过程之一,因此,海洋异常的监测是气候系统监测的重要内容之一。

海洋观测系统包括海表面、海表面以下海洋以及海—气相互作用等方面的观测。对于海表面,主要测量海表温度(SST)以及海面气温、海平面气压、风、海冰等;对于海洋上层,重点测量其温盐结构。

海表温度监测。 海表温度异常是定义厄尔尼诺—南方涛动事件(ENSO)的主要指标。目前我国海表温度监测业务以 Reynolds 最优插值海温资料为基础,产品主要有逐月全球(主要是热带地区)海表温度异常(图 8.2)、海温月际变化、Niño 区海温指数,以及西北太平洋暖池和印度洋面积、强度指数等。

次表层海温监测。 海洋次表层热力结构对 ENSO 监测和预测、气候变化研究以及耦合模式的初始化至关重要。热带海洋与全球大气研究计划(TOGA)利用航船观测的船载海水深度温度自动记录仪(XBT)可以获得不同深度的海洋温度廓线,目前主要集中在热带太平洋。Argo 是一种新研制的海洋漂浮探测仪器,可以从海面下潜至 2000 m 左右,每隔约 10 天,仪器上升到海面,在上升过程中观测不同深度的海水温度和盐度。目前国家气候中心业务上采用美国 NOAA/NCEP 的全球海洋资料同化系统(GODAS)资料监测赤道太平洋次表层海温并发布逐月产品。

海冰监测。 海冰作为气候系统的重要组成部分,在气候变化中的作用日益受到人们的关注。北极海冰变化对东亚气候变化有着重要影响。近年来,遥感技术的发展为准确监测全球海冰密集度提供了一个极其有效的高技术监测工具。2005 年起,国家气候中心建立了海冰监测业务,以海冰密集度及距平为监测指标,逐月发布南北极区的海冰状况(图 8.3)。

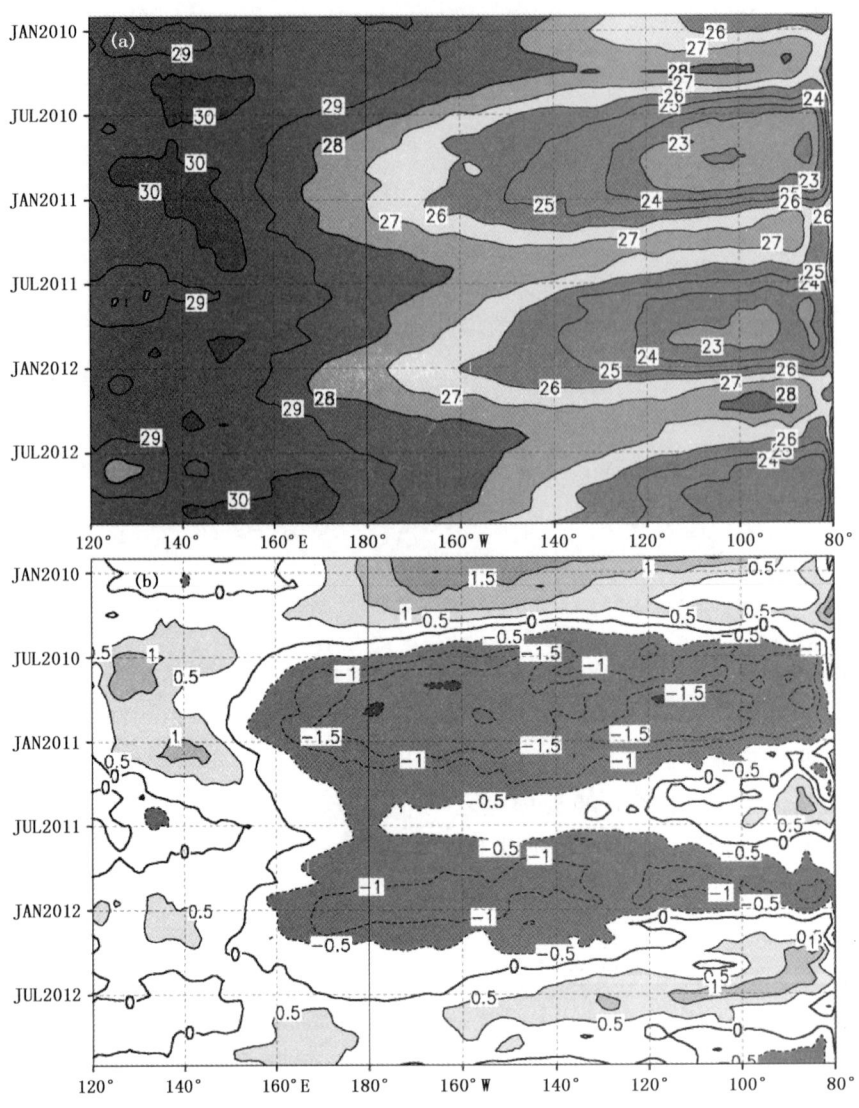

图 8.2 赤道太平洋海表温度(a)及距平(b)时间—经度剖面(单位:℃)

(5)积雪监测

积雪作为冰雪圈的重要组成部分,在气候系统中扮演着重要的角色,同时也是我国汛期降水的重要影响因子之一。2004年,起国家气候中心建立了北半球积雪监测业务,以卫星遥感资料为基础,发布逐月北半球积雪日数及距平(图8.4),以及北半球、欧亚和中国主要积雪区区域积雪面积指数。所谓区域积雪面积距平指数是指区域某一时段内积雪覆盖范围的变化。中国是典型的季节性积雪区,冬季积雪变化主要表现在青藏高原、新疆、内蒙古和东北,其中青藏高原积雪年际变化最大,对气候影响具有较强的指示意义。因此,选取全国、青藏高原(74°~104°E,26°~40°N)、新疆北部(74°~96°E,40°~50°N)和东北地区(包含内蒙古东部,114°~134°E,40°~54°N)四个区域,计算积雪面积距平指数(郭艳君等 2004)。

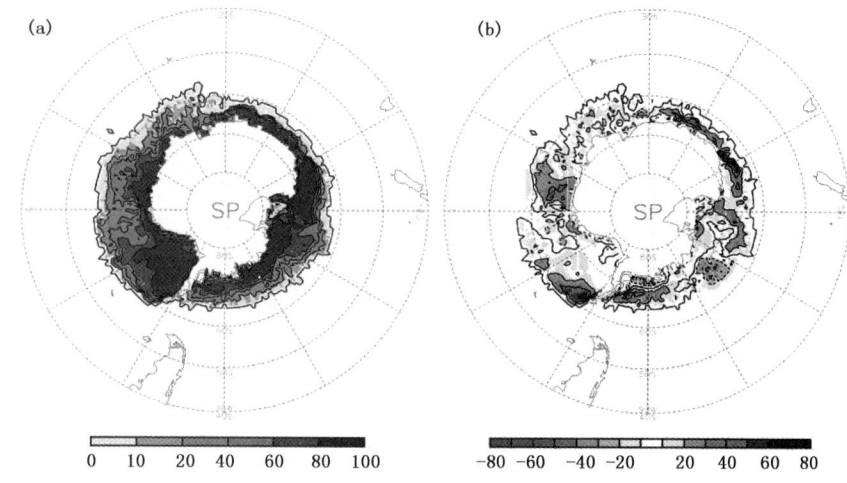

图8.3　2012年12月份北半球海冰密集度(a)和距平(b)(单位:%)

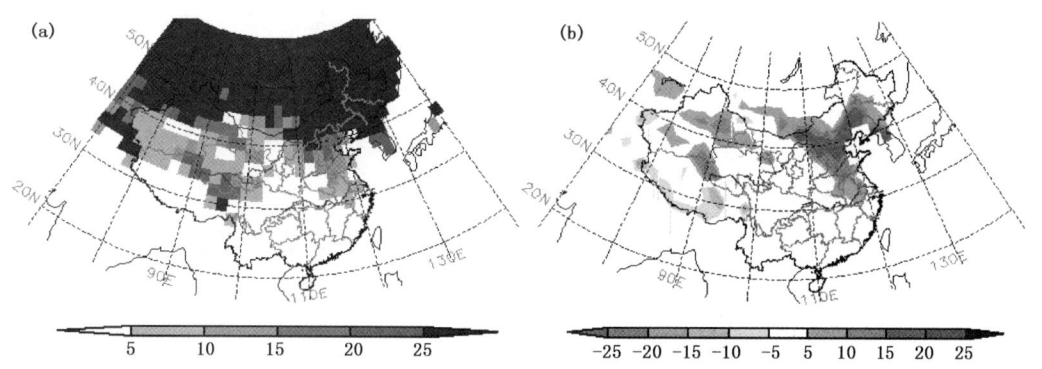

图8.4　2012年12月份中国积雪日数(a)及距平(b)分布(单位:天)

(6)土壤湿度与温度监测

土壤湿度作为陆面过程中重要的物理量之一，通过改变地表反照率、热容和向大气输送的感热、潜热等途径影响气候。目前广泛应用于研究和陆面模式评估的土壤湿度观测资料主要有Robock等收集的全球土壤湿度观测资料，其中包括中国1981—1991年43个站的观测资料。下垫面温度和不同深度的土壤温度统称地温。下垫面温度包括裸露土壤表面的地面温度、草面(或雪面)温度及最高、最低温度。浅层地温包括离地面5 cm、10 cm、15 cm、20 cm深度的地中温度。深层地温包括离地面40 cm、80 cm、160 cm、320 cm深度的地中温度。近年来，我国国家气候中心逐步开展了对土壤湿度和温度的监测(图8.5)。

8.2.2.2　气候系统监测的产品

气候系统监测诊断业务产品包括气候系统监测公报、季风监测、ENSO监测、冰雪监测、极端事件监测等(图8.6)。

(1)气候系统监测公报

利用常规气候观测资料、卫星观测资料及客观分析资料，通过统计分析、物理诊断等方法对气候系统的几大圈层(大气圈、水圈、冰冻圈、岩石圈和生物圈)的变化进行监测诊断，制作

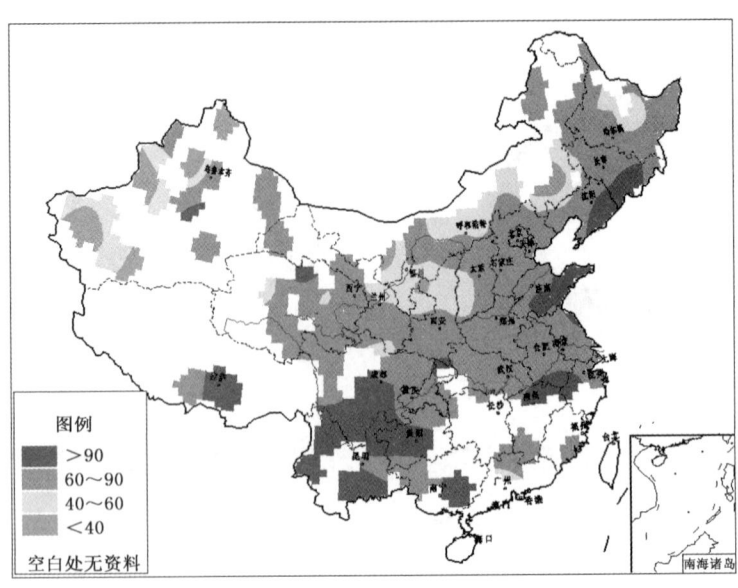

图 8.5　2008 年 8 月下旬全国 20 cm 土壤相对湿度分布图（单位：%）

（引自国家气候中心）

候、旬、月、季、年等不同时间尺度的监测公报。

（2）季风监测简报

监测分析南海夏季风、东亚季风等影响我国气候的重要系统的爆发时间、强度和推进进程。

（3）ENSO 监测简报

监测分析和预测 ENSO 的发生、发展以及变化过程。

（4）冰雪监测简报

利用卫星遥感资料、地面观测资料对北极海冰、东亚积雪、青藏高原积雪的面积、深度和持续时间等进行监测分析。

（5）极端事件监测

按照本区域的气候特征和相关的气候标准确定的极端天气气候事件进行监测分析。

图 8.6　监测产品示意图

8.3 短期气候预测

8.3.1 短期气候预测的业务内容

预报预测体系在业务技术体制中处于核心地位,它以综合观测体系为基础,依托信息与技术支持平台,面向公共气象服务平台需求,制作提供多需求、无缝隙、精细化预报预测产品。气候系统预测业务将提供包括月、季、年尺度全国/亚洲/全球的模式预测产品,以及每月气候预测、汛期气候预测、年度气候预测、重要气候事件、专项应用预测、延伸期月内过程预测等。

国家级气候中心逐步建立以动力气候模式为主的多模式超级集合预测系统,开展全国—亚洲—全球范围的模式预测业务,同时开展统计与动力相结合的气候预测业务,预测产品仅针对国家级"气候网格"分辨率。省及以下业务单位不开展动力气候模式的预测业务,主要依据国家级和区域级的模式产品,在各自的"气候网格"上,开展相应的解释应用工作,包括统计和动力的降尺度应用,并依据需求开展针对性的应用服务。

8.3.2 短期气候预测的主要方法

目前我国气候预测主要采用物理统计方法和动力数值模式相结合的方法。物理统计方法的重点是分析影响中国气候的各种物理因素及其前兆信号(比如海温、雪盖、季风、阻塞高压、副热带高压等),建立预测概念模型。另外,一些数理统计方法,如气候背景分析、时间序列分析(方差、周期、谱分析等)、多元分析(回归、判别、主分量分析等)、天气气候学的相关相似分析,也是目前国内短期气候预测的主要统计方法。动力数值模式方法是利用动力模式进行短期气候预测。自1998年起,动力模式预测的输出结果,经过系统性误差订正,每年为汛期气候预测和每月气候预测提供模式的预测结果作为参考。

8.3.2.1 物理统计方法

物理统计方法的重点是分析影响中国气候的各种物理因素及其前兆信号(比如海温、雪盖、季风、阻塞高压、副热带高压等),建立预测概念模型,定性地预测中国雨带类型及旱涝趋势。影响中国气候的主要物理因子有很多,如ENSO现象、暖池海温、印度洋偶极子、极冰、积雪、地温、亚洲季风、青藏高压、西太平洋副热带高压、中纬度阻塞高压、东亚大槽、西风环流型、极地涡旋、南方涛动、北太平洋涛动、大西洋涛动、北极涛动、南极涛动、准两年振荡(QBO)、太阳活动、火山爆发、天文和地球物理因素,以及温室效应等。物理统计方法就是利用统计方法建立预测概念模型,综合考虑各物理因子对中国气候的影响得到定性的预测结果。

(1)中国冬季温度预测

中国冬季温度和东亚冬季风。中国冬季温度在年代际振荡趋势上与东亚冬季风、西太平洋副热带高压、ENSO现象、欧亚大陆积雪,以及人类活动(温室效应)、火山活动(阳伞效应)有关系;年际气候异常因子有东亚冬季风、西太平洋副热带高压、ENSO事件和欧亚大陆积雪。

冬季风强弱是导致我国冬季冷暖变化的直接原因。东亚冬季风指数与中国冬季温度的相关表明,中国大部地区为反相关:冬季风弱,意味着北半球极涡向北收缩,东亚大槽变浅,东亚上空纬向环流发展,盛行平直的偏西气流,侵入我国的冷空气次数少、势力弱,温度偏高;反过来,冬季风强,意味着北半球极涡向南扩展,东亚大槽加深,东亚上空经向环流发展,盛行偏北气流,侵入我国的冷空气次数多、势力强,温度偏低。

西太平洋副热带高压与中国冬季温度。 位于我国东南部的西太平洋副热带高压是一个暖性的高气压,它的强弱也直接影响到我国冬季冷暖。西太平洋副热带高压面积指数与中国冬季温度的相关表明,中国大部地区表现为明显的正相关,意味着当西太平洋副热带高压强大时,有利于南方暖气团向北输送,容易使我国冬季温度偏高;反之,当它比较弱的时候,则不利于南方暖气团的向北输送,我国冬季温度往往偏低。

ENSO 与中国冬季温度。 赤道东太平洋海温的异常变化,常常会引起东亚大气环流的异常,进而导致中国冬季气候的异常。赤道东太平洋暖水位相、厄尔尼诺事件发生,有利于东亚冬季风偏弱、西太平洋副热带高压偏强,我国往往表现为暖冬气候的特征;反之,赤道东太平洋冷水位相、拉尼娜事件发生,有利于东亚冬季风偏强、西太平洋副热带高压偏弱,我国常常出现冷冬气候的特征。

欧亚大陆积雪与中国冬季温度。 欧亚中高纬地区冬季积雪也是影响我国冬季冷暖的重要因素。一般情况下,欧亚大陆冬季积雪面积大,有利于西伯利亚冷气团的发展南下,东亚冬季风增强,使南下入侵我国的冷空气势力加强,温度容易偏低;如果欧亚大陆冬季积雪面积小,则不利于西伯利亚冷气团的加强,东亚冬季风减弱,使南下入侵我国的冷空气势力减弱,温度容易偏高。

图 8.7 显示了影响中国冬季温度变化的主要因素。

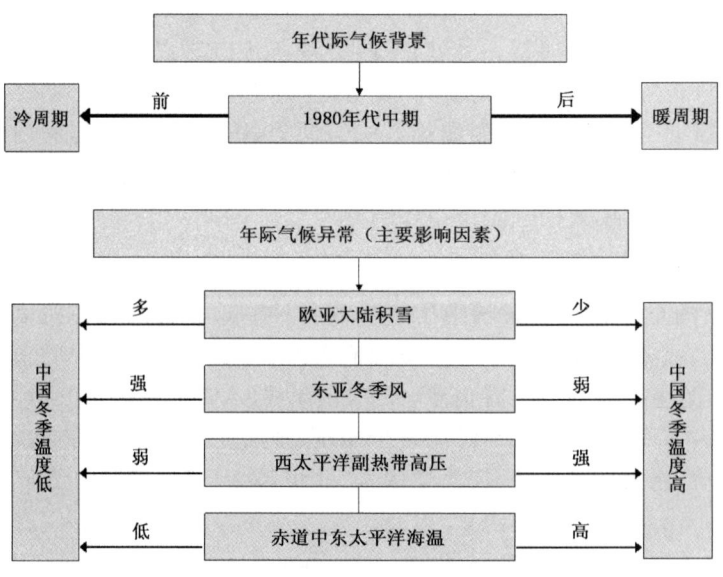

图 8.7　影响中国冬季温度变化的主要因素(引自《现代气候业务》)

(2)中国夏季降水预测

影响中国夏季降水的因子很多,人们的认识也还在不断地深化,目前可以将人们认识到的主要影响因子归纳为东(反映海洋热状况异常,包括 ENSO 现象等)、西(反映青藏高原热状况异常,包括积雪和位势高度异常)、南(亚洲季风,反映热带和南半球大气环流异常)、北(东亚阻塞高压,反映中高纬大气环流即冷空气活动异常)、中(西太平洋副热带高压,反映副热带大气环流异常)五个方面(图 8.8 所示),这五大因素概括了影响中国夏季降水的主要热力和动力条件,即大气环流异常和下垫面热力异常。时空尺度的相互关联反映了它们之间的相互关系,一是时间演变特征的相互联系,即年代际振荡趋势的一致性;二是空间分布的相互联系,即东亚遥相关型的相似性,最终形成中国降水类似的分布特征。在分析中国夏季降水异常时,应重点着眼于大尺度环流形势的分布特征和东亚主要大气环流系统的相互配置。东亚遥相关型集中反映了热带大气环流、副热带大气环流和中高纬大气环流的相互关系以及海洋和高原热力异常的作用,是影响中国夏季降水异常的主要因素。

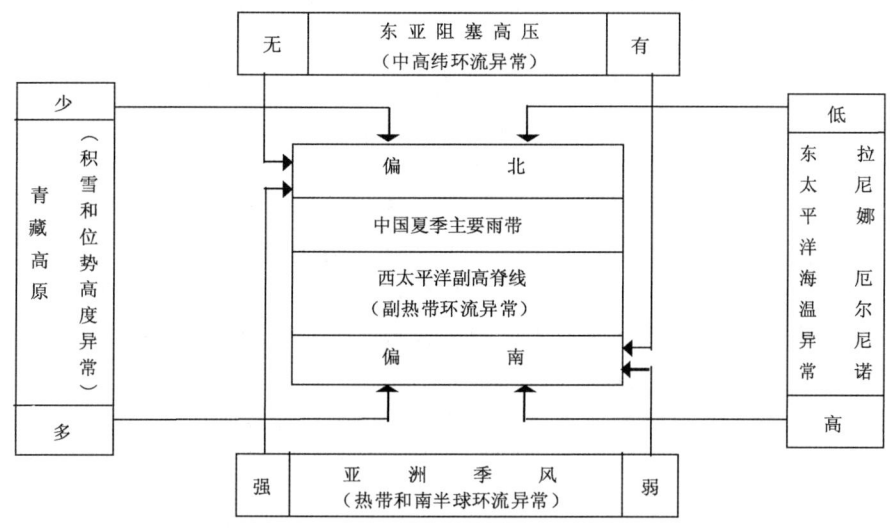

图 8.8　影响中国夏季降水的物理因子示意图(引自国家气候中心)

一般而言,当赤道东太平洋海温偏低、冬季青藏高原积雪偏少、亚洲夏季风偏强、夏季东亚中纬度存在阻塞高压、夏季西太平洋副热带高压偏北时,夏季东亚遥相关型在经向上呈现"一十一"分布,中国主要雨带位置偏北,夏季长江流域降水偏少;反之,则相反。但是,由于气候系统的复杂性和多样性,五大物理因子异常对中国夏季降水的影响造成的雨带分布异常通常具有不对称性,因此,在应用时需根据实际情况分析其主要影响因子的变化,不能简单套用。

随着人们对影响中国气候物理因子认识的逐步加深,一些新的物理因子对中国气候的影响也越来越受到重视。除去五大物理因子对中国夏季降水的作用之外,欧亚地区冬季积雪、南极涛动、北极涛动、印度洋海温、南半球越赤道气流、北大西洋三极子、平流层大气环流、太平洋十年尺度振荡(PDO)等物理因子在预测中国夏季降水时也被予以重点考虑。

8.3.2.2　气候模式预测方法

进入 21 世纪以来,国际上主要业务中心的季节预测业务都进入以动力方法为主的阶段。除了美国的气候预测中心 CPC 还依然采用一些纯统计预测方法作为其动力预测系统 CFS 预测结果的补充以外,欧洲、日本和韩国基本上已很少使用纯统计预测方法进行业务预测,对于统计方法的应用已转为以动力学预测为基础的统计降尺度预测。总之,当前国际上季节预测业务已基本转向以客观化动力模式预测系统为基本平台。动力模式预测产品主要包括全球多模式集合预测产品、月动力延伸预报模式产品(DERF_NCC)、区域气候模式产品(REGCM_NCC)、全球海—气耦合模式产品(CGCM_NCC)、海洋资料同化产品(GODAS_NCC)、延伸期月内过程预测等。

我国在"九五"重中之重项目的支撑下,发展了第一代海—气耦合模式来支持季节气候预测业务。2005年,海—气耦合模式实现逐月滚动的季节预测能力,从而使得我国的季节预测业务进入统计方法和动力方法并举的阶段。近年来又建成了耦合大气、陆面、海洋、海冰分量在内的不同版本的气候系统模式 BCC_CSM 系列。

月动力延伸气候预测是指月时间尺度的气候预测业务,是短期气候预测的重要基础业务,技术上应用动力模式方法实现。已有的研究表明,月尺度的大气变化表现出明显的低频变化特征,这种低频的气候异常特征,是受到慢变边界条件的影响(如海表面温度异常、土壤湿度、雪盖、海冰、植被、陆面温度和反照率等强迫)所致。因此,月尺度气候异常的可预报性,一部分来自于大气内部过程,另一部分来自慢变的下垫面强迫。

近年来,第二代短期气候预测模式系统取得了进展,该系统包含第二代海洋资料同化系统、陆面资料同化系统、月动力延伸预测模式系统、季节气候预测模式系统等四个子系统。第二代月动力延伸预测系统基于 T106 水平分辨率的大气环流模式 BCC_AGCM2.2 建立,其对全球及区域降水、环流的气候态和年际变率等多个要素的预测能力总体要高于第一代月动力延伸预测系统。该系统已于2012年投入准业务运行,实时输出候、旬、月时间尺度和全球、北半球、东北半球、东亚、中国等空间尺度的预报数据和图形产品。

另外,国家气候中心以及其他业务单位发展了一些客观预报方法,如多模式解释应用集成预测系统(MODES)、动力与统计相结合预测系统(FODAS)和月内重要过程趋势预测系统(MAPFS)。

多模式气候预测产品解释应用系统(MODES)是在国家气候中心现有技术储备和业务基础上,利用国内外多家气候预测科研业务机构的动力气候模式预测产品,开展多模式气候预测产品解释应用,开发集成预测技术和系统,主要应用于月季尺度气候预测。

动力与统计相结合的季节气候预测系统(FODAS)以气候模式作为动力核心,以历史相似作为统计核心,结合动力和统计方法的优点进行有针对性的预报,应用于季节尺度的气候预测。

月内重要过程预测是我国气候预测中新拓展的业务,月内重要过程趋势预测系统(MAPFS 1.1)主要涉及的过程是延伸期的强降水和强变温过程,包括三种预报方法,分别是低频天气图方法、异常相似释用方法和150d韵律方法。

8.3.2.3 气候模式的降尺度应用

(1)气候模式降尺度的概念

一般而言,在气候预测当中,大尺度变量的可预报性高于小尺度变量,模式的预测结果也证实了这一点。但是用户需要更多的是局地的温度、降水等信息,而模式直接输出的温度、降水不能满足相应的精度需求,这就需要利用模式输出技巧较高的大尺度变量进行降尺度应用,从而获得中小尺度预测信息。就是把数值模式输出的大尺度、低分辨率的信息转化为区域尺度的地面气候变化信息(如气温、降水),从而弥补模式对区域气候预测的局限。

(2)降尺度的主要方法

降尺度方法有统计降尺度法、动力降尺度法、动力与统计相结合的降尺度方法(Frey—Bunese et al. 1995),这三种降尺度法的共同点就是都需要气候模式提供大尺度的气候信息。

统计降尺度方法

统计降尺度法利用多年的观测资料建立大尺度气候状况（主要是大气环流）和区域气候要素之间的统计关系，并用独立的观测资料检验这种关系，最后再把这种关系应用于气候模式（AOGCM）输出的大尺度气候信息中，来预测气温和降水等局地要素的气候变化趋势。也就是需要建立大尺度气候预报因子与区域气候预报变量间的统计函数关系式：

$$Y = F(X)$$

式中，X 代表大尺度气候预报因子；Y 代表区域气候预报变量；F 为建立的大尺度气候预报因子和区域气候预报变量间的一种统计关系。一般说来，F 是未知的，需要通过动力方法（区域气候模式模拟）或统计方法（观测资料确定）来得到。

统计降尺度方法基于以下 3 条假设：

①大尺度气候场和区域气候要素场之间具有显著的统计关系；

②大尺度气候场能被气候模式很好地模拟；

③在变化的气候背景下，建立的统计关系是有效的。

统计降尺度方法的优点在于它能够将气候模式（AOGCM）输出中物理意义较好、模拟较准确的气候信息应用于统计模式，从而纠正 AOGCM 的系统误差，而且不用考虑边界条件对预测结果的影响，另外，它最大的优点就是与区域耦合模式相比，计算量相当小，节省机时；统计降尺度方法的缺点就是需要有足够的观测资料来建立统计模式，而且统计降尺度法不能应用于大尺度气候要素与区域气候要素相关不明显的地区。在以往的统计降尺度方法研究中常用的统计降尺度方法很多，概括起来主要有三种：转换函数法、环流分型技术、天气发生器。

动力降尺度方法

动力降尺度是将分辨率较低的全球大气环流模式或者海—气耦合模式嵌套高分辨率的区域气候模式，利用全球模式为区域气候模式提供初边值条件，获取描述局地气候特征的高分辨预测信息。动力降尺度方法的缺点主要表现在：

①动力降尺度方法计算量巨大，需要耗费大量机时；

②受全球模式和区域模式的嵌套技术以及边界条件效应的影响，如果处理不当，区域模式将提供与全球模式不一致的结果；

③动力模式的物理过程无法全面准确描述当今气候特征，模式对气候模拟的系统偏差始终存在。

区域模式容易继承全球模式的系统性偏差，动力降尺度方法可能放大这种偏差，从而使得预测结果无法真实反映局地气候特征。因此，对结果进行经验统计订正有可能会提高局地温度、降水的预测水平。

动力与统计相结合的降尺度方法

动力与统计相结合的方法和技术可以分为内部结合和外部结合。内部结合就是将历史资料信息融入到模式积分过程中，外部结合即对动力降尺度结果再进行经验—统计订正。

(3) 降尺度的应用

降尺度方法在气候业务中有广泛的应用，利用模式预报效果较好的形势预报来得到局地或区域的要素预报，是其中重要的应用之一。李维京等(1999)提出了一种动力与统计相结合的降尺度方法，他从大尺度大气动力学方程组出发，推导出月降水距平百分率与月环流场的关系，从而建立了月降水距平百分率预报方程，随后利用月动力延伸预报的 500 hPa 高度场和实际降水场资料反演出月降水距平百分率预报方程的系数。检验表明,这种方法对利用动力延伸集合预报的环流形势作月降水距平预报具有一定的能力。陈丽娟等(2003)应用上述方法,把月动力延伸数值预报模拟技巧较高的大气环流用于局域降水预报,给出了月尺度大气环流与局地降水之间的关系。回报试验证明预报结果的合理性。

8.3.3 短期气候预测产品

8.3.3.1 动力与统计相结合预测产品

目前我国气候预测主要采用物理统计方法和动力数值模式相结合的方法。数理统计方法包括:气候背景分析、时间序列分析(方差、周期、谱分析等)、多元分析(回归、判别、主分量分析等)、天气气候学的相关相似分析等。动力数值模式方法是利用动力模式进行短期气候预测。自1998年起,动力模式预测的输出结果,经过系统性误差订正,每年为汛期气候预测和每月气候预测提供作为参考。这部分的产品包括:每月气候预测、汛期气候预测、年度气候预测、盛夏气候预测、月森林草原火险等级预测、季森林火险等级预测、月三峡库区气候趋势预测、季三峡库区气候趋势预测、月干旱气候趋势预测、年景气候趋势预测、沙尘天气气候趋势预测等。

8.3.3.2 统计预测产品

由于模式时、空分辨率和输出要素的限制,部分要素的预报尚完全依赖于物理统计分析,包括时间序列的分析、相似分析、前期影响因子分析等。这部分产品有:华南春播条件预报、江南春播条件预报、初霜冻日期预报、每月热带风暴和台风数量预测、每月冷空气频次预测、年热带风暴和台风频次预测、月大风气候趋势预测、高温气候趋势预测、大雾气候趋势预测等。

8.3.3.3 动力模式产品

由于观测资料和人力资源的限制,全球预测产品对中国国土地域以外地区的短期气候预测还完全依赖于模式的结果。这部分的产品有:全球多模式集合预测产品、月动力延伸预报模式产品(DERF_NCC)、区域气候模式产品(RegCM_NCC)、全球海—气耦合模式产品(CGCM_NCC)等、海洋资料同化产品(GODAS_NCC)等。

8.3.3.4 气候预测产品制作流程

关于气候预测产品制作过程,就以汛期气候预测、月动力延伸预报及台风频次预测为例,分别介绍动力与统计相结合、动力、统计预测产品的制作方法。

(1)汛期气候预测产品

基于从国家气候中心资料库中获取的我国夏季降水的历史数据和海温、大气环流等历史数据以及当前海温、大气环流数据,通过资料处理模块将资料处理成物理统计方法和全球海—气耦合预报模式所需要的资料格式,再根据各种分析方法的预报结果,如典型相关法、周期回归模型、汛期旱涝概念模型、物理量相似模型、积雪模型、ENSO模型、海温模型、阻高模型、热带环流模型、冬季环流模型等以及海—气耦合模式的概率预报和确定性预报结果,采用各种方法集成,最终生成汛期/盛夏气候预测产品。

(2)月动力延伸预报模式产品

从国家气候中心资料库中获取月动力延伸预报模式所需的格点数据,通过资料处理模块将资料处理成对应模式所需的接口格式,再通过模式运行模块生成模式的概率和确定预报产品。产品包括:要素场(气温、降水)、环流场(500 hPa位势高度、海平面气压、700 hPa风场)、空间范围为全球,目前在网站上提供1～10天、11～20天、21～30天和31～40天的旬预报以及1～30天和11～40天的月预报。

(3)编号和登陆台风频次预测产品

从国家气候中心资料库中获取历史编号和登陆台风数据以及海温、大气环流等数据,根据历史曲线分析其变化趋势,合成其异常年份前期海温、大气环流特征,并根据当前大气环流的异常判断未来的台风数量情况。

国家级气候系统预测业务产品的制作流程示意图见图8.9。用户可以通过国家气候中心网站获得发布的产品。

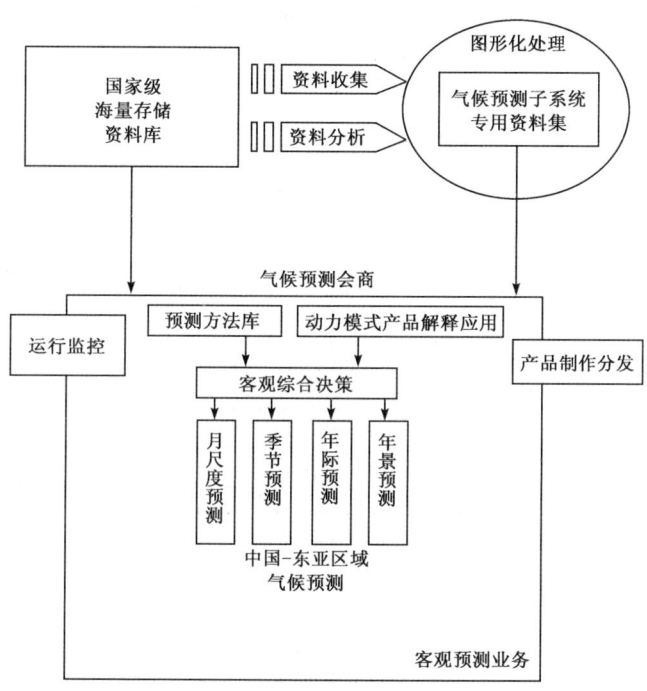

图8.9 国家级气候系统预测业务产品制作流程

8.4 气候影响评价

气候影响评价是气候工作中一项非常重要的业务,是指评价气候环境及其变化对自然、社会、经济系统的影响。从目前我国各基层台站开展的气候服务工作情况看,气候影响评价就是运用气候学的原理和方法,对某一时期的气候条件给国民经济建设和人民生活所带来的影响,进行科学的客观分析评定(以定性为主)。其主要内容包括对气候条件本身的评价和气象条件对人们的社会活动与经济活动影响两部分。

气候影响评价领域除对目前开展的主要方向(如气候对农业、水资源、能源、交通、生态环境的影响评价)进行研究评估外,还应根据社会和国家需求,不断增加新的服务领域。气候影响评价工作具体包括:城市气候对人体健康的影响评估;气候对旅游业的影响评估;气候对交通安全及交通设施的影响评估;大中型工程建设的气候可行性论证和对气候环境的影响评估;

等等。

气候影响评价具有全程评估的特点。所谓全程就是包括预评估、跟踪评估和后评估。预评估就是在天气气候预报、预测的支持下,对所预报、预测的气象因子在未来一定时期内的影响进行评估,并提出相应的对策。预评估具有前瞻性,是评估工作的重点和难点,也是评估工作的目标。在全球气候变暖的背景下,极端气候事件发生的频率、强度、持续时间等都在发生变化,而极端事件对经济社会发展所造成的影响和损失也在日益增加。为了有效地进行防灾、抗灾、救灾工作,开展气候及极端气候事件对经济与社会影响的专项评估和综合评估,是今后气候影响评价发展的重要方向。

气象灾害是最为主要的自然灾害,极端天气气候事件通常会造成严重的气象灾害,把气候影响评估延伸到灾害领域,就是气象灾害评估。图8.10是气象灾害评估业务流程。

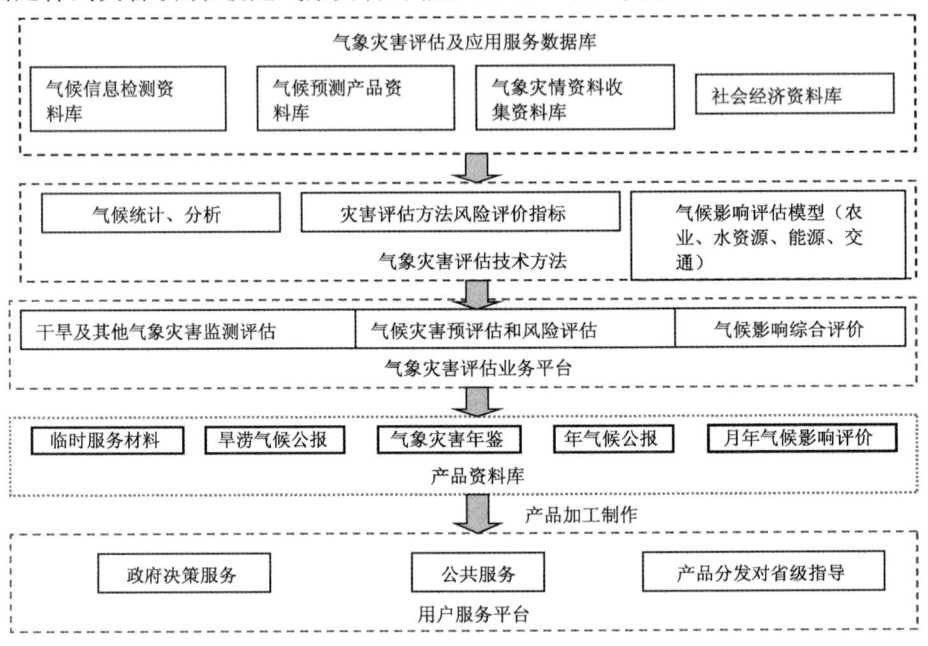

图 8.10　气象灾害评估业务流程示意图

气象灾害评估业务流程主要分以下几个部分:

(1)气候资料实时接收、预测产品收集、气象灾情和社会经济数据收集整理。

(2)根据已建立的气象灾害监测评估、预评估及风险区划指标,利用气象灾害评估业务平台定量评估气候对国民经济和人类健康(如农业、水资源、能源、交通等)的影响及预评估。

(3)制作气象灾害评估相关业务产品。发布月、季、年尺度的气候及气象灾害分析、影响评价和预评估产品,为省级业务提供指导,开展决策和公众服务。

业务上主要的气候灾害监测和影响评估包括对干旱、洪涝、高温热浪、低温冷害和热带气旋等的监测和评估。

评估方法是气候影响评价工作的技术核心。主要包括:气候影响评估定量化指标体系;气候及极端气候事件对农业、水资源、工业、交通、旅游等影响评估专用数据库;气候影响评估模式,以及专业农业气候模式、水资源气候模式、能源气候模式、生态气候模式、气候—经济的综合评估模式;等等。

为定量化、精细化评估的需求,目前研制开发并应用了一些新技术,包括:(1)3S 技术的开发应用(3S 技术指遥感系统、全球定位系统和地理信息系统);(2)数值模式的开发应用;(3)降尺度技术的应用。

国家级气候影响评价业务产品包括:

(1)中国旱涝气候公报 向政府有关单位提供气象旱涝监测实况、影响及预警信息,提醒人们做好防洪抗旱工作。

(2)干旱监测与展望 对亚洲(逐步扩展到全球)区域国家的干旱情况进行监测,并为相邻国家提供相应的技术指导和技术支持。

(3)气候影响评价 评价气候对人类社会、经济、生态系统和自然环境等各个方面的影响,综合总结气候的影响。气候影响评价业务产品分为定期产品和不定期产品,定期产品有:月、季、年产品。气候影响评价业务产品主要内容包括前言(或综述)、基本气候概况、主要气候事件(气候灾害)及其影响、气候对各行业的专题影响评价、展望性气候影响评价(未来预评价)和对策建议。

(4)中国气候公报 每年年初对过去一年气候特征、大气环流特征进行监测分析,对发生的气候异常和极端气候事件及其灾害进行综述回顾,给出相应的影响评价。

(5)气象灾情评估报告 每月及年,对收集到的气象灾情进行收集整理,并进行统计分析,结合当月、年的气候特征,给出气象灾情分析评估报告,提供给有关部门。主要内容包括:当月气象灾害灾情统计及分析特点,当月的主要气候事件及影响。

(6)中国气象灾害年鉴 中国气象灾害年鉴是中国气象局主要业务产品之一。主要包括以下方面的内容:描述和分析当年重大气象灾害事件以及主要异常气候成因;详细分类概述年内对我国国民经济影响较大的干旱、暴雨洪涝、热带气旋、局地强对流、沙尘暴、低温冷冻害和雪灾、雷电、雾以及酸雨、病虫害、灾害性空间天气等灾害,并评估其影响;从月和省(区、市)的角度概述不同时间和不同地区的气象灾害发生情况,并简单介绍各省(区、市)针对重大天气、气候事件的减灾服务情况;介绍当年全球气候特征、重大气象灾害及其成因,从全球的角度认识其为我国的气象灾害提供的背景材料;介绍中国气象防灾减灾重大事件。另外,年鉴利用大量附图和附表,给出气象灾害灾情统计资料和月、季、年气候特点。

近几年,中国气象局已经建立了省、地、县到国家级的气象灾情直报系统,为开展气候灾害影响评估工作奠定了基础。2005 年,中国气象局制定下发了《气象灾情收集上报调查和评估试行规定》,规定了气候灾害的等级和分级处置标准,对每次重大气候灾害过程都作出影响评估分析,并以《重大气象信息专报》或专题报告等形式上报党中央、国务院。

8.5 气候应用与服务

8.5.1 气候应用的定义、内容和现状

气候应用是应用气候学中的基本理论和信息解决国民经济各行业遇到的具体气候问题;应用气候学则是运用气候学中的基本理论和信息解决国民经济各行业遇到的具体气候问题的一门实用性科学。应用气候学将气候学知识结合人类活动的特点与需要,分析对人类活动有利与不利的气候影响指标,提出适应措施,甚至做出区划,以供规划、布局时参考的一系列边缘

性学科。

世界气象组织气象学和气候学专门应用委员会主席M. K. Thomas先生在1980年将应用气候学的内容概括为五个部分：粮食（农业和渔业），水（水资源和水灾），健康（人类生物气象、人类舒适、污染、旅游和休养），能源（化石燃料、再生资源），工业和商业（建筑与结构、交通、森林、运输、服务）。就我国国情而言，气候应用为经济建设服务主要体现在制订规划、气候资源调查、工程设计、气候评价、生产管理等五个方面。

为了适应工农业发展的需要，我国开展了大量的应用气候研究工作，如全国农业气候区划、全国建筑气候区划、全国电力通讯网气候区划、全国太阳能风能资源分析和区划、全国道路气候区划、全国各流域区划等工作，也开展了桥涵孔径设计的暴雨强度公式及其气候系数的研究、全国各流域可能最大暴雨的研究、城市规划与气候研究、工厂总体布局与大气污染扩散的研究、常见疾病与气候关系的研究等工作，这些成就在国民经济建设和国防建设中起到了很大的作用（高绍凤等 2001）。

8.5.2 气候可行性论证

伴随经济的高速发展，人类生产生活对天气、气候条件的依赖程度加深，气象灾害对人类社会的影响也不断扩大。在全球气候变暖的背景下，极端天气气候事件发生的频率和强度呈增加趋势，给经济安全、国防安全、粮食安全、生态安全和环境安全等带来一系列挑战。2008年年初，席卷中国南方大部分地区的低温冰冻雨雪灾害，就给电力、交通、农业、林业等行业造成严重影响，高速公路、铁路运输曾多次瘫痪，电网遭受重创，这些活生生的事例暴露了气候可行性论证的缺失。2008年12月1日，中国气象局局长郑国光签署中国气象局第18号令，颁布实施《气候可行性论证管理办法》（简称《办法》），自2009年1月1日起施行。按照《办法》，与气候条件密切相关的政府部门决策，如规划和建设等项目，将进行气候可行性论证，否则在有关部门组织项目审查时原则上可以不予审批立项。《办法》共22条，分别对立法目的和依据，气候可行性论证的范围、内容、程序、资料汇交，论证结果与建设项目审批的衔接，涉外气候可行性论证活动管理、法律责任和施行日期等做出了规定。

2009年开始实施的《气候可行性论证管理办法》对气候可行性论证给出定义："指对与气候条件密切相关的规划和建设项目进行气候适宜性、风险性以及可能对局地气候产生影响的分析、评估活动。"气候可行性论证为工业、交通、建筑、农业及人们的日常生活等提供服务的活动，从而充分利用气候资源、规避气候风险、保护气候环境。

目前，气候可行性论证开展的主要论证范畴包括：重大基础设施、公共工程和大型工程建设项目；城乡规划、重点领域或者区域发展建设规划；重大区域性经济开发、区域农（牧）业结构调整建设项目；风能、太阳能等气候资源开发利用建设项目；其他依法应进行气候可行性论证的规划和建设项目。

气候可行性论证工作主要包括：

8.5.2.1 气候与能源

气候变化对能源系统（能源开发、输送、供应等）有着广泛的影响，重大和极端气候事件的频率和强度的变化可以影响到全国特别是城市能源系统的调配。气候变化（如温度和降水的变化）会对能源的需求产生影响。为了给电力生产和调度、能源利用提供气象保障服务，以达到保障安全、节省能源、提高效率的目的，需要做气候对能源的评估。

气候对能源的评估包括：

(1)天气气候变化对用电负荷及用电量影响定量评估；

(2)气候对能耗需求的影响评估；

(3)水力发电气象保障；

(4)风能、太阳能利用；

(5)核电站气象保障。

8.5.2.2 气候与交通

主要开展对水、陆、空交通运输有影响的气象指标进行研究，开展交通建设项目论证，建立气候影响评估模型，以基本气候预测业务为依托，加强交通气象预警、监测预报服务，建立交通气象信息系统。主要内容有：

(1)气候与航空

主要是加强航空气候评估，为航空规划和建设提供服务，使航空重大工程发挥最大的经济和社会效益；评估气候对航空飞行的影响，为合理选择航线提供理论依据，提高航线的运行效率，降低运行成本。

所包含的范围有：气候与机场选址，主要考虑风的状况、云和能见度等方面的条件；气候与机场建设；气候与空运安全。

(2)气候与公路

公路是穿越不同气候地理区的土工结构物，在气候灾害面前有一定脆弱性(图 8.11)。公路本身的设计和施工标准不同，其抗御自然灾害的能力也有差异。主要内容有：气候对道路结构的影响，包括公路水害、泥石流和滑坡、冻胀和翻浆等方面；气候对交通运行的影响，包括公路雪害、影响路面和行车速度的天气现象、汽车高原反应等方面；气候与公路建设，包括公路选线、公路自然区划等方面。

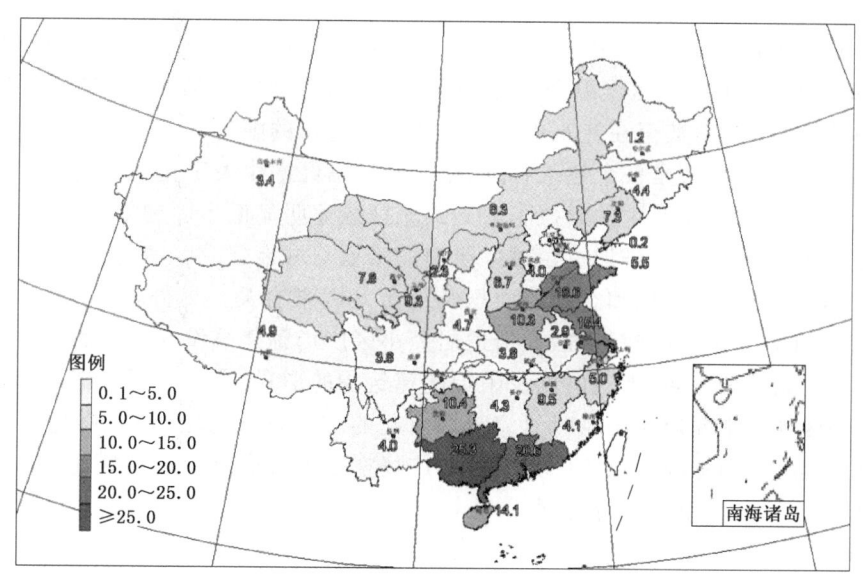

图 8.11 2005 年各省(区、市)公路水毁里程百分率分布(单位:%)

(3) 气候与铁路

铁路是一种专线、快速行驶的交通线路,从工程设计、施工到运行无不受气象条件影响。与公路气候灾害类似,暴雨、大风、降雪、风沙、泥石流均会给车辆运行造成困难,甚至对铁路设施造成破坏。据 1980—2005 年统计,我国主要铁路干线因水害中断铁路运输平均每年达 160 次以上,居各类不利气象条件之首。评估主要包括以下内容:气候对铁路运输影响,主要有铁路水害、铁路雪害、铁路风害、雷暴、气温等方面;气候与铁路建设,主要有铁路选线、铁路建设、电气化铁路接触网气候条件等方面内容。

8.5.2.3 气候与电力、通讯架空线路

随着社会经济的快速发展,电力和通讯系统日新月异,电网和通讯网络的分布越来越广,架空线路和杆塔的架设密度日益增大,使得各类自然灾害对我国电网物理构成的威胁和损害不断增大。同时,电网高度的网络化、集约化和自动化,更使得电力安全应对自然灾害的脆弱性大幅增加。我国独特的气候条件极易引发各种气象灾害,其中冰冻、风灾、洪涝、雷电、雾等对电力、通讯架空线路有着最为直接和严重的破坏性。主要内容有:①冰冻的气候特征及其对电力、通讯架空线路的影响;②风灾的气候特征及其对电力、通讯架空线路的影响;③洪涝灾害的气候特征及其对电力、通讯架空线路的影响;④雷电的气候特征及其对电力、通讯架空线路的影响;⑤雾的气候特征及其对电力、通讯架空线路的影响;⑥影响电力和通讯架空线路天气和气候的监测及预测;⑦气候变化对电力、通讯架空线路的影响。

8.5.2.4 气候与城市规划和建筑

由于城市的发展,城市数目日益增多,城市建筑面积不断扩大,据《2003 年世界发展报告》估计,目前全世界已有 1/3 以上的人口居住在城市里,到本世纪中叶,世界的 2/3 的人口将居住在城市。人类活动能力的迅速增强改变了气候,正确认识城市气候特征,科学系统地研究气候与城市规划和建筑的关系,对城市科学选址、合理布局、节能降耗,以及走可持续发展之路有着十分重要的意义。

气候与城市建筑之间相互影响和相互作用。气候对城市规划和建筑的影响涉及城市规划及建筑的各个领域。不同地区气候条件下,城市建设时需要考虑城市建筑群体布局、建筑设计、建筑通风降温等方面,甚至在建筑单体上还要考虑建筑的朝向、空间的组织、建筑结构的形式等方面。另一方面,城市是一个建筑林立、生态环境已经次生人工化的环境,城市建设扩大、建筑物增高,建筑物对气流产生的摩擦阻力导致城区风速明显低于周围郊区,可造成城市通风能力下降,使城市大气环境污染加重。城区风速的降低与城市建成区的范围、建筑物的高度和密度、街道的宽度和走向、绿地和空地的面积及分布等因素有关。另外,城市建设除了对整体气候的影响外,在较小范围的建筑群,如街道居民小区广场等建筑设施附近的局地气候也会受到影响。街道的宽度和走向、街道两侧及附近的建筑物的形式、高度间隔等都会影响街道的通风。在街道小区规划中要避免小风时气流阻塞引起的交通尾气污染,还要避免强风时高层建筑间狭管风引起人的不舒服。城市中无植被的广场空地也会形成特定的微气候。这主要体现在气候与建筑、气候与城市规划等方面。

8.5.2.5 气候与大气污染

随着全球社会经济和工业化过程的飞速发展,人口剧增给大气环境带来了前所未有的巨大压力,人们越来越认识到保护人类赖以生存的大气环境的重要性与紧迫性。由于大气污染

问题具有显著的地域性和时间性,因此在国家的污染物排放标准中导入总量控制,以总量控制和总量控制规划为依据,制定地方浓度排放标准和相应的各项定量的管理制度,从总体上控制城市大气污染。

8.5.2.6 气候与旅游和人体健康

气候条件与旅游关系密切,尤其是当地区域气候对旅游的影响,是旅游资源开发中必须考虑的问题。一方面,旅游活动受到气象条件的影响,影响旅游者的舒适度,进而影响旅游客流量的时空分布(图8.12);另一方面,气候资源影响景观的季相变化和游客观赏效果,形成特殊的景观功能,增加了具有特色的旅游内容。气候舒适度是影响旅游地开发的重要因素。适宜的气候是增加客流量的重要因素,也是人们外出旅游的重要动机之一。季节性的自然气候变化直接影响旅游淡、旺季的分配与长短,进而影响旅游区的经济效益。因此,旅游气候舒适度对旅游业的影响非常重要。

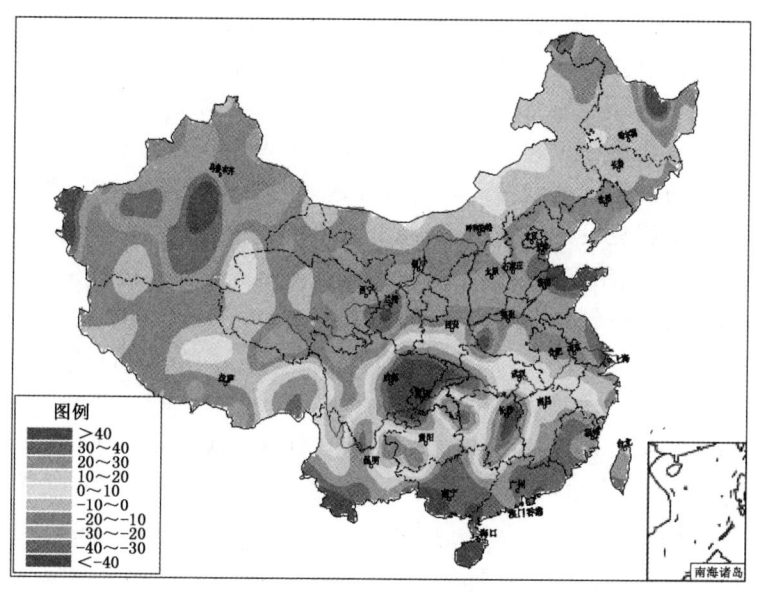

图8.12　2005年全国舒适日数距平分布(单位:天)

近年来,关于公共卫生气象学的研究得到更多的关注和重视。气象与疾病的关系研究范围日益扩大,研究方法也从临床观察发展到实验室的研究。研究的内容涉及影响呼吸系统疾病、心脑血管疾病、精神病、风湿病、皮肤病、糖尿病、结核、肝炎、消化性溃疡病、伤寒等病的天气条件,气象因子与各种疾病的发病率和死亡率的关系,以及气候变化对血吸虫、疟疾、登革热等疾病的空间分布的影响,等等。在现代气候业务中,气候与人体健康的影响评价工作主要体现在:气候与人体健康有关的生物气候问题的研究与应用,气候与人体健康有关的气候指数的研究与应用,建立气候对人体健康影响的预警业务系统。

气象条件对人体健康的影响有直接和间接之分。直接影响往往是由那些极端气候事件所致。由于地球大气变暖,极端气候事件频率增多,使得突发性气象灾害对人类健康的影响也日趋严重。突发性气象灾害由于其具有范围广、强度大的特点,因此也决定了其对人体健康影响的严重性,特别是对那些老人和体弱多病者的影响有时甚至是致命的。

突发性气象灾害对人体健康的间接影响表现在,突发性气候异常或明显波动虽然不是造成有些疾病爆发和流行的决定因素,但对疾病的发生、加重起推波助澜的作用。如一次强寒潮的到来,可使脑卒中、高血压、呼吸道疾病等加重,引起死亡率增加。这是因为气象条件的剧烈变化能影响人的免疫力,能影响病源的繁殖、生存和传播,最终导致疾病的发生或加重。

针对气候、极端天气气候事件及突发性气象灾害对疾病发生、发展影响的特点,气象部门同卫生部门应联合对天气气候与常见病、传染病、突发性疾病等关系进行研究,确定影响因子和指标,分析影响机理,建立气象因子对人体健康影响评估模型,开展疾病早期预警业务。另外针对气候变化结果,研究气候变化对人体健康可能带来的影响,以及适应和应对措施等。

与气象条件相关的常见病包括呼吸系统疾病、循环系统疾病和消化系统疾病等。

8.5.2.7 气候与重大工程

重大工程按部门可分为农业重大工程建设(如国家商品粮基地建设)、工业重大工程建设(如钢铁、化工生产基地建设)、能源重大工程建设(如煤炭、电站建设、输变电线路建设)、水利水电重大工程建设(如长江三峡、黄河小浪底工程以及跨流域、跨地区引水工程)、交通运输重大工程建设(如铁路、高速公路建设)等。许多重大工程的建设,包括从勘察、设计、施工到建成后运行管理,都离不开气候因素。气候变化对中国重大工程的安全运行可能产生一定影响。

任何一项重大工程建设在正式确定之前,不仅要考虑气候异常对重大工程建设的可能影响,还要从环境保护、防灾减灾角度考虑重大工程建设对气候和环境的影响。目前国家气候中心开展了气候对重大工程建设的气象保障服务。加强为重大工程服务的特种气象监测网系统建设,开发建设重大工程气象灾害监测、预测、预警和影响评估气象服务系统,做好重大工程建设、运营气象保障服务;开展气候极端事件对重大工程影响的监测和灾害评估技术研究,建立重大工程的运行安全风险评价体系,开展重大工程与区域气候系统相互影响效应研究,是气候应用与服务的重要内容。

气候和环境的变化是一种长期的缓慢过程,重大工程建设对其影响不是马上能反映出来的,加上人们对大气及环境本身的变化规律的认识尚不全面,重大工程对气候的影响机理和影响程度的研究还在积极探索中。

8.5.2.8 气候与农业

目前,各级党政领导、农业工作者、种养大户以及越来越多的农户认识到气候与农业的关系十分密切,农业活动中主动要求进行气候可行性论证者逐年增多,农业气候可行性论证成为必要。农业气候可行性论证主要包括农业气候适应性论证和农业气候区划。首先需要对该地区自然地理条件、农业生产结构、主要农作物类型及种植制度、生产中存在的农业气候问题等进行分析,确定农业气候指标、分区指标,对论证区域进行区划,提出作物种植、品种搭配、农业气候资源开发利用、避抗不利因素及配套农业工程措施等合理措施建议。

8.5.3 气候资源评估与开发利用

气候资源,是指能为人类活动所利用的光能、热量、水分、风能和大气成分等自然资源,包括由这些自然资源构成的人类气候环境。气候资源的开发利用包括风能太阳能资源、农业气候资源、空中云水资源等方面。

8.5.3.1 风能资源的评估与开发利用

(1)风能资源的测量与监测

风能资源测量主要在风能资源丰富区域,通过选择一定数量具有代表性的地点,开展至少一年以上的持续观测,获得可以反映风能资源量的观测数据,为风能资源评估、风能预报和风电场设计等提供基础数据。

风能资源监测是采用地面气象观测站网和风能资源专业观测网的测风资料,通过计算分析,给出风能资源的时空分布。从时间尺度上来讲,风能资源监测可以分为日、月和季的风能资源监测。

(2)风能资源的评估

为了满足风能资源普查、风电发展规划制定和风电场建设的不同需求,风能资源评估主要分几个层面:风能资源普查、区域风能资源评价(或风能资源详查和评价)、风电场风能资源评估。

(3)风能预报与预测

间歇性和不稳定性是风能资源的显著特点,风电场风电功率的波动会增加电网电力调度的难度,对电网安全运行造成冲击,影响风电场的安全高效运行。风能预报与预测对风电企业和电力调度部门的生产计划和电网安全高效运行有着非常重要的意义。就实际应用来看,主要需要开展长期风能预测、短期风电功率预报和临近风电功率预报三种时间尺度的预报预测工作。

8.5.3.2 太阳能资源的评估与开发利用

(1)太阳能资源的测量与监测

太阳能资源的测量主要包括总辐射、直接辐射、散射辐射以及日照的观测。总辐射是太阳能资源测量最基本的项目。总辐射用总辐射表(亦称天空辐射表)测量。太阳能资源监测主要基于我国的地面辐射观测网,观测项目包括总辐射、直接辐射、散射辐射、反射辐射和净辐射。全国(区域)的空间分布包括多年平均的(以及当年的)总辐射年(逐月)总量、日照时数年(逐月)总量(或年(逐月)平均日照百分率)的空间分布等。

(2)太阳能资源评估

太阳能资源评估的实质是计算到达地面的太阳辐射量。这些量包括总辐射、直接辐射和散射辐射。

中国的太阳能资源划分为四级,分别为最丰富带、很丰富带、较丰富带和一般带,其中的一级区划是将年辐射总量作为评判太阳能资源丰富程度的基本指标。

太阳能资源评估方法有以下三种:

直接利用地面辐射观测资料。利用地面辐射观测资料直接分析一个地区的太阳能资源状况是最简单也是最准确的方法。通过一年以上的观测资料分析各辐射量和日照时数(或日照百分率)的年变化和日变化等时间特征以及空间分布特征等(具体见太阳能资源监测部分),即可以有效地反映一个地区的太阳能资源状况。

气候学计算方法。所谓太阳辐射的气候学计算方法指的是通过气候学原理,利用与太阳辐射有关的其他地面气象台站观测的气候要素,间接计算到达地面太阳辐射的方法。这里的太阳辐射包括总辐射、直接辐射和散射辐射。

卫星遥感资料与辐射传输理论的利用。20世纪下半叶以来,随着辐射传输理论的发展和卫星遥感观测技术的逐渐成熟及其观测资料在时空连续性方面的明显优势,越来越多的研究者开始研究利用卫星遥感资料计算地面太阳辐射量的方法。我国在这方面的研究从20世纪

80年代中后期开始,至今已取得较大的进展。其中包括卫星遥感资料的利用、辐射传输理论的利用、卫星遥感资料与辐射传输理论的结合等。

8.6 气候业务的布局和流程

8.6.1 气候业务系统布局

现代气候业务系统由国家级、区域(流域)级、省级和市(县)级四级气象业务单位组成,其中国家级面向国家宏观决策提供科技支撑,是整个现代气候业务系统的核心,起着引领作用。国家级气候业务负责全球和全国各类气候观测数据收集处理与再加工,气候系统模式开发,中国和东亚气候及气候变化监测预测和影响评价产品制作和发布,气象灾害影响评估和气候资源开发利用技术研发;承担国家决策气候服务和气候业务标准规范的编写,承担气候风险管理和气候可行性论证技术支撑;建立气候业务及科研成果转化平台,开展业务模式、技术方法的科研成果的转化应用工作;承担气候业务会商、技术总结的组织等工作。

区域(流域)级负责协调本区域(流域)内的常规气候业务工作,在整个现代气候业务布局中起着纽带作用。主要工作包括:协助国家级业务单位开发区域气候模式,承担国家级预测指导产品的释用和评估反馈;牵头协调开展本区域(流域)物理统计预测方法的研发;协调建立针对本区域气候特点和服务对象的气候评估方法,开展气候服务;牵头拟定本区域(流域)的气候业务规范和标准;负责开展本区域(流域)各类会商。

省级在国家级和区域(流域)级的指导下开展省级气候业务服务工作,在布局中起着骨干作用。主要工作包括:负责对国家级指导产品释用订正和评估反馈,发展有区域特色的气候预测方法;加强对本地区气象灾害的监测和评估,为地方政府提供决策气候服务;发展气候影响评估技术,开展有针对性的气候应用服务;组织开展本省气候资源和气象灾害调查,建立气候区划和气象灾害区划业务;加强气候风险社会管理,开展气候可行性论证业务;组织协调本省各类技术、会商总结并指导下级部门工作。

市(县)级主要在上级指导产品的基础上开展基础资料收集上报和气候服务工作,在布局中起着基础支撑作用。例如,负责结合本地区实际,综合应用上级部门的气候业务指导产品,开展有针对性的气候服务;同时负责本地区气候信息的收集和上级指导产品的评估反馈。

8.6.2 气候业务流程

根据现代气候业务的布局和分工,中国气象局建立了科学合理的现代气候业务服务流程、气候服务与用户协调反馈机制和各级业务单位有机结合的业务技术流程。

8.6.2.1 现代气候业务服务流程

现代气候业务服务流程以应用研究为支撑,基于气候系统资料和气候系统模式,通过CIPAS平台制作监测诊断、预测预警、影响评价、应用服务等产品;通过气候服务平台向政府和各行业用户提供服务,用户将意见反馈至气候信息系统,以进一步改进产品;同时,履行气候风险的社会管理职能。

8.6.2.2 气候会商与指导业务流程

根据现代气候业务布局和分工建立科学合理的气候会商和指导业务流程(图8.13),可以加强上下级业务单位的指导与反馈,提高气候业务产品一致性。

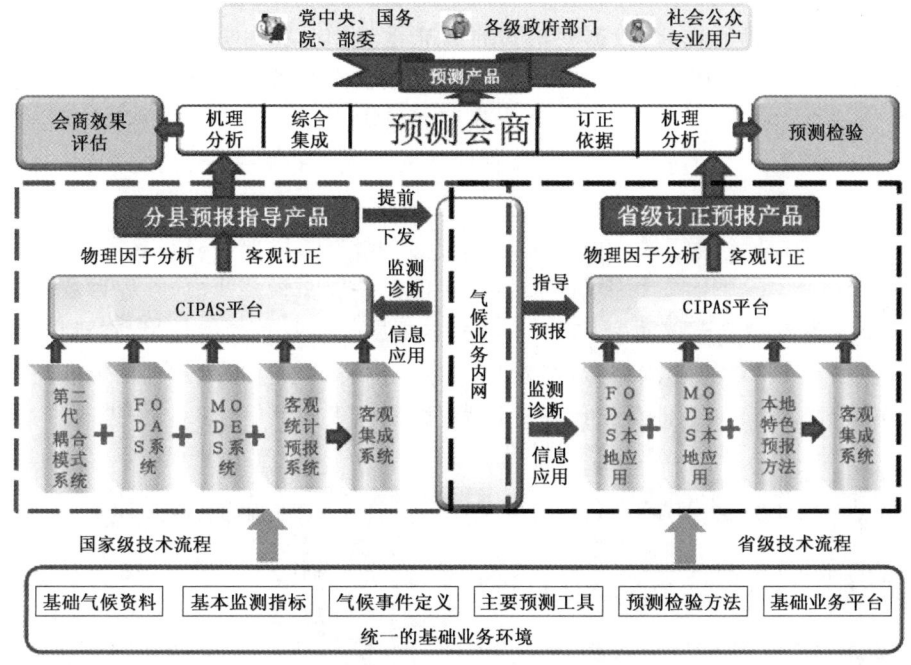

图 8.13 气候会商流程图

国家级负责全国气候业务会商的组织,区域(流域)、省级负责本区域范围内的气候业务会商。重点发挥国家级业务单位在会商中的牵头和带动作用,强化区域(流域)和省级的参与,突出会商的互动性,提高气候业务会商尤其是预测会商的科技含量,明确会商主题,突出重点,提高业务会商的敏感性和主动性,及时开展各类滚动会商和补充会商,建立和农业、水文、海洋、林业等部门的联合会商制度。

建立会商效果评估机制,对重要会商的材料准备、发言效果和总结等进行效果互评,可以不断提高会商质量,同时提高气候业务人员综合能力。

制定气候业务产品的发布和上报流程,结合服务需求,规范气候业务产品制作发布时间,切实体现上级气候业务单位的指导作用。上级气候业务单位下发气候监测、预测和评价指导产品,下级气候业务单位结合本地气候特点和服务需求,制作本地气候业务产品,对上级产品的订正意见进行反馈,并按时上传本地气候业务产品。逐步形成上级指导有效、下级反馈订正及时的业务流程。编制《气候监测业务技术规范》、《气候预测业务技术规范》、《气候评价业务技术规范》和《气候可行性论证技术规范》等气候业务技术指南。

8.6.2.3 国家级现代气候业务系统框架结构

国家级现代气候业务系统如图 8.14 所示,系统由气候资料与数据库、现代气候业务产品加工、现代气候服务以及气候业务平台四大部分组成。气候资料与数据库是整个国家级现代气候业务系统的基础;现代气候业务产品加工部分包括气候监测诊断、气候预测、气候评价以及气候模式等子系统,是国家级现代气候业务系统主体与核心;现代气候服务是针对各类用户及对象的需求,将国家级现代气候业务产品功能进行延伸或衔接,是国家级现代气候业务系统的目标；气候业务平台将开发建设气候信息处理与分析系统(CIPAS)，是集气候资料库的实时更新和气候监测诊断、预测、影响评估以及气候应用服务为一体的国家级综合气候业务平台，实现 CIPAS 的软件设计通用化、数据共享集约标准化、系统结构网络化、交互工具人性化，是国家级现代气候业务系统技术支撑，也是提高现代气候业务系统的规范化与自动化程度的保证。

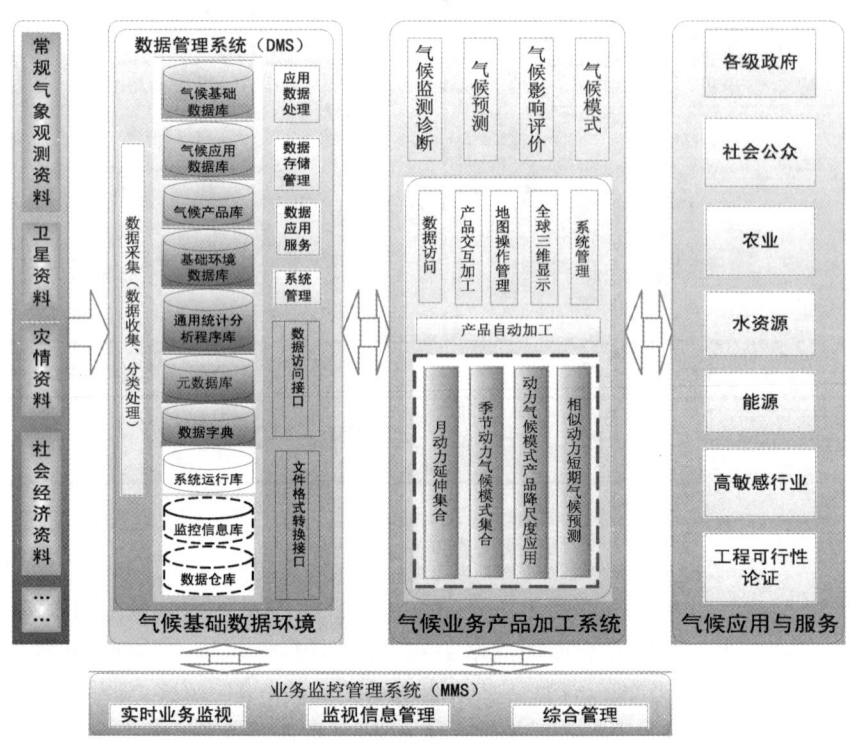

图 8.14　国家级现代气候业务框架示意图

(说明：图中高敏感行业包括对人体健康、生态和环境保护、森林与草原火灾等的影响)

复习思考题

1. 请思考发展中国气候业务的国家需求，简答现代气候业务的主要内容。
2. 请简答我国气候系统观测体系的现状。
3. 请回答国家气候中心气候预测的主要任务以及主要的预测产品。
4. 我国短期气候预测业务经历了哪几个阶段？
5. 什么是气候评价与气候影响评估？现代气候业务面临的重要任务有哪些？
6. 什么是气候监测？气候监测的主要内容有哪些？
7. 什么是气候诊断？常用的气候诊断统计方法都包括哪些？
8. 气候系统监测诊断的意义主要表现在哪四个方面？气候系统监测的内容有哪些？
9. 请简答气候系统监测的产品。
10. 目前我国短期气候预测所用的方法有哪些？物理统计方法所考虑的物理因子主要有哪几个？

第8章 气候基础业务

11. 请简述预测我国冬季温度的思路。
12. 根据我国冬季温度和降水的分布及配置特征，中国冬季的气候类型可分为哪几种？环流形势特点各是什么？
13. 影响中国夏季降水的因子有哪几个？如何影响中国夏季降水？
14. 与中国夏季降水有关的东亚遥相关距平型主要有哪几类？
15. 月时间尺度的大气有什么特征？影响月尺度气候异常预测的主要信号是什么？请简述我国月动力延伸集合预报系统的构成和业务流程。
16. 为什么在利用气候模式作预测时要使用集合预报方法？
17. 请简答我国第一代气候模式系统的主要成员有哪几个？
18. 集合预报的扰动方法可以分成哪三种？
19. 请简单回答气候模式降尺度的概念和主要方法。
20. 请分别叙述短期气候预测的动力与统计相结合预测产品、统计预测产品和动力产品及其制作流程。
21. 什么是气候应用？请简述气候应用的内容。
22. 什么是气候影响评价？它所涵盖的内容都有哪些？
23. 气候影响评价的服务领域和方法都有哪些？气候影响评价业务有哪几种产品？
24. 请思考开展气候可行性论证的意义和必要性，简述气候可行性论证的主要内容。
25. 请简述气候资源开发利用的主要内容。
26. 请分别简述风能和太阳能资源的评估与开发利用的主要内容。
27. 请回答中国气象局气候业务系统的布局和流程。
28. 请简述国家级现代气候业务系统框架结构。

第 9 章　基层气候与气候变化业务

学习要点

本章主要介绍了市(县)级台站主要开展的气候与气候变化业务工作,内容包括气候监测业务、气候咨询服务、农业气象服务、决策服务材料的编写方法。学习要点如下:

(1) 了解市(县)级气象探测环境保护的对策和措施,掌握极端天气气候事件的监测方法,熟练掌握环境现状的评定方法和观测资料的质量控制与订正技术。

(2) 了解市(县)级气候咨询服务的主要内容包括:气候影响评价、气候可行性论证,熟练掌握气候咨询服务的主要技术方法。

(3) 了解市(县)级常规农业气象服务、重要农事活动服务的基本内容,理解两个体系建设的新要求,熟练掌握市(县)级农用天气预报制作方法。

(4) 了解国家级和省级气候业务指导产品的种类和内容,熟练掌握市(县)级气候决策服务材料的编写。

9.1　市(县)级气候监测业务

9.1.1　气象探测环境保护

气候监测业务的基础是气象探测,做好气象探测环境和设施的保护,直接关系到气象探测基本资料的连续性、代表性、准确性、比较性,也关系到气候和气候变化业务服务的科学性和准确性。

近年来,随着城市建设和其他基础建设的迅速发展,气象探测环境和设施普遍受到影响,观测场被迫搬迁现象日益严重,保护探测环境和设施的压力在逐渐加大,如何保护好气象探测环境,处理好气象探测环境与城市建设之间的关系,对确保气象探测环境的长期稳定有着深远的历史意义和现实意义。为切实保护气象探测环境,2004 年中国气象局下发《关于加强气象探测环境保护的通知》,要求进一步优化站网布局,严格依法保护气象探测环境。

9.1.1.1　气象观测台站探测环境的标准

根据气象行业标准《地面气象观测规范》(QX/T 45—2007)的规定,地面气象观测的总体要求是观测记录应具有代表性、准确性和比较性。

所谓的代表性就是指观测记录不仅要反映测点的气象状况,而且要反映测点周围一定范围内的平均气象状况。地面气象观测在选择站址和仪器性能、确定仪器安装位置时,要充分满足记录的代表性要求。根据观测用途不同,代表性要求也不一样,观测记录不仅要具有测站的代表性,还应具备区域的代表性。测站代表性是指空间某定点要素值测量的结果能够反映测站该时刻(或时段)被测要素值的真实状态或实际的变化情况。假设仪器是精确的,测站代表性的程度则主要由被测量值本身所决定。测站代表性表示所测要素值所受地方性条件干扰的程度,如在高大建筑物的附近安装雨量器,由于建筑物的影响所观测到的降水量值偏离了测站应观测到的实际降水量,则认为这样的雨量记录没有代表性。区域代表性是指所测得的某一要素值,能够反映测站周围一定范围内该要素区域平均情况的程度。因此代表的区域平均情况的范围越大,则认为代表性越好。代表性主要与台站所处的地理条件、观测仪器的性能、安装地点和安装方法、所取平均观测时间的长短等有关。

准确性是指观测记录要真实地反映实际气象状况。气象观测的准确性可以用气象观测资料与当时真值的接近程度来衡量,地面气象观测使用的气象观测仪器性能和制定的观测方法要充分满足规定的准确度要求,只要所测得资料能满足实际工作提出的精度要求,且所测得的要素值能反映当时的客观特征,这样的资料就认为是准确的。例如,天气预报所要求的是能反映较大尺度范围各地特征的气象资料,它所需要的气温资料只要有 0.5℃的精度,温度中的过小脉动值在天气分析中并不需要考虑,但是作为气候分析,显然这种精度是达不到要求的,WMO 要求为 ± 0.1℃。

所谓比较性,它有两层含义:一是站与站之间的比较,就是不同测站同一时刻取得的同一要素值能够相互比较,并经过比较能够显示出这个要素空间分布的正确特征;二是同一测站不同时刻的同一要素值也要求能够进行比较,用以说明要素随时间的变化特点。因此,观测的比较性是建立在一致性的基础上的,即要求观测时间、仪器性能、观测方法、数据处理等方面的一致性。

地面气象观测的"三性"是互相联系和互相制约的,代表性是建立在准确性的基础上,没有准确性也就谈不到代表性,然而只有准确性而没有代表性的气象资料是难以利用的。同时比较性也必须以准确性和代表性为前提,因为如果资料既不准确,又无代表性,就没有时空比较的意义。

9.1.1.2 影响台站观测环境的原因

城市建设是影响观测环境的重要因素,随着社会经济的快速发展,城市(镇)化建设发展迅速,很多台站所在位置已由原来的郊区变为城市中心,观测场四周的建筑物逐渐增多,特别是高大建筑物林立,观测环境急剧恶化,对风向风速、日照、降水、地温、太阳辐射等气象要素影响很大,不能较好地反映本地较大范围气象要素特点,观测资料失去了代表性。乡村发展对观测环境也有较大的影响,台站四周单位和农户随意修建房屋、植树,使观测环境受严重破坏。自然条件对观测环境具有一定的影响,个别站因地处高坡、山谷,四周环山影响日照、风等要素观测。另外有些气象台站的土地所属也是影响观测环境的重要因素。

9.1.1.3 环境现状评定方法的介绍

2007 年进行了全国地面气象观测环境调查评估,并将评估结果制作成观测环境状况证书。评分项目及计分方法见表 9.1。

表 9.1 2007 年地面气象观测环境现状评分项目及计分方法表

序号	评分项目	分值	计分方法
1	不符合要求障碍物累计遮挡方位	35	(360－累计遮挡方位)÷360×35
2	障碍物累计遮挡面积	25	(32400－累计遮挡面积)÷32400×25 注:障碍物遮挡面积=障碍物宽度角×障碍物高度角,32400 为天空净空面积
3	铁路路基距观测场围栏直线距离	5	距离>200 m 的,得 5 分 距离≤200 m,距离÷200×4.9
4	公路路基距观测场围栏直线距离	5	距离>30 m 的,得 5 分 距离≤30 m 的,距离÷30×4.9
5	大型水体距观测场围栏直线距离	5	基准站、基本站: 距离>100 m 的,得 5 分 距离≤100 m,距离÷100×4.9 一般站: 距离>50 m 的,得 5 分 距离≤50 m,距离÷50×4.9
6	观测场四周 10 m 范围内高秆植物	2	按东、南、西、北四个方位计算扣分,有一个方位出现高杆植物扣 0.5 分
7	观测场四周 10 m 范围内建筑物	8	按东、南、西、北四个方位计算扣分,有一个方位出现建筑物扣 2 分
8	人为垫高观测场高度	4	未垫高观测场的,得 4 分;否则,得 0 分
9	观测场围栏外 2 m 以内人工护坡	2	按东、南、西、北四个方位计算扣分,有一个方位出现护坡扣 0.5 分
10	干扰源体距观测场围栏直线距离	5	距离>500 m 的,得 5 分 距离≤500 m,距离÷500×4.9
11	日出方向障碍物最大仰角	1	最大仰角≤5°得 1 分;否则,得 0 分
12	日没方向障碍物最大仰角	1	同上
13	遮挡仪器感应面障碍物个数	2	一年中任何时候其阴影投射到日照计、地温表(或传感器)、辐射仪器感应面的障碍物,均统计个数。有 1 个扣 0.5 分,扣完为止
14	观测场是否建在屋顶		观测环境得分按 0 分处理

9.1.1.4 对策和措施

气象探测环境保护工作坚持预防为主,各级气象观测站应做好气象探测环境备案、探测环境保护专项规划、气象探测环境保护日监测、气象探测环境和设施保护月报告,以及防雷行政许可与建设工程避免危害气象探测环境行政许可联动等工作。

气象探测环境备案的内容应包括气象台站的类别、探测任务和项目、探测设施、平面规划图、保护标准、可能影响探测环境的区域及有关法律、法规等相关材料。备案文件必须明确以下内容:

(1)备案台站的类别。按照中国气象局批准的台站类别进行明确,例如:国家基准气候站、国家基本气象站、一般气象站。

（2）备案台站所承担的观测项目。按照所承担的观测项目进行明确，例如：地面气象观测、辐射（含日照）观测、高空气象探测（含 GPS 接收站、风廓线雷达）、农业气象观测、大气成分观测（含大气本底、酸雨）、天气雷达观测、雷电监测、气象卫星接收、气象卫星通信等。

（3）备案台站已建的探测设施。按照已建的探测设施进行明确，例如：地面气象观测场、测风雷达、天气雷达、气象卫星地面站、卫星通信地面站等气象探测和通信传输设备。

（4）备案台站的业务属性。包括担负的地面天气资料和气候资料的交换级别（全国、区域、全球）、高空天气资料和气候资料的交换级别（全国、区域、全球）、地面自动气象站等自动观测设施数据传送的频次（每小时、每分钟）和传送的目的地（省级、国家级等）等资料传送和情报交换任务。

（5）气象台站探测设施的保护项目和保护标准。各级气象部门应当充分利用各种媒体，采取多种形式，通过多种渠道向全社会广泛、深入地宣传《中华人民共和国气象法》和《气象探测环境和设施保护办法》以及有关地方性法规、行政规章，在气象台站的醒目位置设置警示标志、标牌，公告气象探测环境和设施保护的范围和标准。

实行气象探测环境保护日监测制度。将气象探测环境和设施保护监测纳入日常气象观测业务的重要内容，白天的值班记录必须有气象探测环境监测的内容。值班员发现异常情况后应及时报告单位领导，单位领导应及时向规划建设主管部门查明情况。

各级气象主管机构对气象探测环境保护范围内的在建工程应确定专人跟踪监督，不论建设项目是否通过气象、规划建设主管部门批准，均应对建设单位提出建筑物建设限制要求。监督人员应主动向建设单位宣传告知气象探测环境保护法规，防止和制止其超出保护标准。

对已经发生和可能发生的危害气象探测环境的事件，应及时、逐级报告上级气象主管机构；对防范或查处中的具体问题，要及时、逐级、对口请示上级管理部门。上级气象主管机构或管理部门要及时给予书面或口头答复（其中口头答复的必须做好答复记录），视情况采取现场督办指导、与当地政府有关部门协商、请求本级人民政府或人大干预等措施。

实行气象探测环境和设施保护月报告制度。无论台站气象探测环境是否有变化，每月必须向上级气象部门上报月报告。月报告内容为：与上月相比，气象探测环境变动（包括变好或变坏）、出现可能影响探测环境的其他源体（包括源体与观测场围栏距离变化）或建（构）筑物开始规划、进入建设准备阶段等现象和相关处理情况。

建立防雷行政许可与建设工程避免危害气象探测环境行政许可联动机制。气象探测环境保护范围内的建设工程未通过避免危害气象探测环境审批的，不得核准防雷装置设计；对已经危害气象探测环境的建设工程，一律不得办理防雷装置竣工验收手续。

依法查处危害气象探测环境的行为。针对以下不同情况、不同情节采取相应的执法方式：

（1）对事先未征得具有行政审批权限的气象主管机构审核同意，也未取得规划建设主管部门行政许可，并可能危害气象探测环境的建设工程，应联合当地规划建设主管部门启动行政执法程序或单独启动气象行政执法程序，对违反《中华人民共和国气象法》有关规定的建设单位下达《责令停止违法行为通知书》。同时采取行政函告或律师函告方式，指出建设单位的违法事实，敦促建设单位办理相关行政许可手续。

（2）对已通过规划建设主管部门批准并可能危害气象探测环境的建设工程，应书面要求规划建设主管部门承担责任并予以纠正；规划建设主管部门不予配合时，应书面报告当地人民政府、人大,指出规划建设行政许可的错误,请求支持;支持不力时,应对建设单位启动气象行政执法程序,对违反《中华人民共和国气象法》有关规定的建设单位下达《责令停止违法行为通知书》;同时采取行政函告或律师函告方式,指出建设单位的违法事实,要求建设单位办理相关行政许可手续。

(3)对已造成危害气象探测环境事实的建设工程,要及时聘请具有测绘资质的测绘机构进行现场测量,书面通知建设单位同时到场测量相关数据。根据测量数据和气象探测环境保护标准,及时启动气象行政处罚程序,并提前与法院沟通;在建设单位收到《行政处罚告知书》后3日内未提出听证要求的,及时下达《行政处罚决定书》;在规定的时间内未提出行政复议和行政诉讼申请的,及时申请法院强制执行。同时,书面报告当地人民政府、人大,加大政府干预和人大监督力度。

(4)做好行政复议和行政应诉准备。在下达《行政处罚决定书》前,应做好搜集证据、严格执法程序、分析案情、法律咨询等工作。在下达《行政处罚决定书》后至收到行政复议或行政应诉通知书前,应整理好执法文书,充分做好行政复议和行政应诉准备。

9.1.2 市(县)级气候观测业务

按承担的观测任务和作用分为国家基准气候站、国家基本气象站、国家一般气象站和区域气象观测站四大类。各类气象站均须观测的项目有云、能见度、天气现象、气压、空气的温度和湿度、风向和风速、降水、日照、蒸发、地面温度(含草温)、雪深;国家站一般还应观测浅层和深层地温、冻土、电线积冰、辐射、地面状态。

承担气象辐射观测任务的站,按观测项目和作用分为基准辐射站、一级站、二级站和三级站。按照规定可观测总辐射、散射辐射、太阳直接辐射、反射辐射和净全辐射观测,以及紫外辐射、大气长波辐射和地面长波辐射等。

9.1.3 气象观测资料质量控制与订正业务

气象资料可以提供大量关于大气环境的信息,这些大气环境几乎和人类活动的所有方面息息相关。例如:在城市、乡镇规划建设时,需要计算该地区灾害发生的历史规律,特别是灾害的重现期;在相对寒冷地区采暖时期的规划,需要该地区的无霜期气候状况。一般在进行类似的规划和其他关系到国计民生的管理工作中的长期气候分析时,所使用的气候数据必须尽可能的连续和均一,均一化的气候序列定义为仅包含由气候本身的变化所导致的那些变化信息的气候时间序列。

气象台站观测的地面气候资料是气候变化研究的重要基础,气候资料的均一性检验和订正对于提高气候资料的质量和可信度具有实用意义和价值。长序列的气候资料是气候变化研究的基础,但由于缺乏均一性检验技术研究,直至今日我国还没有建立具有权威性的基本要素数据集。国外许多气候学家已做了大量的工作并取得了十分重要的进展,有的成果甚至已经在气候资料管理部门的业务工作中应用,这是值得我们借鉴参考的。近年来我国不少专家也开始注重这方面的研究,但是这些工作仍然只能停留于一些方法的研究和探讨阶段与科研工作中,对于气候资料的要求还具有很大的差距。因此在下面主要介绍均一性检验以及订正方法,以便为基层台站业务提供帮助。

9.1.3.1 基本气候资料统计分析

在介绍气候资料统计分析之前,首先了解元数据的概念。所谓元数据即"数据的数据",或者叫做描述数据的数据,或者叫信息的信息。可以把元数据理解成最小的数据单位。元数据可以为数据说明其元素或属性(名称、大小、类型等),或其结构(长度、字段、数据列),或其相关数据(位于何处、如何联系、拥有者)。对于气象数据,必须有好的元数据来保证最终的数据用户对于记录、收集和传输这些数据的状况充分了解,以便从这些数据的分析中能得到准确结论。在进行气候及相关问题的评价时更需要高质量的均一性数据集。

气候资料均一性研究中最为重要的是时间序列分析方法。因此在了解气候资料均一化研究处理方法之前,必须了解和掌握相当的数据处理统计技术基础。

(1)气候要素序列趋势及显著性水平检验技术

线性趋势估计方法 线性趋势估计方法是用来分析气候序列长期变化特点的基本方法。用 x_i 表示样本量为 n 的某一气候变量,用 t_i 表示 x_i 所对应的时间,建立属 x_i 与 t_i 之间的一元线性回归 $\hat{x}_i = a + bt_i (i=1,2,\cdots,n)$,它的含意是用一条合理的直线表示 x_i 与其时间 t_i 之间的关系。式中 a 为回归常数,b 为回归系数。a 和 b 可以用最小二乘法进行估计。回归系数 b 的符号表示气候变量 x 的趋势倾向。$b>0$,表明随时间 t 的增加 x 呈上升趋势;反之,$b<0$,则表示下降趋势。b 值的大小反映了上升或下降的速率,即上升或下降的倾向程度。

应用实例:应用线性倾向估计分析华北地区 1951—2010 年冬季气温的变化趋势。这里 $n=60$,x 为冬季平均气温,t 为 x 对应的年份,利用回归方程计算出 $b=0.041$,$a=-8.465$。求出回归方程,并绘制出线性趋势图(图 9.1)。计算结果表明,从长期变化特点上看,华北地区冬季气温呈上升趋势,为 0.41 ℃/10a。

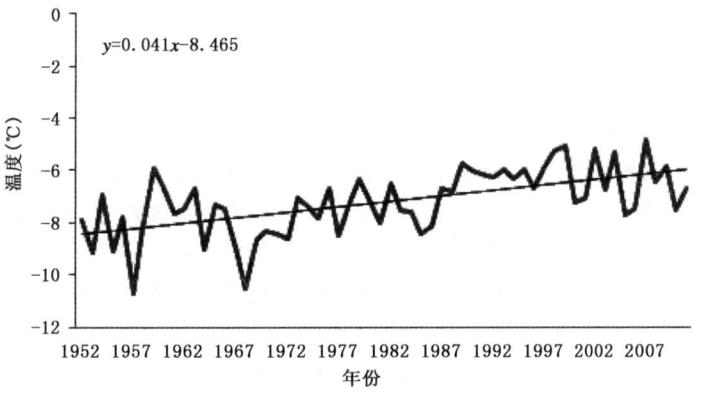

图 9.1 华北地区冬季气温变化趋势
(曲线为气温,直线为回归直线)

滑动平均 滑动平均是趋势拟合技术最基础的方法,它相当于低通滤波器。用确定时间序列的平滑值来显示变化趋势。对样本量为 n 的序列 x,其滑动平均序列表示为:

$$\hat{x}_j = \frac{1}{k}\sum_{i=1}^{k} x_{i+j-1} \quad (j=1,2,\cdots,n-k+1)$$

式中,k 为滑动长度。作为一种规则,k 最好取奇数,以便平均值可以加到时间序列中项的时间坐标上;若 k 取偶数,可以对滑动平均后的新序列取每两项的平均值,以使滑动平均对准中间排列。可以证明,经过滑动平均后,序列中短于滑动长度的周期大大削弱,显现出变化趋势。滑动平均方法的优点是简便直观,可以反映序列的分段变化趋势。

应用实例:华北地区1952—2011年冬季气温的9年滑动平均,样本量为60,滑动平均后得到60－9+1=52个平滑值。图9.2中虚线为滑动平均曲线。从图中可以看出20世纪60年代初期到70年代中期为明显的气温偏低时段,2000年之后华北地区又处于相对低温时段,而在其他时段华北地区冬季基本处于气温偏高时期。

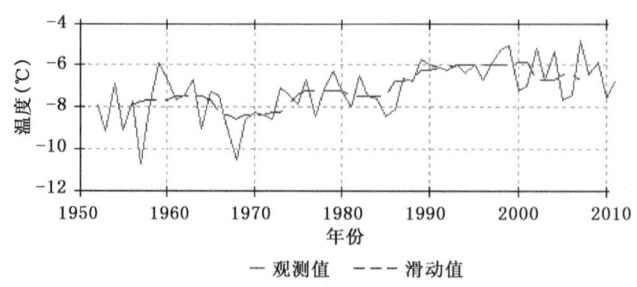

图9.2 华北地区冬季气温变化趋势(虚线为滑动平均曲线)

累计距平 累积距平也是一种常用的、由曲线直观判断变化趋势的方法。累计距平曲线呈上升趋势,表示距平值为正,呈下降趋势则表示距平值为负。从曲线明显的上下起伏,可以判断其长期显著的演变趋势及持续性变化,甚至还可以诊断出发生突变的大致时间。从曲线小的波动变化可以考察其短期的距平值变化。

除了前面介绍的趋势分析方法之外,还有多项式趋势拟合(多点高次平滑、三次样条函数等)、Mann-Kendall非参数统计检验方法等。

(2)气候序列突变信号及显著性判定技术

所有变量的变化方式不外乎两种基本形式:一种是连续性变化,另一种是不连续的飞跃。不连续变化现象的特点是突发性,所以人们称不连续现象为"突变"。

从统计学的角度,可以把突变现象定义为从一个统计特性到另一个统计特性的急剧变化,即从考察统计特征量的变化来定义突变。例如:考察均值、方差状态的急剧变化。目前,突变统计分析还相当不成熟。人们利用统计检验、最小二乘法、概率论等发展了一些行之有效的检验方法,主要检验均值和方差有无突然漂移、回归系数有无突然改变及事件的概率有无突然变化等方面。这里仅介绍几种在检测气候突变现象中最常用的方法。

滑动 t 检验 滑动 t 检验是考察两组样本平均值的差异是否显著来检验突变。其基本思想是把一气候序列中两段子序列均值有无显著差异看为来自两个总体均值有无显著差异的问题来检验。如果两段子序列的均值差异超过了一定的显著性水平,可以认为均值发生了质变,有突变发生。对于具有 n 个样本量的时间序列 x,人为设置某一时刻为基准点,基准点前后两段子序列的样本分别为 n_1 和 n_2,两段子序列平均值分别为 $\bar{x}_1$ 和 $\bar{x}_2$,方差分别为 s_1^2 和 s_2^2。定义统计量:

$$t = \frac{\bar{x}_1 - \bar{x}_2}{S \cdot \sqrt{\frac{1}{n_1} + \frac{1}{n_2}}}$$

式中,$S = \sqrt{(n_1 s_1^2 + n_2 s_2^2)/(n_1 + n_2 - 2)}$,遵从自由度 $v = n_1 + n_2 - 2$ 的 t 分布。这一方法的缺点

是子序列时段的选择带有人为性。为避免任意选择子序列长度造成突变点的漂移,具体使用这一方法时,可以反复变动子序列长度进行试验比较,以提高计算结果的可靠性。

根据 t 统计量曲线上的点是否超过 t_a 值来判断序列是否出现过突变,如果出现过突变,确定出大致的时间。另外,根据诊断出的突变点分析突变前后序列的变化趋势。

应用实例:用滑动 t 检验检测 1951—2011 年华北冬季平均气温的突变。这里 $n=60$,两子序列长度 $n_1=n_2=10$。给定显著性水平 $α=0.01$,按 t 分布自由度 $v=n_1+n_2-2=18$,$t_{0.01}=±3.2$,绘出图 9.3。从图 9.3 中看出,自 1961 年以来,t 统计量仅有一处超过 0.01 显著性水平,在 1986 年附近。说明华北地区冬季气温在近 60 年来出现过一次明显的突变。20 世纪 80 年代中期为气温明显的增暖年,并达到显著性水平。

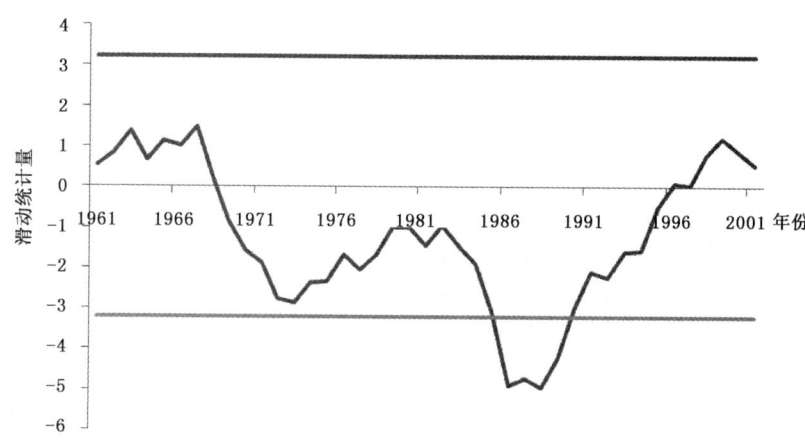

图 9.3 华北地区冬季气温滑动 t 统计量变化曲线

(直线为 $α=0.01$ 显著性水平临界值)

曼－肯德尔(Mann-Kendall 方法) Mann-Kendall 方法是一种非参数统计检验方法,亦称无分布检验方法,其优点是不需要样本遵从一定的分布,也不受少数异常值的干扰,计算简单。该方法重点是形成两条曲线 UF_k 和 UB_k,若 UF_k 的值大于零,则表明序列呈上升趋势,小于零则表明序列呈下降趋势。当它们超过临界值时,表明上升或下降趋势显著。超过临界值的范围确定为出现突变的时间区域。如果 UF_k 和 UB_k 的两条曲线出现交点,且交点在临界线之间,那么交点对应的时刻便是突变开始的时间。

应用实例:用 Mann-Kendall 方法检测 1951—2011 年华北地区冬季气温是否突变,给定显著性水平 $α=0.05$,即 $u_{0.05}=±1.96$。结果绘成图 9.4。由图中 UF 曲线可见,华北地区冬季气温 20 世纪 70 年代开始处于上升趋势,1989 年之后上升趋势超过 0.05 临界线,表明华北地区冬季平均气温上升趋势是非常显著的。根据 UF 和 UB 曲线交点的位置,确定华北冬季气温 20 世纪 80 年代的增暖是一突变现象,具体是从 1983 年开始的。

9.1.3.2 气候资料插补延长技术方法

一般气象台站在开展长期天气预报和气候分析工作中,往往需要本地区较长时期的资料。但我国大多数测站的建站时间比较迟,不少测站的记录还有中断,这就提出了一个怎样根据台站测站较长时期的资料来对本站资料进行延伸和插补的问题。

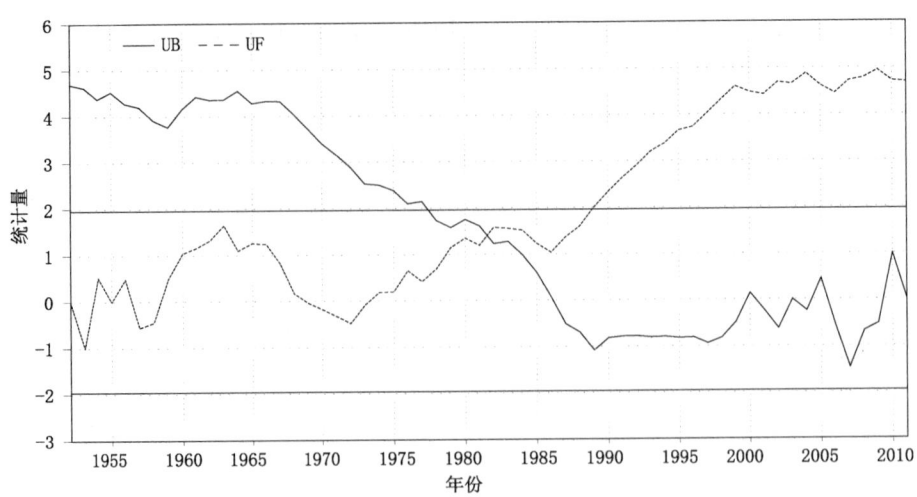

图 9.4 华北地区冬季气温滑动 Mann—Kendall 统计曲线
(直线为 $\alpha=0.05$ 显著性水平临界值)

天气变化均是由大气环流的变化造成的,在相同的环流形势控制下,天气表现是一致的,因而某些气象要素表现出明显的区域性一致的特征。对于较长时期的平均值,如月平均、年平均以及累年平均值等说来,更是如此。尽管由于种种原因,本站气象要素的年际变化可以比较大,或由于气候变迁,本地区前后两段时间气象要素的准平均值有明显的差别,但相距不远的两个测站,同种气象要素的差别和对比却可以保持相对稳定。例如:从 1981 年到 2010 年的 30 年中,北京和天津年平均温度变化的振幅分别为 3.0℃ 和 4.0℃,逐年平均温度在 ±0.3℃ 之内的各有 15 年和 14 年,占 50%。而这两个站年平均温度的差值变化却较小,振幅仅为 0.4℃,还不到本站年温度振幅的一半。其中两站的温差在 −0.2℃ 至 −0.5℃ 之间的就有 22 年,占 73%。这就是为什么可以用其他测站的资料来延伸和插补本站资料的依据。

表 9.2 北京与天津的各月平均温差(1981—2010 年,单位:℃)

月份	1	2	3	4	5	6
北京—天津	0.7	0.6	0.8	0.6	0.7	0.5
月份	7	8	9	10	11	12
北京—天津	0.1	−0.2	−0.3	−0.2	0	0.3

关于对本站资料的延伸和插补有两类问题。一类是在进行气候分析时,对于具有不同资料年份的测站进行延伸和插补,求得在统一的基本时期内的累年平均值,以便比较。这实际上是对用不同长度的实测资料所计算的累年平均值进行订正的问题。另一类是根据有较长时间观测的基本站资料,将本站的历年值延伸和对缺测资料进行插补的问题。一般来说,这两种问题都可以使用类似的方法。由于累年平均值比较稳定,订正的可靠性要大一些,而历年值的延伸和插补的精度要小一些。要找出本站与基本站之间能保持相对稳定的某种关系。这种关系对不同的气象要素说来是不相同的。例如:对于气温说来,两站的温度差往往比温度本身的变化小得多,所以就可以简单地把温度差作为常数的办法来进行订正,即所谓的差值法。两站的平均温差明显地与季节有关。如从北京与天津各个月份 1981—2010 年的平均差值发现,春夏

为正,秋、冬为负,差别还是很明显的。如以北京为基本站,用以订正、延伸和插补天津的资料,则将差值加到相应月份北京的温度值上即可。当两个测站地理环境差别较大时,逐年的温度振动虽有很好的一致性,但未必严格平行,即差值不能近似地视为常数。这时,可用建立回归方程的方法来进行延伸和插补。

并不是两个测站之间的各种气象要素的差值都可以认为是趋于常数的。例如,两站之间降水量的差值就没有保守性,但它们的比值却可以近似地认为近于稳定。表9.3列出1981—2010年北京与天津年雨量的比值,可以看到,大部分的年份,这个比值保持在0.7~1.2,虽然不算很稳定,但还基本可用。

表 9.3 北京与天津年降雨量的比值(1981—2010 年)

年份	比值	年份	比值
1981	0.78	1996	1.27
1982	1.12	1997	1.20
1983	1.08	1997	1.14
1984	0.74	1999	0.75
1985	1.06	2000	0.84
1986	1.21	2001	0.73
1987	0.90	2002	1.06
1988	0.94	2003	0.71
1989	1.17	2004	0.82
1990	1.04	2005	0.80
1991	1.29	2006	0.76
1992	1.26	2007	0.90
1993	1.31	2008	0.96
1994	1.29	2009	0.80
1995	0.78	2010	1.16

这样,我们可以利用比值保持不变的关系来对降水量资料进行延伸和插补,这种方法称为比值法。显然,两站之间的距离愈大,它们之间的联系就愈弱,用一个站的资料来订正、延伸和插补另一个站资料的可靠性就愈小。

对于平稳时间序列,预报的阶数不应超过主要波长的半周期。否则,外推的结果就不可靠。对于用基本站延伸本站资料,有没有时间限制呢?其实这是两个完全不同的问题。前者指的是一个时间序列本身在平稳的假定下进行外推预报的问题,其要求为预报的阶数不应超过主要波长的半周期,而不是对外延序列长度的一种限制。只是实际上为了使计算比较可靠,一般外延的长度应大大小于序列本身的长度。后者是在两个序列某种相互关系保持稳定的情况下,用基本站的序列来延伸或插补本站资料的问题。因此,只要这种关系(等差、等比或回归系数)保持稳定,从道理上来说,对本站资料的延伸或插补应该是没有时间长度限制的。只是实际上这种稳定性并不是很好,特别是在本站序列比较短的情况下更是如此,因而对历年值的延伸和插补的精度较差,一般不应作太长时期的延伸和插补。

9.1.3.3 气候资料均一性检验及订正技术方法

(1)均一性检验的直接方法

元数据(Metadata)的应用。在所有的均一性技术中最常用的信息来自于台站历史元数据文件。台站迁移、仪器变更、仪器故障、新的计算平均公式、台站周围的环境变化(如建筑和植被情况)、新的观测者、观测次数变化以及仪器变化中仪器比较研究等都是评估均一性的相关信息。这些元数据可以在台站纪录、气象年册、原始观测表、台站检查报告及通信以及不同的技术手册中找到。元数据包含的特殊信息和观测数据是非常相关的,并且可以提供给研究者关于不均一发生的精确时间以及造成不均一的原因。

仪器的平行比较及统计研究。根据各国的实际情况,仪器类型改变时常采用不同仪器的平行比较观测。理想状况是在每一个台站均作这样的比较,以便新旧仪器之间有交替的时间序列,但实际上通常是只在有限数量的台站作比较(Firland et al. 1996)。例如:挪威全国有20个台站对有、无遮挡的雨量器的差异作了比较。平行观测比较必须持续至少一整年,这是为了评估不同仪器之间季节变率的差异,有些比较甚至延续了几十年。例如,在 Stevenson 百叶箱里以 Glaisher 标准的温度测量仪器就用了60年以上(Nicholls et al. 1996)。在我国,仪器的平行比较观测已经在仪器更替和换型工作中应用,并已取得一定的效果。

(2)均一性检验的间接方法

利用单站资料。台站资料适用于大部分均一性检验技术,但必须是与元数据或与相邻台站联系在一起。仅利用单个台站的资料是有问题的,因为检测到的变化(或无变化)可能是由于实际气候变化造成。然而,有一些独立的台站周围并没有足够的台站,这样就必须要求单个台站的资料更可靠。另外,当元数据不精确时,还必须用台站资料来确定变化时间,当尽可能多的要素都可取得时则最好(如气压的变化常常比降水资料更好地确定出迁移时间)。Zurbenko 等(1996)将一个滤波器应用于单个台站资料来确定不连续时间,这个过程是迭代的,它可以平滑掉时间序列的噪声而保留作为明显的断点的不连续性;Rhoades 和 Salinger(1993)也提出了一些统计程序均一化单个台站的资料。虽然对不连续点的调整必须要求更加主观,但很多的图形和分析技巧对于均一性调整也是有帮助的,如图形分析、利用在平均间隔上的年及年内差异的简单统计检验,以及由元数据检验出的不连续的时间序列判断最明显的变化断点的验证程序,这些程序为均一性研究提供了调整的原则。

构造参照序列。台站的时间序列的变化可能显示不均一性,但也可能仅显示局地气候的一个突变。为了把这两者分离,许多检验技术应用了邻近台站的资料作为局地气候的显示器。把任何显著不同于局地气候讯号的假定认为是不连续。在均一性检验工作中,直接利用邻近台站的资料或利用台站资料发展一个参考序列在许多方法中得到应用。建立参考台站的时间序列的方法是非常重要的,并且需要对站网和调整方法有充分了解,这主要是因为通常情况下我们不能提前估计台站序列的均一性对于参考序列的作用。在一些情况下,可以利用元数据来判断哪些邻近台站在特定时段内是均一的。Potter 建立了一个19站的站网参考序列,对观测时间相同的其他18个站的平均作为每一个待检台站的参考序列。在经过均一性检验,去除那些含有非均一性的台站后,用相同的方法重新建立了一个新的参考序列。

利用含有未知的非均一性的序列建立一个完全均一的参考序列是不可能的,但采用一些技术可以减小参考序列中潜在的不均一性。首先是找寻相关性最好的邻近台站,对第一差分序列作相关分析。比如,温度表的改变将只改变第一差分序列中的当年值,而对于原始数据,这样的变化将改变所有后面的年份的值。第二建立第一差分参考序列的最小化技术是计算不包括待检年份数据的相关系数。这样,如果某一年待检序列的第一差分值如果因为不连续而异常的话,当年的第一差分参考序列值的确定将完全不受该不连续点的影响。在建立每年的第一差分值时,采取一种多元随机块置换检验(MRBP),通过利用周围 5 个最高相关的台站的途径,有足够的资料准确地模拟待检序列,以至于由于随机性导致的相似性的可能性小于 0.01;另一个减小参考序列的非均一性方法——Peterson 和 Easterling 技术,利用了 5 个最高相关中心的 3 个值来构造第一个差分序列的资料点。当然别的一些技术,比如 PCA,也可以产生非常好的参考序列。当邻近台站资料有许多均一性调整途径时,当那些资料都不够好的时候,就要进行多次调整。

①主观方法

主观调整在众多的调整方法中是一个很重要的工具,因为它可以解决很多不能用程序实现的因子权重的问题。例如,当看到一个图形输出揭示一个台站时间序列、一个邻近台站的序列和一个差异序列(待检一邻近)时,主观的均一性评估就取决于台站序列之间的相关、通过序列方差比较体现的明显不连续的幅度、邻近台站的资料质量、其他相关的信息以及可得到的元数据的可信度等。主观调整在台站资料的内部检查和当某种因素(比如元数据)的可信度变化时尤其有用。流量对照分析可以作为一个对主观评价的补充。一个流量对照曲线图画出了一个邻近台站的累计和与待检台站的累计和的对照。许多流量分析图都是粗略地为直线,所以一个新的倾斜度突然变化则表示不连续,缺点是它不能认定是因为待检序列还是邻近台站的序列发生不连续。为了解决这个问题,Rhoades 和 Salinger 同时画出了邻近一些台站的平行累计和(CUSUM)曲线。

②客观方法

所谓客观方法就是采取一定的数学方法使得序列中不连续点在统计上体现出来。目前国外经常采用的一些检验方法:第一步为滤波,这样去除系统的气候可变性和变化;第二步是应用一些随机性检验来通过或拒绝它的随机性或趋势的存在与否;最近还提出了一些更复杂的方法,主要是针对多个断点的检验,这些检验方法主要是基于最大似然原理。下面是国外许多研究者发展(大致按提出的时间先后)的一系列具体的研究气候序列均一性的方法:

a. Craddock 检验。由 Craddock 发展,虽然有时足够长均一的子段是充分的,这个检验仍需要一个均一的参考序列。

b. t 检验。通常的 Student t 检验也被用于检验均一性。例如,这种检验方法已经被挪威气象研究所(DNMI)用于温度时间序列,该序列中元数据已经显示一个主要变化的时间。

c. Potter 方法。Potter 方法是对原假设——整个序列具有相同的双变量正态分布和可变假设——检验年份之前、后具有不同的分布之间的最大似然比率的显著性检验,这种双变量检验和流量对照曲线分析非常相似。

d. SNHT 方法。SNHT 方法不仅可以检验不止一个断点的情况以及除了跳点以外对趋势的均一性检验,还包括了方差的变化情况。同 Potter 方法一样,SNTH 方法也是一种最大似然检验方法。这个检验是针对待检序列和参考序列的比率或差值序列的。

e. 二位相回归(TPR)。Solow 描述了一种通过在一个二位相回归中确定变点来检验时间序列的趋势变化的技术,被检验的年前、后的回归线强迫在该点会合。因为仪器变化可能导致跳跃点,Easterling 和 Peterson 发展了这一技术,之后称为 E-P 技术,使得回归线不强迫在该点会合,而在被检验年份的前后的差异序列(待检－参考)都用线性回归来拟合。

f. 序列均一性的多元分析(MASH)。该方法由匈牙利气象局的 Szentimrey 发展的,它也没有假定参考序列是均一的,可能的断点或转折点可能被检测出来,然后通过相同气候区域相互的比较进行调整。

g. 多元线性回归。在加拿大由 Vincent 发展了一个基于多元线性回归的新方法来检验温度序列中的跳跃和趋势。这个技术是基于应用一个回归模型来确定被检验的序列是否均一、有一个趋势、一个单独的跳跃或(在跳跃点前和/或后)趋势。

(3) 具体案例分析

在华北地区气候变化评估报告中对华北地区气温进行均一化处理,并形成均一化数据集。

元数据。收集了唐山站元数据信息,主要包括站点基本信息、迁站、气温观测仪器变更等。

均一性检验的方法。通过比较多种方法对模拟数据的检验结果,选择了 SNHT 和二位相回归(TPR)两种方法来进行实际的检验任务。这两种方法单次只能检测一个间断点,通过分段递归检验,可以一次检测出多个间断点。

逐日气温序列检验。逐日资料序列由于具有较强的随机性和周期性,如果应用上述方法直接进行检验,结果误差较大,会在月初和月末造成人为的不连续,而且由于序列长度较长,检验时须分段进行。

首先对 1—12 月序列进行检验,如果使用两种检验方法对一个参考序列－待检序列对进行检验,得到 $12 \times 2 \times 1 = 24$ 组检验结果,如果某年被检测出 5 次(20%),可认为是间断点。

将单个序列划分成 12 个子序列,分别进行检验,检验结果避免了统计方法对单一序列检验的随机误差。检测 12 次比检测 1 次可靠。

均一性订正

采用四种参考序列构造方案,分别是:

①距离待检站 100 km 范围内,海拔高度相差 50 m 以内,相关系数达到 0.7 以上的 5 个测站作为参考站;

②距离待检站 100 km 范围内,海拔高度相差 50 m 以内,相关系数达到 0.7 以上,不包含在①内的 5 个测站作为参考站;

③不限距离,不限海拔,相关系数达到 0.7,不包含在①②内的 5 个测站作为参考站;

④不限距离,不限海拔,相关系数达到 0.7,不包含在①②③内的 5 个测站作为参考站。

采用了两种检验方法,分别是:

①SNHT 方法,显著性水平取 0.01;

②TPR 方法,显著性水平取 0.05。

订正方法采用均值差值订正法。

以唐山站(54534)的检验情况为例,可以看出日最低气温序列检测出三个比较明显的间断点(图 9.5),分别在 1965 年前后、1982 年和 1996 年。查找元数据发现该站 1963 年 11 月 1 日发生过迁站,距离原址 5 km,1982 年 1 月 1 日再次变更站址,距离原址 3.7 km,据此确定 1964 年和 1982 年为两个间断点。1996 年未在元数据中找到迁站、仪器变更等相关的原因,但从检验结果来看,1996 年前后不均一的现象非常明显,因此,也确定为间断点。

图 9.6 给出了唐山站年平均最低气温序列中 1964 年、1982 年、1996 年三个间断点进行了订正前后的比较。可以看出,原序列中 1982 年前后序列由之前的上升趋势突然转为明显的下

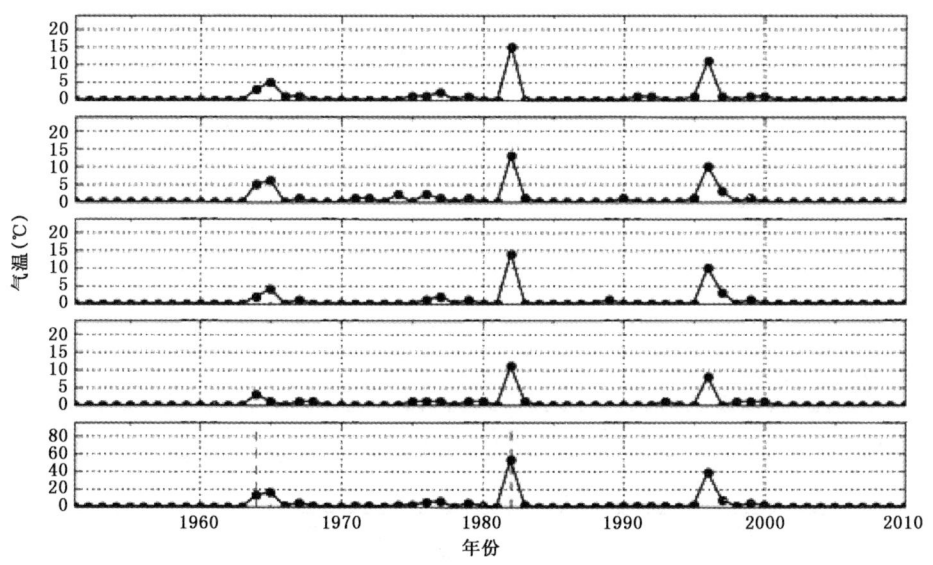

图 9.5 唐山站(54534)日最低气温序列检验结果

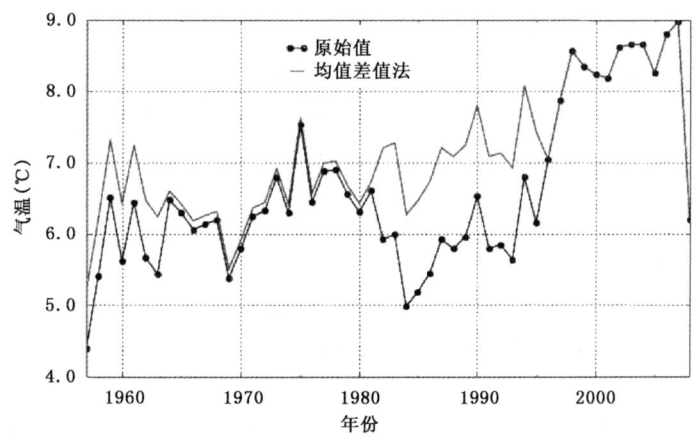

图 9.6 唐山站年平均最低气温订正前后比较

降趋势,1996年前后表现出了突然的大幅升温现象。这种特征与周围参考测站明显不同。修正后的曲线更为合理。

我们对订正后的逐日气温序列应用相同方案进行了均一性检验。检验结果表明,订正后的气温序列是均一的。图9.5和图9.7分别是唐山站订正前后的最低气温序列的检验情况,二者的差别非常明显。

9.1.4 极端天气气候事件监测

极端气候事件所造成的经济损失在过去40年平均上升了近10倍。我国极端气候事件发生的情况如何？每年究竟发生多少极端气候事件？这是各级领导和有关部门十分急需了解和关心的问题。基层台站主要工作就是进行极端天气气候事件的监测和评估。

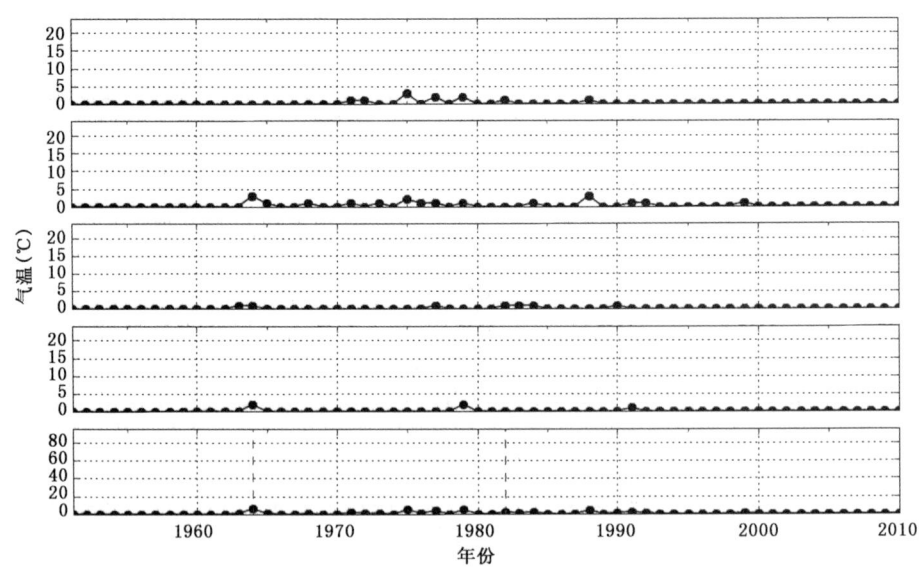

图 9.7 订正后的唐山日最低气温序列检验情况

9.1.4.1 极端天气气候事件监测对象

极端天气气候事件监测业务工作主要对象包括气温、降水等不同气象要素的极端性以及高影响灾害性天气气候事件,如高温、干旱、低温、暴雨洪涝等。目前我国极端天气气候事件监测业务使用的资料来源于历史和实时逐日平均气温、日最高气温、日最低气温、日降水量观测数据。

9.1.4.2 极端事件阈值的计算

历史极值:台站自建站以来监测到的极大(或极小)值。

极端事件标准:采用排位法计算,对指标历史序列从小到大进行排位,定义序列第95百分位值为极端多事件,第5百分位值为极端少事件;具体做法:取气候标准期(目前为1971—2000年,以后根据 WMO 规定替换)内每年某一指标(如日降水量)的极值和次值,得到一个包含60个样本的序列。对序列从小到大进行排序,第3个值为发生偏少(小)极端事件阈值,小于该值阈值的事件为极端偏少(小)事件;第58个值为偏多(大)极端事件阈值,大于该值阈值的事件为极端偏多(大)事件。如果该事件在气候标准期内有较多的缺测或没有出现,该站点就不参加计算。

极端事件强度:用广义极值分布模型(GEV)拟合各指标序列的概率分布函数,统计概率事件的重现期,即多年一遇标准。

9.1.4.3 指标分析方法

绝对阈值法:即选择某一气象要素的绝对值大于等于或者小于等于某一特定值的方法,如高温(日最高气温≥35℃)、暴雨(日降水量≥50 mm)。

百分位法:把一组按大小排序的数据分为100等分后,选取某个长期序列的固定百分位值(通常取第95或5个百分位数等)作为阈值,超过这个阈值的值被认为是极端值,该事件被认为是极端事件。当观测数据很多时,百分位数的数值相当稳定,即使是两端的百分位数也比较稳定。

历史排位法：即根据监测值的历史变化序列进行排序，挑选出当年值在序列中所处的位置，如 1951 年以来历史同期最高、1951 年以来次高等。

重现期：指某一现象重复出现的频率，在国家极端天气气候监测中一般采用广义极值分布（GEV）模型来计算。

9.1.4.4 监测指标体系

极端天气气候事件监测业务使用的指标主要包括以下几种类型：阈值指标（包括极值、绝对阈值和相对阈值指标）、重现期指标等。

阈值指标：极值即挑选某个长期序列的极端最大、最小值及其出现的日期和时间。绝对阈值指标一般按照国家标准、行业标准、现行观测规范或经验，定义某一要素大于或小于特定阈值的日数或量值为特定指标。例如，高温日数为日最高气温≥35℃的天数。相对阈值指标采用百分位阈值，即选取某个长期序列的固定百分位值（第 95 或 5 个百分位数）作为阈值，超过这个阈值的值被认为是极端值，该事件被认为是极端事件，如日最高气温超过第 95 个百分位数的暖昼、日最低气温小于第 5 个百分位数的冷夜。

重现期指标：重现期指标是从气候概率分布来看小于某概率的气候事件，一般统计 20 年一遇、50 年一遇、100 年一遇的小概率事件。

高影响灾害性天气气候事件指标：对于高影响灾害性天气气候事件，有国家标准或行业标准的以标准推荐的指标，没有标准的使用应用较广泛的指标，或按小于 5% 或者大于 95% 概率的气候事件来确定。

干旱：国家标准《气象干旱等级》（GB/T 20481—2006）中推荐使用综合干旱指数 CI。国家气候中心以 CI 指数为基本干旱监测指标开展干旱监测预警和评估业务。按照 CI 指标的等级划分来监测全国不同地区干旱的演变。中旱相当于 10 年一遇，重旱相当于 20 年一遇，特旱相当于 50 年一遇。

暴雨：统计日降水量≥50 mm 的暴雨日数，以及出现站次、强降水日降水总量、强降水日降水强度等，当其概率达到 20 年以上一遇时，即认为发生了极端强降水事件。

高温：统计极端最高气温≥35℃的高温日数、最长连续高温日数、高温出现站次等。

低温：统计日最低气温极端低温、极端日降温、极端连续降温、极端连续冷夜等事件。

热带气旋：根据国家标准《热带气旋等级》（GB/T 19201—2006）中热带气旋等级的划分，统计不同强度等级热带气旋的生成和登陆个数和时间，挑选热带气旋强度、频次和初、终台时间的历史极值。

表 9.4 极端天气气候事件监测指标一览表

序号	指标名称	指标定义	单位
1	平均气温	某时段日平均气温的平均值	℃
2	平均气温距平	某时段日平均气温的平均值与气候平均值的差值	℃
3	最高气温	某时段日最高气温的极大值	℃
4	极端高温	某时段日最高气温的极大值达到或超过极端高温阈值	℃
5	连续暖昼日数	截至某日日最高气温连续高于气候标准期当日及前后两天 95% 阈值的连续天数	天

续表

序号	指标名称	指标定义	单位
6	极端连续暖昼	截至某日日最高气温连续高于气候标准期当日及前后两天95%阈值的连续天数超过极端连续暖昼日数阈值	
7	高温日数	某时段日最高气温≥35℃的日数	天
8	高温日数距平	某时段日最高气温≥35℃的日数与气候平均值的差值	天
9	酷热日数	某时段日最高气温≥37℃的日数	天
10	酷热日数距平	某时段日最高气温≥37℃的日数与气候平均值的差值	天
11	连续高温日数	截至某日日最高气温≥35℃的连续日数	天
12	极端连续高温日数	截至某日日最高气温≥35℃的连续日数大于极端连续高温日数阈值	
13	连续酷热日数	截至某日日最高气温≥37℃的连续日数	天
14	极端连续酷热日数	截至某日日最高气温≥37℃的连续日数大于极端连续高温日数阈值	
15	连续炎热日数	截至某日日最高气温≥40℃的连续日数	天
16	极端连续炎热日数	截至某日日最高气温≥40℃的连续日数大于极端连续高温日数阈值	
17	最低气温	某时段日最低气温的极小值	℃
18	极端低温	某时段日最低气温的极小值小于或等于极端低温的阈值	
19	日降温	当日最低气温与前一日最低气温的差值的绝对值,如果高于前日则值为0	℃
20	极端日降温	日降温大于或等于极端日降温阈值	
21	连续降温	日最低气温持续降低的幅度,降温幅度为最低温与最高温差值的绝对值	℃
22	极端连续降温	连续降温幅度值大于或等于极端连续降温的阈值	
23	连续冷夜日数	截至某日日最低气温连续低于气候标准期当日及前后两天5%阈值的连续天数	天
24	极端连续冷夜	截至某日日最低气温连续低于气候标准期当日及前后两天5%阈值的连续天数超过极端连续冷夜日数阈值	
25	总降水量	某时段日降水量的累积值	mm
26	降水距平百分率	某时段总降水量减去历史同期值,然后再除以历史同期值并乘100	%
27	最大日降水量	某时段日降水量的最大值	mm
28	极端日降水量	某时段日降水量的最大值大于或等于极端日降水阈值	
29	最大3日降水量	某时段3日降水量的最大值	
30	极端3日降水量	某时段3日降水量的最大值大于等于极端日降水阈值	
31	连续降水日数	截至某日日降水量连续≥0.1 mm的日数	天
32	极端连续降水日数	截至某日日降水量连续≥0.1 mm的日数大于等于极端连续降水日数阈值	
33	连续降水量	截至某日日降水量连续≥0.1 mm的总降水量	mm
34	极端连续降水量	截至某日日降水量连续≥0.1 mm的总降水量大于等于极端连续降水量阈值	

续表

序号	指标名称	指标定义	单位
35	阴雨日数	某时段日降水量不为0(包含32700)的日数	天
36	阴雨日数距平	某时段日降水量不为0(包含32700)的日数与同期气候标准期平均值的差值	
37	降水日数	某时段日降水量≥0.1 mm(不包含32700)的日数	天
38	降水日数距平	某时段日降水量≥0.1 mm(不包含32700)的日数与同期气候标准期平均值的差值	
39	暴雨日数	某时段日降水量≥50 mm的日数	天
40	暴雨日数距平	某时段日降水量≥50 mm的日数与同期气候标准期平均值的差值	
41	强降水日数	某时段日降水量≥气候标准期日降水量第95%分位值的日数	天
42	强降水日数距平	某时段日降水量≥气候标准期日降水量第95%分位值的日数与候标准期同期平均值的差值	天
43	连续强降水日数	截至某日日降水量≥气候标准期日降水量第95%分位值的持续日数	天
44	极端连续强降水日数	截至某日日降水量≥气候标准期日降水量第95%分位值的持续日数大于等于极端连续强降水日数阈值	
45	干旱强度	CI指数	
46	干旱面积	气象干旱等级达到中旱等级以上的面积	万公顷
47	连续无降水日数	截至某日日降水量连续<0.1 mm的持续日数	天
48	极端连续无降水日数	截至某日日降水量连续<0.1 mm的持续日数大于或等于极端连续无降水日数阈值	
49	持续干旱日数	截至某日气象干旱等级达到或超过中等以上干旱的持续日数	天
50	极端持续干旱日数	截至某日气象干旱等级达到或超过中等以上干旱的持续日数大于或等于极端持续干旱日数	
51	热带气旋生成个数	热带西太平洋或南海生成热带气旋个数	个
52	热带气旋登陆个数	登陆我国的热带气旋个数	个
53	热带气旋登陆日期	热带气旋登陆我国的日期	月,日
54	热带气旋登陆中心气压	热带气旋登陆时的最低中心气压	hPa
55	热带气旋登陆风速	热带气旋登陆时的最大风速	m/s

9.1.4.5 极端天气气候事件应用举例

对于基层台站来说,最重要的就是如何对极端天气气候事件进行监测。在下面我们通过实例来说明极端天气气候事件监测的流程。

应用举例一:2010年7月2—7日,河北省连续6日出现≥35℃的高温天气,其中4—7日连续4天出现40℃以上的高温,期间日极端最高气温达42.3℃。此次高温天气过程影响范围广、程度重、持续时间长。按照前文极端天气气候指标的固定阈值法计算得到监测结果并分析如下。

7月2日开始,河北省连续出现高温酷热天气。2日,全省48个县(市)最高气温≥35℃,极端最高气温为37.5℃。3日,高温(≥35℃)范围迅速扩大到122个县(市),其中36个县(市)日最高气温≥38℃。而后范围不断扩大、程度持续加重,4日最高气温≥38℃的区域达52个县(市),日最高气温为40.1℃;5日最高气温≥38℃的区域达91个县(市),有18个县(市)≥40℃,日最高气温为40.7℃;6日高温范围达到此次过程最大,出现≥35℃、≥38℃、≥40℃的范围分别达131个县(市)、102个县(市)和55个县(市),均为有气象观测记录以来第7~8位,为近5年范围最广;7日,高温范围迅速减小,≥35℃的区域为49个县(市)。

最终经统计和计算得出如下结论:2010年7月2—7日河北省33个县(市)日极端最高气温达到极端最高阈值标准(5%概率),均出现在7月5—6日,且以6日出现最多。其中,涿鹿、乐亭和廊坊突破历史最高值(图9.8)。期间,分别有6个县(市)、13个县(市)和13个县(市)连续出现≥35℃、≥38℃、≥40℃的高温日数达到或超过历史最多值(表9.5)。

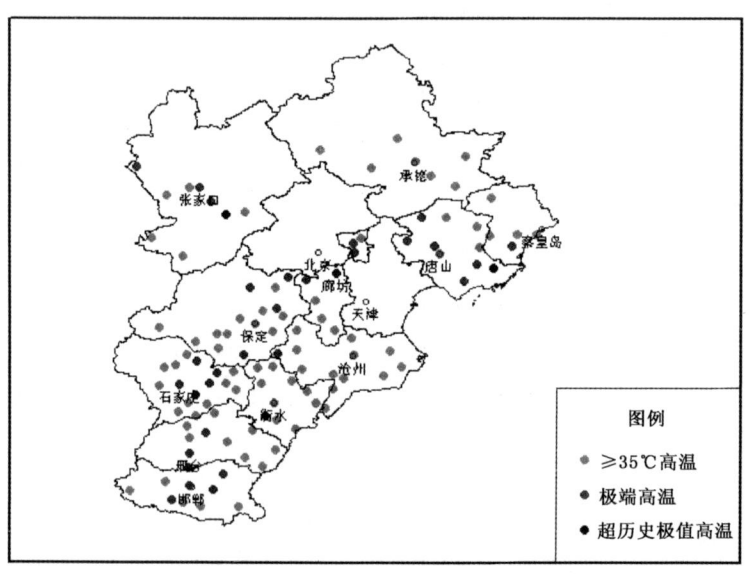

图9.8 2010年7月2—7日河北省极端最高气温与历史对比情况

表9.5 河北省2010年7月2—7日连续高温日数与历史最长连续高温日数比较(单位:天)

站名	≥35℃			≥38℃			≥40℃		
	2010年	历史最长	出现年月	2010年	历史最长	出现年月	2010年	历史最长	出现年月
隆化	5	5	2000.7						
滦平	4	4	2000.7						
迁安	5	5	1972.7						
滦县	4	4	2002.7						
乐亭	4	4	1968.7						
涿州	5	5	2005.7				2	1	2009.6
灵寿				4	4	2005.7			
曲阳				4	4	1972.6			

续表

站名	≥35℃			≥38℃			≥40℃		
	2010年	历史最长	出现年月	2010年	历史最长	出现年月	2010年	历史最长	出现年月
唐县				4	4	2005.6			
平山				4	4	1998.6			
临城				5	5	2009.6			
邢台				5	5	1997.6			
涿鹿				4	4	2009.6			
滦南				2	2	2001.7			
高碑店				4	4	2000.7			
易县				4	3	2005.7	2	1	2009.6
丰南				2	2	2004.6			
唐海				1	1	2002.7			
景县				4	4	2007.6			
新乐							2	2	2002.7
石家庄							2	2	2009.6
遵化							1	1	2002.7
容城							2	1	2009.6
大厂							1	1	2002.7
固安							1	1	2000.7
三河							1	1	2002.7
香河							1	1	2002.7
蠡县							2	2	2002.7
肃宁							2	2	2002.7
雄县							1	1	2005.6

应用举例二：2010年8月18日天津地区开始出现大范围的连续降水，至22日降水基本结束。利用极端天气气候事件中的重现期法、历史极值法的统计计算发现：

塘沽21日降水量(166.3 mm)超过了十年一遇的水平。1951年以来，塘沽历史最大一日降水量为191.5 mm(1975年7月30日20—20时)，次大值为184.3 mm(1984年8月9日)，本次降水为历史第三位。

总之，本次降水过程，天津13个区县气象站的最大一日降水量、连续降水日数和连续降水量均未超过历史极值。

除了上面两种对常规极端天气气候事件的分析外，基层台站也可以根据本地的天气气候特点来定义影响本地区的极端天气事件，例如：我国南方的冰冻、电线结冰、梅雨，北方的降雪等极端天气气候事件。

9.1.5 气象灾情收集上报

气象灾情是指由气象原因直接或间接引起的，给人类和社会经济造成损失的灾害现象。

其包括台风、暴雨洪涝、干旱、大风、龙卷、雷电、雪灾、冻雨、冻害、霜冻、低温冷害、沙尘暴、高温热浪、大雾、霾、连阴雨、渍涝、干热风、凌汛、酸雨、气象地质灾害、赤潮、风暴潮、作物病虫害、森林草原火灾、大气污染等共28类。气象灾情的收集和上报内容包括气象灾害基本情况以及气象灾害的社会经济影响等16类共96项，具体的细节详见《全国气象灾情收集上报技术规范》。

(1) 气象灾情收集

各级基层气象部门应通过气象信息员、实地采集数据或从民政、水利、农业、交通运输等有关部门及时获取灾情及影响数据，灾情数据来源应确保合法可靠。

(2) 灾情上报

当发生气象灾害时，各级气象部门的气象信息员应当在灾害发生的2小时内及时进行灾情数据收集和上报，按照气象灾害上报系统的内容、格式、单位认真填写灾情，并经过有关人员审核批准；在灾情发生6小时内完成灾情上报；对于需要更新或修订的数据应在12～24小时内更正并经过确认审核后上报；省级气象部门应及时对重大灾害性天气过程进行汇总、上报；各级气象部门对于收集上报的灾情数据应同时在本地进行存储。

灾情月报、年报：各级气象部门应当及时、全面地收集、整理、审核灾情数据，形成以灾害性天气过程为时间单元、以县为地域单元的规范的气象灾情月报和年报，于每月3日前上报至国家气候中心。为保证气象灾情年报质量，年报的上报时间分为2次：每年1月3日省级气象部门上报上年的灾情；4月5日之前，各省级气象部门上报核实后的年气象灾情数据，保证灾情月报和年报上报内容一致。

对于跨月发生的灾害性天气过程，上报上月灾情月报时只写当月的灾情，灾害的结束日期填写当月最后一天的日期，但在下一个月上报时应按完整的灾害过程上报。在最后的灾情年报上报时应注意整理这种跨月的灾情记录，避免灾情数据的重复。

(3) 气象灾情调查评估和上报

当发生小型及以上气象灾害后，县级气象主管机构应当立即赴现场进行实地调查和评估；当发生中型及以上气象灾害后，地市级气象主管机构应当立即赴现场进行实地调查和评估；当发生大型及异常气象灾害后，各省级气象主管机构应当立即赴现场进行调查和评估；当发生特大型气象灾害后，国家气象主管机构应当立即赴现场进行实地调查和评估。

各级气象机构应当开展全程气象灾害评估工作。在灾害出现前，根据气象预报预测的灾害强度、影响范围和对象等，对可能造成的灾害进行预评估，对于一些影响时间较长的灾害，如干旱、台风、连续性暴雨等，应当滚动进行灾中评估。灾害过程结束后，对灾害情况、灾害对社会经济发展的影响以及气象预报服务工作做出全面评估。评估内容应当包括灾情、气象情况、出现灾害的原因、预报服务的效益和存在的问题以及灾后恢复生产的气象建议等，写出调查评估报告，建立灾情档案。除了形成文字材料外，还应当照相或摄像，即提供能形象反映现场真实情况的信息。

9.2 市(县)级气候咨询服务

市(县)级气象局针对政府以及各行各业可以开展一些简单的气候咨询服务，为当地经济发展提供科学依据。气候咨询服务主要包括：气候影响评价、城镇规划或小型建设工程项目气候可行性论证、地区气候资源开发利用评估等。

9.2.1 气候影响评价

气候影响评价业务是一项始于 20 世纪 80 年代初期的基本气象业务,在各级地方政府制定经济发展规划、组织防灾减灾、环境保护以及提高社会公众的气候意识中发挥了积极的作用。近年来,随着经济快速发展和科学技术进步,各级气象部门气候影响评价业务在系统建设、技术方法、产品质量和服务领域拓展等方面都取得了长足的进步。

气候影响评价是在总结主要气候要素(如气温、降水和日照等)的特征背景和重要灾害性天气气候事件的基础上,分析其对主要敏感行业的影响。内容包括基本气候概况、主要气候事件和气候灾害(包括干旱、暴雨洪涝、冰雹、雷雨大风、台风、高温热浪、低温冷害、大风大雾、风暴潮等)及其影响、气候对各行业的专题影响评价(包括农业、林业、渔业、盐业、能源、交通运输、保险、旅游、人体健康等)、展望性气候影响评价和对策建议。

各地(市)、县级业务单位负责收集本地区气候影响情报和资料,制作和分发所属区域的气候影响评价产品。气候影响评价业务产品分为定期产品和不定期产品。产品应按照统一的产品命名方式、时段划分、编写内容要求进行编制。

定期产品:《月气候影响评价》、《年度气候影响评价》、《年度气候公报》和《季气候影响评价》等。

不定期产品:《旱涝气候公报》、《极端天气气候事件监测公报》等。

产品时段:《年气候公报》为当年 1 月至当年 12 月;《年度气候影响评价》为当年 1 月至当年 12 月;《冬季气候影响评价》为上年 12 月至当年 2 月;《春季气候影响评价》为当年 3 月至当年 5 月;《夏季气候影响评价》为当年 6 月至当年 8 月;《秋季气候影响评价》为当年 9 月至当年 11 月;《月气候影响评价》为当月。

月、年气候影响评价产品主要内容和编写格式:

(1)封面:应注明产品名称、产品时段、发布单位、发布时间等内容。封面设计要体现产品特点并力求活泼精致。

(2)封底:应注明编审(或审核、签发)、主编、编写组姓名(或主班、副班)、产品编制单位、联系方式、印制时间以及其他需要说明的事项。

(3)资料及方法说明:应注明使用资料来源、站点、缺测情况和指标方法等。

(4)目录:包括一级、二级标题及其页码。

(5)正文:包括前言(或综述)、基本气候概况、主要气候事件(气候灾害)及其影响、气候对各行业的专题影响评价、展望性气候影响评价(未来预评价)和对策建议。分析时要配以必要的图表。

①前言(或综述):简明扼要地对评价时段的气候特点、气候异常和气候灾害及其影响进行综合评述。

②基本气候概况:包括基本气候特点评价和主要气候要素的时空特点分析。

基本气候特点评价,指通过评价时段内的基本气候参数(如平均值、离散值或指数等)的统计分析,对主要气候特点作出评述,指出有利的和不利的气候条件,给出气候年景评价。

主要气候要素的时空变化特点分析,主要指对降水量、气温、日照时数等要素的时空变化特点分析,重点分析这些要素与常年同期、上年或典型年同期、历史同期纪录的偏离程度。主要气候要素的时空变化分析应当给出气候要素时空变化的文字描述,以及相关要素及其距平的空间分布图和历年演变图。当某要素出现极值时,应当评述极值出现的时间、地点、历史排位及其强度等。

③主要气候事件(气候灾害)及其影响:当评价时段内出现异常气候事件、极端气候事件,或出现影响较大的气候灾害(包括干旱、暴雨洪涝、台风、低温阴雨、强对流天气、沙尘暴、高温热浪、寒潮、雪害等)时,须对其发生范围、强度、持续时间以及影响对象所遭受的损失(包括经济损失)做出评价。

④气候对各行业的专题影响评价:利用定量模式和定性评价相结合的方法,重点对农业、林业、牧业、水资源、能源、交通运输、生态环境、人类健康和旅游等方面作出专题评价。

评价的内容和对象应保持连续性。各专题影响评价要包括有利影响和不利影响两个方面。

⑤展望性气候影响评价(未来预评价)和对策建议:根据中、长期天气气候预测结果,结合前期的气候变化特点,对未来一段时间内的气候趋势及影响进行展望性预测评价,并针对有关生产、生活等提出合理的对策建议以及风险评价。

9.2.2 气候可行性论证

9.2.2.1 气候可行性论证的意义

气候可行性论证是指对气候条件密切相关的规划和建设项目进行气候适宜性、风险性以及可能受局地气候产生影响的分析、评估活动。对与气候条件密切相关的城市规划、重大工程开展气候可行性论证和进行气候适宜性、灾害风险性分析,旨在充分考虑有利气候条件,并在规定的水平上抵御气象灾害风险,尽可能减小潜在的损失。

城市规划或建设项目缺少气候可行性论证可能导致:(1)无法合理利用有利的气候条件;(2)无法准确进行工程气象设计参数推算;(3)无法准确评估项目所在地的气象灾害风险以及可能对建设项目所带来的负面影响。气候可行性论证的技术总目标是科学的、合理的防灾和投资。简而言之,气候可行性论证旨在指定安全系数的条件下,为规划和建设项目算好经济账,既要保障安全又要尽量节约资金。

《中华人民共和国气象法》、《气象灾害防御条例》(国务院第570号令)、《气候可行性论证管理办法》(中国气象局第18号令)等法律、法规、部门规章都明文规定,重大规划、重点工程项目应当进行气候可行性论证。

9.2.2.2 气候可行性论证基本内容

(1)项目分析

了解项目的概况、设计方案、功能区布局、主要工艺过程及其向大气环境中排放的物质或能量的种类、性质和数量。了解项目对气象参数需求情况、主要防御的气象灾害。调查项目周围的地形地貌特征,包括山地、水域、林地以及大型人工构筑物等。确定项目所在地及其最近的一个或数个气象台站的经度、纬度、海拔高度等。

(2)气候背景分析

按照项目要求分析参考气象站的观测数据,包括气温、降水、风向风速、日照、湿度、蒸发以及其他所需的气象要素。分析影响本区域的强影响天气系统,如副热带高压、锋面和飑线等发生持续时间、移动速度和方向的范围、季节性发生频率。

(3) 工程气象参数推算

风压、最大风速、最大降水、最高(低)气温等重现期推算。所用气象资料应是从参考气象站建站至项目论证的当年为止。如果参考气象站的资料不能代表项目所在地的实况,应在项目所在地建立临时气象观测站进行短期气象观测,以确定推算要素两地之间的差异,并用统计方法进行修正。

(4) 气象灾害风险评估

依据《气象灾害预警信号发布与传播办法》划分的气象灾害类型执行。气象灾害风险评估一般包括气象灾害的平均发生频率及年际变化情况、气象灾害可能对项目安全及生产产生的影响、趋利避害对策的提出。

(5) 气候影响预评估

分析与评价项目对气候环境的影响以及项目的气候适应性、气象灾害及未来气候变化对项目的危害性和限制性,提出减缓影响的建议和改善措施,并为项目建设的气候可行性,以及项目的选址、选型、布局的合理性提供科学建议。

9.2.2.3 气候可行性论证工作流程

气候可行性论证工作流程可分为前期工作、初期工作、中期工作和后期工作等四个阶段,每个阶段都有各自的重点任务。具体工作流程见图9.9。

9.2.2.4 气候可行性论证报告书编制

气候可行性论证报告书应全面概括地反映气候可行性论证的全部工作。文字应简洁、准确,并尽量采用图表形式,以使列出的资料清楚。报告书要做到论点明确,利于阅读和审查。原始数据、全部计算过程等不必在报告书中列出,必要时可编入附录。所参考的主要资料应按其发表的时间顺序由近至远列出目录。

气候可行性论证报告书的编制应汇总分析各种资料、数据和存在的问题。通过综合分析、评价,提出科学、公正的结论。

气候可行性论证报告书的基本章节为:

一、概述(应包括规划或者建设项目概况;基础资料来源及其代表性、可靠性说明,通过现场探测所取得的资料,还应当对探测仪器、探测方法和探测环境进行说明;气候可行性论证所依据的标准、规范、规程和方法)

二、气候背景分析

三、工程气象参数推算

四、气象灾害风险评估

五、气候对项目影响预评估

六、项目对气候环境影响预评估

七、结论

针对不同的论证对象,报告内容和格式略有不同,可参照中国气象局逐步下发的不同行业的气候可行性论证技术指南。

9.2.3 气候咨询服务主要技术方法

在气候服务中定性或定量描述用到的物理量,一般来自原始气候资料、社会经济资料的统

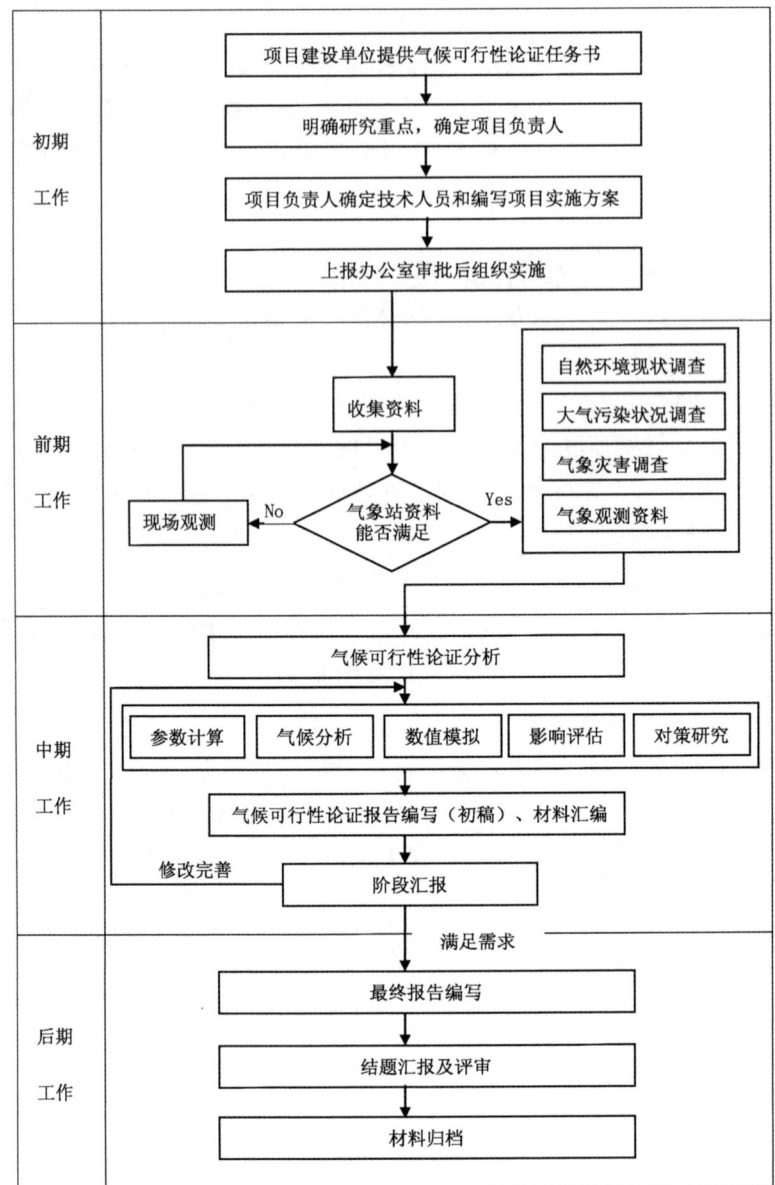

图 9.9 气候可行性论证工作流程

计值,常用的要素统计方法有:

(1)平均值与加权平均值

平均值代表变量一段时期的总体水平。该时期可以是日、旬、月、年等为单位的一段时间。气温、降水、日照等气象要素的平均水平都可用其平均值来表示。平均值的数学表达式为:

$$\overline{X} = \frac{1}{n}\sum_{i=1}^{n} X_i$$

式中,$\overline{X}$ 为平均值,X_i 为某要素的第 i 个观测值,n 为样本容量。

加权平均值是将变量不同时期或不同空间的不同表现在平均过程中加上权重反映出来,比简单的平均更有代表性。

$$\overline{X} = \frac{\sum_{i=1}^{n} X_i S_i}{\sum_{i=1}^{n} S_i}$$

式中，S_i 为 X_i 的权重，其他符号的代表意义同平均值。

(2) 方差与标准差

方差与标准差是描述样本中数据与平均值的差异的平均状况的统计量，它衡量资料围绕均值的平均变化幅度。

$$\sigma = \sqrt{\frac{1}{n} \sum_{i=1}^{n} (X_i - \overline{X})^2}$$

式中，σ 为标准差，更常用的是标准差的平方，称之为方差，即：

$$\sigma^2 = \frac{1}{n} \sum_{i=1}^{n} (X_i - \overline{X})^2$$

(3) 极端值

极端值表示一段时期内天气、气候状况或某气象要素出现或达到的最严重程度。它对人们的生产生活影响最大、最突出，因而也最引起人们的关注。极端值通常是从观测记录中挑取。若观测记录年代较短，满足不了某些气候评价的需要时，则可按统计学原理设计出极值的概率统计模型，从而推算不同重现期的大值。前者称为实测极端值，后者称为理论极端值。目前，评价产品中多用实测极端值来描述观测时段内的极端值，并与历史同期同类极端值比较来反映其影响程度，有时也计算该极端值的重现期来反映其影响的严重程度。

(4) 较差

较差是最大值与最小值之差，又称极差。较差表示观测时期内变量的变化范围或幅度，较差越大，变化越剧烈。较差除了用最大值与最小值之差表示外，也可用它们的比值来表示。

(5) 距平

距平也是气候评价上常用的量，它是对平均值正常情况的偏差。气温、雨日等内容常用此变量说明其偏离平均状况的程度。资料中某一数值与平均值之差为距平，数学表达式为：

$$X_{di} = X_i - \overline{X}$$

式中，X_{di} 为某要素第 i 个观测值的距平；X_i 为某要素第 i 个观测值；$\overline{X}$ 为平均值。

(6) 百分率、距平百分率

在气候分析中，用百分率来衡量某一年降水量的多寡程度，即以该年降水量与常年或典型年或前一年的降水量进行比较。百分率的数学表达式为：

$$p = \frac{X_i}{b} \times 100\%$$

式中，p 为百分率；X_i 为资料序列中的第 i 个数；b 为基数（可以是整个序列的平均值，也可以视分析需要在序列中任意指定的一个数）。

然而，目前在气候影响评价业务中对累积降水量多寡的描述多用距平百分率表达，即：

$$\Delta R\% = \frac{X_i - \overline{X}}{\overline{X}} \times 100\%$$

式中，$\Delta R\%$ 为降水距平百分率；X_i 为第 i 个时段的累积观测降水量；$\overline{X}$ 为同期平均降水量。

(7) 变率

变率是表示随机变量频率分布离散情况的量,也用来反映观测值的变动程度。有绝对变率和相对变率之分。绝对变率又称平均偏差,是距平绝对值的平均。相对变率为绝对变率与平均值之比,也是距平百分率绝对值的平均。

(8)中位数、众位数

在一个观测序列中,比它大和比它小的数出现的可能性相等,这个数就叫中位数。按大小序列排列时,其位置在中间,为集中趋势的重要量度。

众位数则是一个观测序列中出现频次最多的数。

(9)偏态系数

偏态系数用来描述变量概率密度分布的非对称性。

$$C_s = \frac{\sum_{i=1}^{n}(X_i - \overline{X})^3}{n\sigma^3}$$

式中,C_s 为偏态系数;X_i 为序列中第 i 个变量值;$\overline{X}$ 为序列的平均值;n 为序列个数;σ 为标准差。

(10)相关系数

相关系数是衡量观测序列之间线性关系好坏的统计量。它是气候影响评价中重要的参数,因为在许多气候影响研究中都要统计气候要素与各种经济指标值之间的线性相关程度的大小。相关系数的数学表达式为:

$$R = \frac{\sum_{i=1}^{n}(X_i - \overline{X})(Y_i - \overline{Y})}{\sqrt{\sum_{i=1}^{n}(X_i - \overline{X})^2}\sqrt{\sum_{i=1}^{n}(Y_i - \overline{Y})^2}}$$

式中,X_i 和 Y_i 为不同变量的第 i 个测值;$\overline{X}$ 和 $\overline{Y}$ 为不同变量的平均值;n 为样本容量。

在当前气候影响评价的一些模式中,气候与某行业之间的关系主要就是采用线性回归方法来衡量,这些方法还包括逐步回归等衍生的回归统计方法。因此,相关系数衡量对应因子间的线性相关程度必不可少。

(11)频率和频率分布

①频率和重现期

频率是数理统计中常见的统计参数。它是某事件出现次数 m 占观测总次数 n 的百分率,即 $\frac{m}{n} \times 100\%$。频率表示该事件出现的频繁程度,也表示该事件在一次观测中出现的可能性大小。

在气候影响评价中,频率概念较为抽象,为通俗起见,往往用重现期代替频率,即某事件多少年出现一次(称 x 年一遇)。设重现期为 T,则频率 f 与重现期 T 之关系为:

$$T = 1/f$$

需要特别指出,所谓重现期百年一遇,并不是说正好一百年中出现一次。事实上,在某一百年也许出现好几次,另一百年中也许一次都不出现。它只表示每年出现的可能性为 1%。在工程设计中,实际上它是个设计标准问题。

频率是根据样本计算的,为避免频率计算的系统偏差,可按频率 $f = m/(n+1)$ 计算,其中,m 为事件发生次数,n 为总观测次数,此时 f 为"无偏估计量"。

②百分位数

百分位数也称次序统计量,是美国气候影响评价中常用的一个指标。其表达式为:

$$R = \frac{m}{n+1} \times 100\%$$

式中,R 是百分位数;m 是按样本值由小到大排列的序号;n 是样本容量。

具体做法是首先把样本资料由小到大按次序排,并以 $1,2,\cdots,m(1 \leqslant m \leqslant n)$ 编号,然后按上述公式计算各个 R 值。

③概率分布

在气候影响评价中,有时需要了解某气候要素出现各种数值的概率,或在某个给定概率下,气候要素可能出现的值的大小,这就要求知道该气候要素的概率分布。我们知道,气温一般服从正态分布,降水量一般服从 Γ 分布,等等。由此我们便可以正态分布来拟合温度资料,以 Γ 分布来拟合降水量资料,等等。确定概率分布后,则可进一步以概率大小为指标来确定冷暖等级或旱涝等级。

9.3 市(县)级农业气象服务

9.3.1 市(县)级常规农业气象服务概述

市(县)级常规农业气象服务开始于 20 世纪 80 年代初,包括农业气象情报、农业气象预报、农业气象专题服务等。农业气象情报是通过对前期天气、气候和农业气象条件进行全面、准确分析,结合下一阶段天气和气候情况提出农业生产建议,为当地农业生产决策指挥部门和农业生产部门提供的一种情报服务。农业气象情报分为定期情报和非定期情报两种类型。

定期农业气象情报服务产品,主要包括农业气象旬报和月报,根据当时当地的天气、气候和农业生产情况主要包括以下几个方面内容:

(1)时段内天气、气候概况(如降水、温度、日照等)。

(2)时段内农业生产概况(如农情、墒情、灾情等)。

(3)时段内天气、气候条件对农业生产影响评价分析。

(4)根据下阶段天气、气候条件预测,提出当前及今后一段时期农业生产措施建议。

(5)主要气象要素、农情要素的图、表资料(如降水量、平均气温、日照时数、土壤湿度、作物发育期等),要求分析全面、细致,从单要素分析到综合分析;要有针对性的观点,结论明确并提出可行性建议;文字流畅、精炼、通俗易懂、符合逻辑。

非定期农业气象情报服务产品,是指农业生产的关键季节、突出问题、重点作物和作物生长的关键生育期,对相应的农业气象条件进行专项分析,所提供的专题农业气象情报服务产品。一般分为农作物专题分析材料、农作物全年气象条件评述、农业气象灾情分析等产品。非定期农业气象情报主要特点是针对性强、情报内容丰富、分析细致,重点为解决农业生产中的某一问题进行服务。1997 年中国气象局下发了《农业气象情报质量考核办法(试行)》和《农业气象产量预报业务质量考核办法(试行)》,情报服务考核重点是情报服务的时效和质量两部分,产量预报考核预报精确度、时效、服务质量三部分。常规农业气象情报和预报服务在农业气象服务工作中发挥了明显的作用。

9.3.2 重要农事活动服务

近年来,市(县)级气象局积极围绕当地农业产业结构调整、农民增收、新农村建设开展农业气象服务,增发定期和不定期发布农气服务产品及信息,内容涉及气候分析与评估、农田土壤墒情与作物生长状况、生态气候环境监测、农业气象灾害、生产建议及对策等。例如,依据每旬逢3和逢8的农田土壤水分观测,增加了每旬末的农业干旱监测预报专题服务,根据夏收夏种对天气条件敏感、机械化程度不断提高、全国范围内农机联合作业的实况,小麦主产省市的区县从2009年开始开展夏收夏种专题服务,5月下旬开始至6月下旬末结束;2010年开展秋收秋种专题服务,时间从9月10日开始,至10月20日结束;2011年开始春耕春播专题服务,时间从4月上旬开始至5月下旬结束。以上三项专题气象服务要求气象部门与农业部门紧密结合,为服务材料和信息发送至农业部门及农机手服务,服务内容、服务对象和服务手段都有针对性。

9.3.3 市(县)级农用天气预报服务

农用天气预报是根据当地农业生产过程中各主要农事活动以及相关技术措施对天气条件的需要而编发的一种针对性较强的专业气象预报。农区针对主要农作物播种、施肥、中耕、喷药、灌溉、收获和规模化饲养等各种农事活动对天气条件的要求,沿海地区根据渔业捕捞、水产养殖等农事活动的要求,牧区根据牧业生产特点、牧区转场等的需要,设施农业针对日光温室、塑料大棚等农业气象条件调控及防灾的需求,制作发布短、中、长不同时效的农用天气预报。

农用天气预报依托天气预报、短期气候预测和农业气象预报,以现代农业生产活动的农业气象指标为依据,建立判识农事活动适宜程度的模型,利用模型判定农事活动适宜气象等级,分析未来天气气候条件对农事活动的影响,提出合理安排农事活动的建议,逐步建成集数据库管理、指标体系、计算模型和专家经验于一体的人机交互的专家系统。

市、县级业务单位针对区域主要农事活动,以及当地特色农业、设施农业等主要农事活动的需求,细化、释用并订正、补充上级业务单位指导产品,开展农用天气预报业务。目前区县级农用天气预报开展较多的有作物播种期预报、适宜喷药等级气象预报、灌溉期和灌溉量预报、收获期预报等。

业务流程:农用天气预报业务流程包括资料采集与处理、产品制作、产品发布等环节(图9.10)。

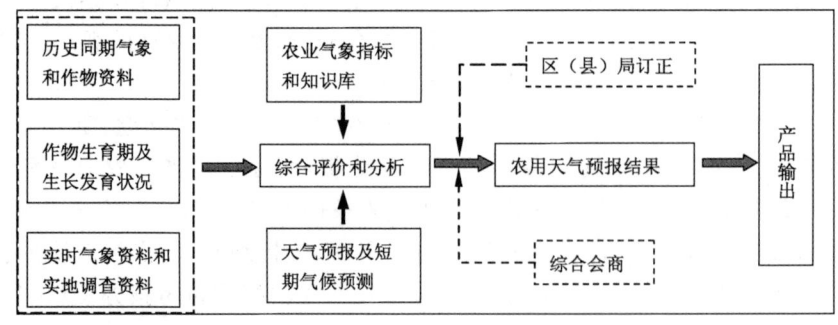

图 9.10 农用天气预报技术路线图

(1)资料采集与处理:省级信息中心负责进行自动站数据、实时报文数据、MICAPS气象

第9章 基层气候与气候变化业务

数据等常规资料的传输及处理。省级农气中心负责对作物观测资料进行整理校验,做好农用天气预报所需资料的入库。

（2）产品制作:省级农气中心利用气象资料、作物观测资料、农业气象指标体系等,制作农用天气预报产品。在农用天气预报产品的基础上,决策气象服务业务单位制作决策服务产品。

（3）产品发布:省级农气中心将农用天气预报产品通过Notes邮箱及时发送给区(县)气象局业务科,指导开展农用天气预报服务工作。同时,省级农气中心将农用天气预报产品发送给省一级政府、农业厅等相关部门决策参考,由县级气象局为当地决策部门服务。

区县级进行服务过程中要根据当地作物种植状况、长势、发育期等具体情况,进行分类服务,最好能分乡镇服务,典型关键期服务要服务到村级和种植大户。

服务效果调查:区县级农气业务人员要在每年的12月底前对当年的服务效果和服务满意度进行调查,并对调研结果进行总结分析,将信息反馈到省级农业气象部门,上级部门据此完善和改进技术方法、指标、流程和服务产品等,提高农用天气预报服务的针对性和有效性。图9.11是河南农用天气预报系统。

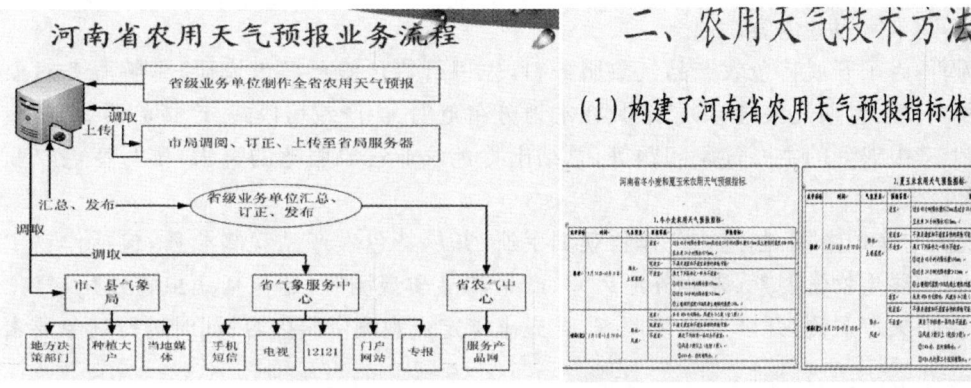

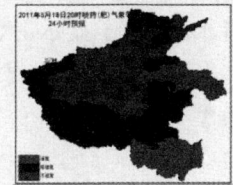

图 9.11 河南农用天气预报系统

9.3.4 特色农业气象服务

常规农业气象服务产品主要是针对粮食作物、棉花、大豆、油菜等大宗粮棉油作物展开,而近年来随着农村经济结构调整和农业种植布局调整,以提高农民收入为主的特色农业种植和养殖业迅速发展,其对农业气象服务的要求日益迫切,各地根据本地特色开展了内容丰富、针对性强的特色农业气象服务,如云南开展的烟草专业气象服务、陕西开展的苹果专业气象服务、天津开展的黄瓜和蔬菜专题服务、宁夏开展的枸杞专业气象服务、湖北开展水产养殖专业气象服务等,都很有特色,开拓新的气象服务领域,获得地方政府肯定。

特色农业气象服务观测的作物或者生物地域特色明显,特性较强,开始进行气象服务的时间较短,目前还缺乏统一的观测标准和服务规范,要求根据地方需要逐渐摸索积累观测标准和规范、服务内容,丰富服务手段。下面仅就目前在一些市(县)已经开展的特色农产品气象服务——特色农产品产量与品质预报的经验做法进行介绍。

开展特色农业气象服务需要大量的资料分析和观测资料积累,并开发服务系统,建立服务反馈机制,不断丰富服务内容。

需求调研:为了开展特色农产品气象服务,首先进行特色服务需求调研,了解服务对象生物学特性和主要发育期气象指标,了解其在本地分布范围、生产栽培模式、产量品质、销售渠道和产值等,生产中遇到的主要气象问题等,总结出特色农业气象服务的需求,撰写特色农业气象服务需求报告。

定点观测与实地考察:制定特色作物观测手册,开展特色农产品观测业务,包括作物主要发育期时间、主要生物学要素、果实外形尺寸、产量和品质观测等,还包括病虫害发生、气象灾害实况、灾害损失等观测,开展大面积调查,补充丰富定点观测资料内容;同时进行气象要素平行观测。

观测手段:特色作物观测除了运用传统的手工观测方法外,还可以尽量采用自动监测传输的物联网技术。例如:安装实景自动拍照传输系统,获得作物发育期、长势、果实外形、气象灾害、病虫害等实景信息;安装小气候挨冻监测系统,获得环境的气温、湿度、光照、辐射、土壤温度、土壤湿度、二氧化碳等气象要素实时监测资料,保证资料的连续性、稳定性,为服务打下基础。

服务指标本地化:特色农作物地域特色明显,因此气象服务指标的本地化尤为重要。利用定点观测资料分析和查阅资料,初步确定特色作物服务指标,通过走访相关专家、技术人员、种植农户等方式,修订指标。

预报方法研究:利用数学统计、作物模型等方法,对观测资料进行分析,得出作物产量和品质气象预报模型。

服务产品与服务方法研究:开发适合于特色农作物的服务产品,如传统的文字形式、简洁直观的图表形式、快捷的手机短信形式、语音形式等,通过气象服务专报、网站、手机短信、LCD或者LED电子显示屏、农村大喇叭等合适的形式对外服务。

开发特色农业气象服务平台:开发集基础数据输入修改、实时数据采集、实景数据采集、预报模型、服务指标和专家知识库、多种服务产品编辑、服务产品分发等功能为一体的特色服务平台。

图9.12是陕西省开发的适应于市(县)级的苹果产量预报系统界面。

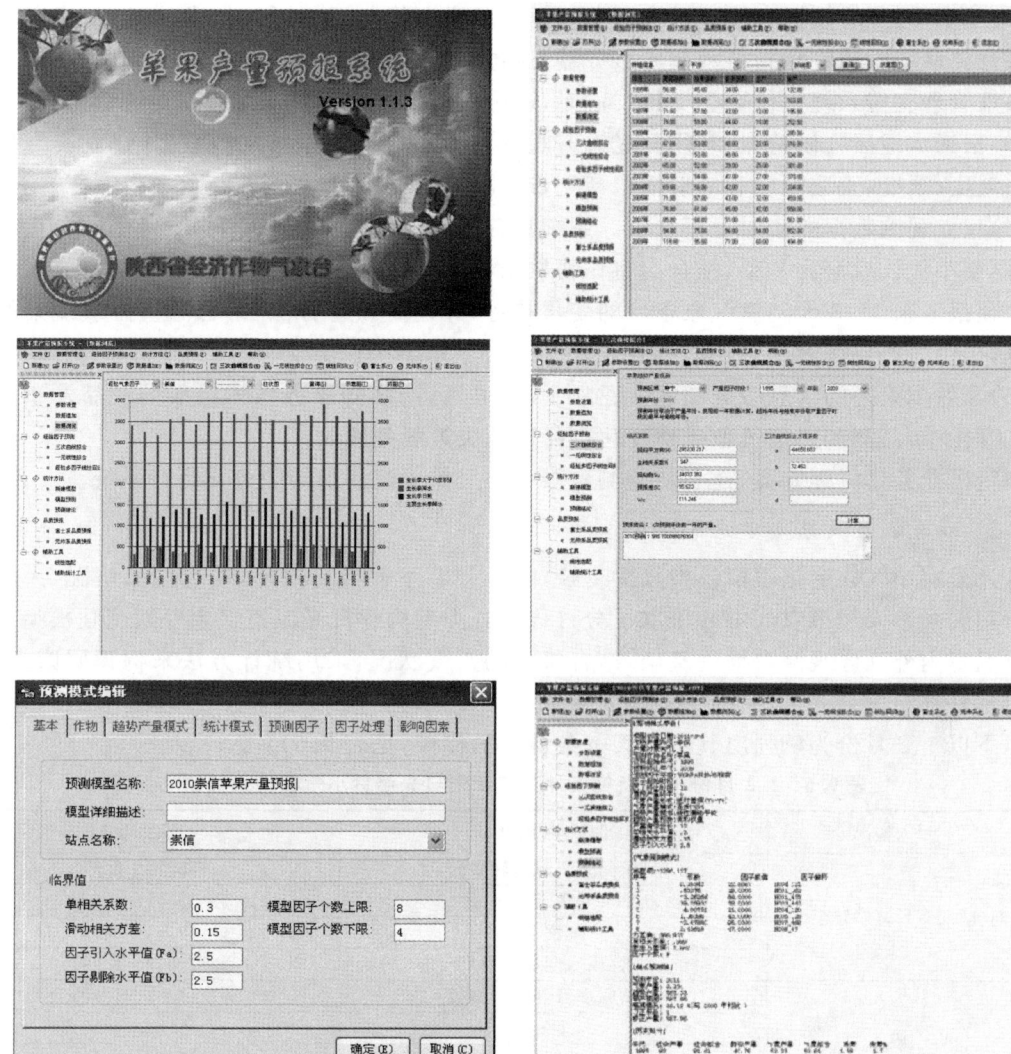

图 9.12　陕西省开发的适应于市（县）级的苹果产品预报系统界面

9.3.5　设施农业气象服务

自 20 世纪 80 年代开始，伴随着设施农业在我国的起步和发展，气象部门逐步开展了针对设施农业的气象服务技术开发和应用，以日光温室为代表的北方设施农业和以大棚为代表的南方设施农业气象监测预警服务陆续展开。其中山东、河北、北京、天津、辽宁等省市开展较早，服务效果显著。

设施农业气象灾害监测预报预警服务分为监测、传输数据处理、小气候预报、灾害预报预警和服务等几部分。

（1）选择本区县的典型日光温室，建设具有实时无线传输功能的多要素小气候自动采集系统（监控系统探测的要素包括空气温度、湿度、土壤温度、辐射等），实现多要素实时采集和远程监控；安装设施农业实景观测系统，实现对作物长势和温室外灾害同时进行远程监测。

(2)基于Web的数据库管理系统开发。通过互联网络与无线通信技术的对接,将实时采集的各种要素数据传输到指定数据库服务器,通过数据处理与整编,建立基础信息数据库,为开发决策管理支持系统提供数据支持。同时,通过内网读取同步自动气象站观测数据。

(3)根据本地区气候特点,利用日光温室观测资料和自动气象站观测数据,建立典型日光温室内温度、湿度、土壤温度和辐射模拟模型,以及利用实时观测资料进行修正。

(4)建立观测数据的实时分析系统。系统具有实时观测数据的空间显示、等值线分析等功能;以温室小气候模型为基础,结合温室作物生长气象指标和实测数据,利用短期数值天气预报产品预报未来1~3天温室气象条件的变化趋势,并建立预警方法,结合温室主栽蔬菜的基本信息,提供生产咨询管理等功能服务。

(5)开发多渠道的信息服务功能。建立手机、电视、网站等服务媒体组成的产品发布服务平台,实时发布监测和温室气象条件变化产品以及决策服务建议。

制定出业务化流程方案,建立从监测到服务的一体化监测预警业务化运行系统。

9.3.5.1 日光温室气象要素变化模型

日光温室小气候变化模拟模型较为复杂,除了与温室种类有关外,还与地温情况、天气类型有密切关系。天津市农气中心采取了分月分天气类型构建日光温室气象要素变化模型。模型是以温室内外气温观测数据为基础,结合每天的天气状况,采用统计方法来构建回归方程,方程以室外气温为自变量,室内气温为因变量。

以下以1、2月份为例列出其不同天气条件下的模型(见表9.6)。

表9.6 1、2月份不同天气条件下天津市日光温室小气候模拟模型

月份	当天实况	24小时预报	多项式
1月	晴(晴间多云)(晴转多云)	晴(晴间多云)(晴转多云)	$y=18.74+2.37x$
		多云	$y=15.51+1.88x$
		阴	$y=19.34+2.06x$
		雪(雨)(阴有雨雪)	$y=16.49+1.99x$
	多云	晴(晴间多云)(晴转多云)	$y=14.02+1.49x$
		多云	$y=11.64+1.50x$
		阴	$y=11.86+1.21x$
		雪(雨)(阴有雨雪)	$y=16.49+1.99x$
	阴	晴(晴间多云)(晴转多云)	$y=27.04+2.82x$
		多云	$y=11.87+1.57x$
		阴	$y=16.54+1.73x$
		雪(雨)(阴有雨雪)	$y=13.67+0.26x$
	雪(雨)(阴有雨雪)	晴(晴间多云)(晴转多云)	$y=18.41+1.80x$
		多云	$y=21.52+2.07x$
2月	晴(晴间多云)(晴转多云)	晴(晴间多云)(晴转多云)	$y=20.31+1.70x$
		多云	$y=11.69+1.83x$
		阴	$y=16.62+1.0x$
	多云	晴(晴间多云)(晴转多云)	$y=17.96+1.39x$
		多云	$y=13.59+1.02x$
		阴	$y=13.63+0.69x$
	阴	晴(晴间多云)(晴转多云)	$y=15.48+1.33x$
		多云	$y=15.51+0.81x$
		阴	$y=12.50+0.48x$
	外界最低气温≤-10℃		$y=25.09+2.67x$

9.3.5.2 日光温室气象服务指标的分析与建立

根据典型日光温室连续低温寡照实况及作物受害情况,制定温室低温灾害等级指标(见表9.7)。

表 9.7 天津典型日光温室低温寡照灾害等级指标

灾害等级	砖墙二代温室指标描述	土墙二代温室指标描述	等级解释
轻级	连续2天无日照;或连续3天中有2天无日照,另一天日照时数小于3小时;外界最低气温≤-5℃,且>-8℃	连续2天无日照;或连续3天中有2天无日照,另一天日照时数小于3小时;外界最低气温≤-8℃,且>-12℃	作物生长发育速度减缓,开始有落花、落果现象发生。后期若恢复日照,作物正常生长,对产量无影响
中级	连续4~5天无日照;或逐日日照时数小于3小时连续5~7天;外界最低气温≤-5℃,且>-8℃	连续4~5天无日照;或逐日日照时数小于3小时连续5~7天;外界最低气温≤-10℃,且>-12℃	部分作物出现生理性干旱,部分作物落花落果,开始出现停止生长现象,叶片和植株开始发生萎蔫
重级	连续无日照日数大于7天;或逐日日照时数小于3小时连续8天以上;外界最低气温≤-8℃	连续无日照日数大于7天;或逐日日照时数小于3小时连续8天以上;外界最低气温≤-10℃	部分作物出现冷害,叶片严重脱水,严重的发生死亡,即使后期恢复日照,对产量也会产生一定影响

9.3.6 两个体系建设对县级农业气象服务提出的新要求

农业气象服务和农村气象灾害防御"两个体系"建设对县级农业气象服务提出新要求,建立适应本县农业生产区域性布局的农业气象观测网络系统,完善现代农业气象指标体系,建立健全面向农业生产全过程、多时效、定量化的农业气象监测分析、预测预报和影响评估的技术系统。发展农业气象灾害预警、产量预报以及人工影响天气业务,提升国家粮食安全的气象综合保障能力。完成精细化农业气候区划和农业气象灾害风险区划,建立农业适应气候变化的决策服务业务。初步建成结构科学、布局合理、功能先进的县、乡二级现代农业气象服务体系。形成精细化的农村气象灾害监测预报能力,建成覆盖面广的农村气象预警信息发布网络,构建有效联动的农村应急减灾组织体系,健全预防为主的农村气象灾害防御机制,实现防御规划到县、组织机构到乡、精细预报到乡、自动观测到乡、气象服务站到乡、应急预案到村、风险调查到村、科普宣传进村、气象信息员到村、预警信息发布到户、灾害防御责任到人、灾情收集到人,发展适合本县农村基本情况的气象灾害防御体系,全面提高农村气象灾害防御的整体水平。

要求在现有农业气象服务的基础上,提高农业气象技术人员水平。同时,与农牧、林业、水利、气象等涉农部门之间要加强沟通和合作,积极争取相关部门的帮助和支持,深入农户,了解一手资料,开展"直通式"服务。

9.4 市(县)级气候决策服务材料

9.4.1 气候指导产品的应用

气候指导产品主要包括:气候监测产品、气候预测产品、气候评估产品。市(县)级气象部门要理解和把握气候指导产品对气候背景状况、气候异常原因、气候影响基本情况的分析和阐述,并在其指导下,制作有针对性的当地气候决策服务产品。

9.4.2 市(县)级气候决策服务材料编写

(1)气候决策服务定义及主要内容

决策服务是指为决策部门制定经济发展规划、指挥生产、组织防灾减灾、应对气候变化、合理开发利用资源、保护环境、军事与国防建设以及重大社会活动保障、重大工程建设等方面科学决策所提供的气象信息服务。

服务对象主要是各级政府及有关部门。

决策气象服务的目的是在第一时间让决策部门获得科学、及时、准确、有决策价值的气象信息。

气候决策服务材料主要包括:重要气候灾害报告、重大活动气象服务、专题气候分析。

(2)气候决策服务材料编写注意

"敏感性"。对"关键性、转折性、灾害性"天气过程做出科学预测和评估,关心了解当地经济运行、社会活动和城乡居民生活现状,做到对未来出现的反常和极端天气对经济、社会可能造成的影响心中有数,始终做到想政府所想、急政府所急。

"时效性"。对于气候决策服务材料来说时效也是非常重要的,当灾情发生之后,及时统计数据,分析资料,及时准确地为政府提供分析材料,并给出合理、可行的建议是非常重要的。这也是处理突发气象事件的需要。

"独特性"。对于每次灾害性天气过程,在分析时要把握灾害的特殊性,切忌材料的千篇一律,重点抓住发生灾害期间的气候特点。气象服务材料应尽量避免简单、呆板、雷同,要在突出文章主旨的基础上富于创造性、灵活性、可读性,方便政府部门浏览,使其在最短的时间内了解材料大意。

总之,优秀的决策服务材料具备观点明确、语言精练、表达准确、逻辑严谨、通俗易懂、对策可行的特点。

(3)气候决策服务材料编写案例

在这一节里主要通过四个服务案例来说明编写气候决策服务的特点。

案例1(见附录1)

2011年11月份以来,天津大部分地区降水明显偏少,气象干旱严重,政府对这个情况非常关注,天津气象局决策服务部门适时制作了一期服务产品提供给各级领导部门,体现出决策材料的敏感性和时效性,该期服务产品获得了市领导的批示。从题目上看"天津11月以来降水稀少,但对农业影响尚未凸显",抓住了主要问题,并对政府关心的问题给予明确解释。摘要部分给出了年降水量和冬季降水特点、历史排位以及天津市土壤墒情状况,对政府最关心的问题给予简洁、准确的回答,实现了决策服务材料的独特性。在内容上,材料细致分析了天津地区冬季以及前期的降水情况、干旱导致的影响,给出产生这种灾害的主要原因,并对未来天津天气的变化情况给出预测结果以及对于冬季干旱提出有效的应对措施。

案例2(见附录2)

2012年6月份,北京市地区降水频繁,降水量超过常年平均降水量,市政府对此相当关注。对于北京市来说,政府对汛期关注的重点在城市的正常运行,包括:高温热浪对城市用水用电的影响,强降水对交通的影响(这一点在2010年几次强降水过程之后尤为重要)。因此,针对北京市6月降水的特点及时制作了一期决策服务材料,这体现出了决策服务材料的敏感性和时效性。决策产品题目"6月北京降水偏多,7-8月继续观测城市内涝"准确地把握了各级领导所关注的问题,容易引起决策者的关注。摘要中介绍了6月份北京降水的情况和与历史的比较,对于特殊地区的雨量进行说明,并给出了未来的预测分析和重点关注的问题,体现了决策服务材料的特殊性、可读性。该材料在内容中对6月份北京市的降水情况进行详尽分析,最重要的是分析了入夏以来最明显的一次降水过程,并对政府关心的降水强度的特点进行说明。另外根据预测情况对未来可能产生的灾害情况(如城市内涝、雷电、大风)及时提醒,并提示注意由于高温导致城市用水和用电问题。该份材料内容翔实、全面、重点突出,取得比较好的服务效果。中国气象局领导表扬,并特别强调此次服务的敏感性和及时性方面做得很好。

案例3(见附录3)

2012年7月21-22日,北京市出现了自1951年有完整气象记录以来日最强特大暴雨,全市平均降雨量达190.3 mm,城区平均雨量达231.0 mm,全市86%地区出现大暴雨,其中11个气象站日降水量突破历史最大值记录。针对这次重大灾害性天气过程,有一系列的决策服务材料,充分体现了气象部门决策服务快、准、精的特点。在整个决策服务过程中,气象决策服务部门根据最新的灾情和影响,追踪服务,给出该次降水过程的主要特点"与1951年以来北京发生的7次特大暴雨过程相比,此次过程列第六位,具有雨量大、雨势强、范围广、极端性突出等特点,全市日降水强度超百年一遇"。另外,该次降水受到广泛的关注,媒体大篇幅报道,气象部门的决策材料如何体现气象重点、决策的价值何在、气象的意义体现在何处是材料的重点部分。因此在材料的开始,就给出了北京经济发展对气象灾害的影响,并从气候变化角度提出应对措施,使决策者一目了然。另外在材料中除了给出暴雨过程的特点之外,还细致地剖析了北京城市快速发展对灾害风险的作用。最终从多个角度给政府部门提出国际大都市可持续发展如何强化气象灾害风险管理的建议。

案例4(见附录4)

1991年夏季江淮流域出现了特大洪涝灾害。灾情最重的江苏和安徽两省经济损失达400亿元。针对这次罕见的自然灾害,气象部门根据自身特点,认真、细致总结洪涝发生期间天气气候特点,提出了:汛前降雨偏多,江河湖库底水充足;梅雨季节明显提前;雨季较长,雨量特大等气候;暴雨雨势凶猛强烈,落区少动;反复受涝、灾上加灾。这充分反映出了江淮洪涝期间降水的主要特点。由于江淮洪涝灾害被众多媒体所关注,这次洪涝灾害的形成原因也是必须给予解释的,因此材料用尽可能简练、通俗的语言从大气环流异常和海温影响的角度给予解释,使政府和媒体能够迅速抓住灾害形成的主要原因。导致洪涝灾害除了天气原因之外还有很多其他因素,材料收集了大量素材,从地理特点、人为因素等方面进行分析,提出人为因素是导致洪涝加剧的重要原因。最终材料提出了减少洪涝引发灾害的建议,建议具体、切实可行,同时分析了气象部门的预测能力,并提出气象工作今后的发展目标。

复习思考题

1. 简述市(县)级气象探测环境保护的对策和措施。
2. 极端天气气候事件的主要监测方法和指标。
3. 简述气象观测环境现状的评定方法。
4. 简述观测资料的质量控制与订正技术。
5. 请思考市(县)级如何开展气候咨询服务。

6. 简述市(县)级气候影响评价内容和主要技术方法。
7. 简述气候可行性论证应用范围和业务流程。
8. 简述市(县)级常规农业气象服务、重要农事活动服务的基本内容。
9. 请思考在市(县)级如何推动两个体系建设。
10. 简述市(县)级农用天气预报制作方法。
11. 请思考如何做好市(县)级气候决策服务。

参考文献

安爱萍,郭琳芳,董葱青. 2005. 我国大气污染及气象因素对人体健康影响的研究进展. 环境与职业医学,22(3):279-282.
卞林根,林学椿. 2009. 南极涛动和南极绕极波的年代际变化. 大气科学,33(2):251-260.
曹明奎,李克让. 2000. 陆地生态系统与气候相互作用的研究进展. 地球科学进展,15(4):446-452.
陈丽娟,李维京,张培群,等. 2003. 降尺度技术在月降水预报中的应用. 应用气象学报,14(6):648-655.
陈隆勋,朱乾根,罗会邦,等. 1991. 东亚季风,北京:气象出版社.
丑纪范,赵柏林. 2004. 中国气象事业发展战略研究—现代气象业务卷. 北京:气象出版社.
崔大鹏. 2005. 国际气候合作的政治经济学分析. 北京:商务印书馆.
崔读昌. 1992. 气候变暖对我国农业生产的影响与对策. 中国农业气象,13(2):16-20.
丁一汇,郭彩丽,孙颖,等. 2008. 气候变化40问. 北京:气象出版社.
丁一汇,胡国权. 2003. 1998年中国大洪水时期的水汽收支研究. 气象学报,61(2):129-145.
丁一汇,李崇银,何金海,等. 2004. 南海季风试验与东亚夏季风. 气象学报,62(5):561-586.
丁一汇,林尔达,何建坤. 2009. 中国气候变化——科学、影响、适应及对策研究. 北京:中国环境科学出版社.
丁一汇,张锦,徐影,等. 2003. 气候系统的演变及其预测. 北京:气象出版社.
丁一汇. 2005. 高等天气学. 北京:气象出版社.
丁一汇. 2010. 气候变化(大学教材). 北京:气象出版社.
丁一汇. 2013. 中国气候. 北京:科学出版社.
段克勤,姚檀栋,蒲健辰. 2002. 喜马拉雅山中部过去约300年季风降水变化. 第四纪研究,22(3):236-242.
范丽军,符淙斌,陈德亮. 2005. 统计降尺度法对未来区域气候变化情景预估的研究进展,地球科学进展,20(3):320-329.
方精云. 2000. 中国森林生产力及其对全球气候变化的响应. 植物生态学报,24(5):513-517.
冯浩鉴. 1999. 当代海平面变化现状与发展趋势. 测绘通报,(1):2-6.
冯瑞权,王安宇. 2001. 亚洲季风图集. 澳门:澳门基金会出版.
符超峰,安芷生,强小科,等. 2006. 全球变化研究进展及面临的挑战及应对策略. 干旱区研究,23(1):1-7.
符淙斌,曾昭美. 2005. 最近530年冬季北大西洋涛动指数与中国东部夏季旱涝指数之联系. 科学通报,50(14):1512-1522.
高荣,邹旭恺,王遵娅,等. 2012. 中国极端天气气候事件图集. 北京:气象出版社,144.
高绍凤,陈万隆,朱超群,等. 2001. 应用气候学. 北京:气象出版社.
高由禧. 1962. 东亚季风的若干问题. 北京:科学出版社,1-106.
龚道溢,王绍武. 1998. 南极涛动. 科学通报,43(3):296-301.
龚道溢,王绍武. 2000. 大气涛动对全球低层大气环流的贡献. 高原气象,9(4):427-434.
龚道溢,周天军,王绍武. 2001. 北大西洋涛动变率研究进展. 地球科学进展,16(3):413-420.
龚高法,张丕远,吴祥定,等. 1983. 历史时期气候变化研究方法. 北京:科学出版社,46-52.
郭建平. 2003. 中国北方地区主要植物对高二氧化碳浓度和土壤干旱的响应. 北京:气象出版社.
郭艳君,李威,陈乾金. 2004. 北半球积雪监测诊断方法研究. 气象,30(11):24-26.
韩荣青,李维京,董敏. 2006. 北半球副热带—中纬度太平洋大气季节内扰动的纬向传播与东亚夏季旱涝. 气象学报,64(2):149-163.

何金海,于婧婧,沈新勇,等. 2004. 有关东亚季风的形成及其变率的研究. 热带气象学报,**20**(5):449-459.
侯威,杨萍,封国林. 2008. 中国极端干旱事件的年代际变化及其成因. 物理学报,**57**(6):3932-3940.
胡宜昌. 2013. 中国不同强度降水时空变化特征. 气象科技进展,**3**(3):59-66.
黄荣辉,陈际龙. 2010. 我国东、西部夏季水汽输送特征及其差异. 大气科学,**34**(6):1035-1045.
黄荣辉,张振洲,黄刚,等. 1998. 夏季东亚季风区水汽输送特征及其与南亚季风区水汽输送的差别. 大气科学,**22**(4):460-469.
黄荣辉. 1990. ENSO 及热带海—气相互作用动力学研究的新进展. 大气科学,**14**(2):234-242.
黄胜,卢启苗. 1995. 河口动力学. 北京:水利电力出版社.
霍治国,刘万才,邵振润,等. 2000. 试论开展中国农作物病虫害危害流行的长期气象预测研究. 自然灾害学报,**9**(1):117-121.
江锋先. 1996. 消化性溃疡显性出血与气候关系的探讨. 江西医药,**31**(2):77-78.
居辉,熊伟,许吟隆,等. 2005. 气候变化对我国小麦产量的影响. 作物学报,**131**(10):1340-1343.
琚建华,任菊章,吕俊梅. 2004. 北极涛动年代际变化对东亚北部冬季气温增暖的影响. 高原气象,**23**(4):429-434.
鞠丽霞,王会军. 2006. 用全球大气环流模式嵌套区域气候模式模拟东亚现代气候. 地球物理学报,**49**:52-60.
李崇银,2004. 大气季节内振荡研究的新进展. 自然科学进展,**14**(7):734-741.
李崇银,李桂龙. 1999. 北大西洋涛动和北太平洋涛动的演变与 20 世纪 60 年代的气候突变. 科学通报,**44**(16):765-769.
李崇银. 2000. 气候动力学引论. 北京:气象出版社.
李克让,陈育峰. 1999. 中国全球气候变化影响研究方法的进展. 地理研究,**18**(2):214-219.
李巧萍,丁一汇. 2004. 区域气候模式对东亚季风和中国降水的多年模拟与性能检验. 气象学报,**62**(2):140-153.
李巧萍,丁一汇. 2005. 区域气候模式对东亚冬季风多年平均特征的模拟. 应用气象学报,**16**(增刊):30-40.
李淑华. 1993. 气候变暖对病虫害的影响及防治对策. 中国农业气象,**14**(1):41-47.
李维京,陈丽娟. 1999. 动力延伸预报产品释用方法的研究. 气象学报,**57**(3):338-344.
李维京,纪立人. 2000. 月动力延伸预报研究,北京:气象出版社.
李维京,张培群,李清泉,等. 2005. 短期气候综合动力模式系统业务化及其应用. 应用气象学报,**16**(增刊):1-11.
李维京. 2012. 现代气候业务. 北京:气象出版社.
李晓锋,陈明新. 2008. 全球气候变暖对我国畜牧业的影响与分析. 中国畜牧杂志,**44**(4):50-53.
李晓燕,翟盘茂. 2000. ENSO 事件指数与指标研究. 气象学报,**58**(1):102-109.
李晓燕,翟盘茂,任福民. 2005. 气候标准值改变对 ENSO 事件划分的影响. 热带气象学报,**21**(1):72-78.
李艳,赵南,董敏. 2009. 下边界条件对北极涛动影响的数值模拟研究. 气象学报,**67**(3):388-396.
李志斌,邹霞英. 1999. 广州地区气象因子与呼吸疾病的关系. 解放军预防医学杂志,**17**(4):290-292.
梁萍,丁一汇. 2012. 东亚梅雨季节内振荡的气候特征. 气象学报,**70**(3):418-435.
林而达,张厚瑄,王京华,等. 1997. 全球气候变化对中国农业影响的模拟. 北京:中国农业科技出版社.
林学椿,于淑秋,唐国利. 1995. 中国近百年温度序列. 大气科学,**19**:525-534.
林之光. 1987. 中国气候. 北京:气象出版社.
刘丹,那继海,杜春英,等. 2007. 1961—2003 年黑龙江主要树种的生态地理分布变化. 气候变化研究进展,**3**(2):100-105.
刘海文,周天军,朱玉祥,等. 2012. 东亚夏季风自 20 世纪 90 年代初开始恢复增强. 科学通报,**57**(9):765-769.

参考文献

刘晓东. 1989. 冰雪变化对大气环流和天气气候的影响. 地球科学进展,6:53-58.

刘一鸣,丁一汇,李清泉. 2005. 区域气候模式对中国夏季降水的10年回报试验及其评估分析. 应用气象学报,16(增刊):41-47.

刘雨芳,古德祥. 1997. 气候变暖后我国作物害虫发生趋势分析. 昆虫天敌,19(2):93-96.

罗勇. 2012. 现代气象业务丛书:气候变化业务. 北京:气象出版社.

闵屾,钱永甫. 2008. 中国极端降水事件的区域性和持续性研究. 水科学进展,19(6):763-771.

潘根兴,高民,胡国华,等. 2011. 气候变化对中国农业生产的影响. 农业环境科学学报,30(9):1698-1706.

潘守文. 1994. 现代气候学原理. 北京:气象出版社.

彭少麟,赵平,任海. 2002. 全球变化压力下中国东部样带植被与农业生态系统格局的可能性变化. 地学前缘,9(1):217-226.

濮冰,王绍武,朱锦红. 2007. 中国东部四季降水量变化空间结构的研究. 北京大学学报(自然科学版),43:620-629.

气候变化国家评估报告编写委员会. 2007. 气候变化国家评估报告. 北京:科学出版社.

气候变化国家评估报告编写委员会. 2011. 第二次气候变化国家评估报告. 北京:科学出版社.

钱维宏. 2009. 全球气候系统. 北京:北京大学出版社.

秦大河,等. 2007. 当前全球气候变化研究的科学认知. 气候变化研究进展,3(2).

秦大河,丁一汇,苏纪兰,等. 2005. 中国气候与环境演变(上卷):气候与环境的演变及预测. 北京:科学出版社.

任国玉,郭军,徐铭志,等. 2005. 近50年中国地面气候变化基本特征. 气象学报,63(6):942-956.

任国玉,郭军. 2006. 中国水面蒸发量的变化. 自然资源学报,21(1):31-44.

任国玉,徐铭志,初子莹,等. 2005. 近54年中国地面气温变化. 气候与环境研究,10(4):717-727.

任宏利,丑纪范. 2005. 统计-动力相结合的相似误差订正法. 气象学报,63(6):988-993.

任宏利,丑纪范. 2006. 在动力相似预报中引入多个参考态的更新. 气象学报,64(3):315-324.

任宏利,丑纪范. 2007. 数值模式的预报策略和方法研究进展. 地球科学进展,22:376-385

任美锷,苏纪兰. 1994. 海平面上升对中国三角洲地区的影响及对策. 北京:科学出版社.

盛承禹,等. 1986. 中国气候总论. 北京:科学出版社.

宋燕. 2010. 全国气象部门县局长综合素质轮训讲义. 北京:气象出版社.

孙荣强. 1994. 干旱定义及其指标评述. 灾害学,9(1):17-21.

孙菽芬,金继明,吴国雄. 1999. 用于GCM耦合的积雪模型的设计. 气象学报,57(3):293-300.

孙颖,秦大河,刘洪滨. 2012. IPCC第五次评估报告不确定性处理方法的介绍. 气候变化研究进展,8(2):150-153

唐国利. 2006. 仪器观测时期中国温度变化研究. 中国科学院大气物理研究所硕士学位论文,1-76.

唐国利,丁一汇. 2007. 由最高最低气温求算的平均气温对我国年平均气温序列影响. 应用气象学报,18(2):187-192.

唐国利,丁一汇,王绍武,等. 2009. 中国近百年温度曲线的对比分析. 气候变化研究进展,5(2):71-78.

唐国利,任国玉,周江兴. 2008. 西南地区城市热岛强度变化对地面气温序列影响. 应用气象学报,19(6):722-730.

唐国利,任国玉. 2005. 近百年中国地表气温变化趋势的再分析. 气候与环境研究,10(4):791-798.

田红,郭品文,陆维松. 2004. 中国夏季降水的水汽通道特征及其影响因子分析. 热带气象学报,20(4):401-408.

汪寿鹏,许亚娜. 1999. 四季气候变化对慢性胃炎及HP的影响. 江苏中医,20(3):12-13.

王春乙,郭建平,崔读昌,等. 2000. CO_2浓度增加对小麦和玉米品质影响的实验研究. 作物学报,26(6):931-936.

王春乙,潘亚茹,白月明,等. 1997. CO_2 浓度倍增对中国主要作物影响的试验研究. 气象学报,55(1):86-94.
王馥棠,赵宗慈,王石立,等. 2003. 气候变化对农业生态的影响. 北京:气象出版社.
王根绪,程国栋,沈永平. 2002. 近50年来河西走廊区域生态环境变化特征与综合防治对策. 自然资源学报, 17(1):78-86.
王绍武,龚道溢,叶瑾琳,等. 2000. 1880年以来中国东部四季降水量序列及其变率. 地理学报,55:281-293.
王绍武,龚道溢. 2000. 全新世几个特征时期的中国气温. 自然科学进展,10(4):325-332.
王绍武,叶瑾琳,龚道溢,等. 1998. 近百年中国年气温序列的建立. 应用气象学报,9(4),392-401.
王绍武. 1998. 近百年中国气候变化的研究. 中国科学基金,12(3).
王伟光,郑国光. 2011.应对气候变化报告.北京:社会科学文献出版社.
王霞,于雅梅,哲增科,等. 1994. 1970—1990年黑龙江省气象因素与小儿肺炎. 哈尔滨医科大学学报,(6): 489-491.
王小玲,王咏梅,任福民,等. 2006. 影响中国的台风频数年代际变化趋势. 气候变化研究进展,2(3): 135-138.
王晓春,周晓峰,李淑娟,等. 2004. 气候变暖对老秃顶子林线结构特征的影响. 生态学报,24(11): 2413-2421.
王亚非,高桥清利. 2005. 长江中下游降水以及东亚夏季风环流的年代际变化. 热带气象学报,21(4): 351-358.
闻新宇,王绍武,朱锦红,等. 2006. 英国CRU高分辨率资料揭示的20世纪中国气候变化. 大气科学,30(5): 894-904.
吴国雄,刘屹岷,刘新,等. 2005. 青藏高原加热如何影响亚洲夏季的气候格局. 大气科学,29(1):47-56.
吴国雄,毛江玉,段安民,等. 2004. 青藏高原影响亚洲夏季气候研究的最新进展. 气象学报,62(5):528-540.
吴统文,李伟平,王在志,等. 2013. 国家气候中心气候系统模式研发进展及其在气候变化研究中的应用. 应用气象学报(待发表).
徐桂玉,苏炳凯,符淙斌. 1994. 太平洋海气热通量与长江流域降水及东亚500 hPa 环流遥相关. 大气科学, 18(1):89-94.
徐祥德,陈联寿,王秀荣,等. 2003. 长江流域梅雨带水汽输送源-汇结构.科学通报,48(21):2288-2294.
许小峰,王守荣,任国玉,等. 2006. 气候变化应对战略研究. 北京:气象出版社.
阎季惠,李景光. 1999. 全球海洋观测系统及我们的对策初探. 海洋技术,18(3):14-21.
杨贤为,鞠笑生,王有民,等. 1998. 消化性溃疡病的医学气象研究. 应用气象学报,9(3):329-335.
杨修群,谢倩,朱益民,等. 2005. 华北降水年代际变化特征及相关的海气异常型.地球物理学报,48(4): 789-797.
杨修群,朱益民,谢倩,等. 2004. 太平洋年代际振荡的研究进展. 大气科学,28(4):979-992.
叶笃正,吕建华. 2003. 气候研究进展和21世纪发展战略. 自然科学进展,13(1):42-46.
于澎涛,刘鸿雁,崔海亭. 2002. 小五台山北台林线附近的植被及其与气候条件的关系分析. 应用生态学报, 13(5):523-528.
俞永强,张学洪. 1998. 一个修正的海气通量距平耦合方案. 科学通报,43(8):866-870.
曾庆存,李建平. 2002. 南北两半球大气的相互作用和季风的本质. 大气科学,26(4):433-448.
翟盘茂,任福民. 1997. 中国近40年来最高最低温度变化. 气象学报,55(4):418-429.
张德仁. 1982. 历史时期"雨土"现象剖析. 科学通报,27(5):294-297.
张冬峰,高学杰,赵宗慈. 2005. RegCM3及其对中国气候的模拟. 气候变化研究进展,1(3):119-121.
中华人民共和国发展与改革委员会.2007.中国应对气候变化国家方案.
张厚瑄. 2000. 中国种植制度对全球气候变化响应的有关问题. 中国农业气象,21(1):9-13.
张家诚. 1991. 中国气候总论. 北京. 气象出版社.

张莉,任国玉. 2003. 中国北方沙尘暴频数演化及其气候成因分析. 气象学报,**61**(6):744-750.

张强,王胜. 2007. 关于干旱和半干旱区陆面水分过程的研究. 干旱气象,**25**(2):1-4.

张庆云,陶诗言,陈列庭. 2003. 东亚夏季风指数的年际变化与东亚大气环流. 气象学报,**61**(4):559-568.

张澍田,于中麟,杨贤为,等. 1997. 消化性溃疡发病与气象因子的关系. 中华消化内镜杂志,**14**(4):225-228.

赵南,王启祎. 2010. 一个观测北极涛动与北大西洋涛动关系的典型个例. 气象学报,**68**(6):847-854.

赵士洞. 1997. 全球陆地观测系统开始实施. 地球科学进展,**12**(3):298-300.

赵永平,陈永利,翁学传. 1997. 中纬度海气相互作用研究进展. 地球科学进展,**12**(1):32-36.

赵振国. 1999. 中国夏季旱涝及环境场. 北京:气象出版社.

中国气象局气候变化中心. 2012. 2012年中国气候变化监测公报.

周长艳,何金海,李薇,等. 2005. 夏季东亚地区水汽输送的气候特征. 南京气象学院学报,**28**(1):18-27.

周建国. 2009.《中国应对气候变化国家方案》贯彻实施与气候变化适应减缓措施技术、影响评估及气象档案资料管理实用全书. 北京:科学技术出版社.

周天军,张学洪,王绍武. 2000. 大洋温盐环流与气候变率的关系. 科学通报,**45**(4):421-425.

周晓霞. 2007. 亚洲夏季风水汽输送特征及其与中国降水关系的研究. 南京信息工程大学博士论文.

周自江,章国材. 2003. 中国北方典型的强沙尘暴事件(1954—2002年). 科学通报,**48**(11):1224-1228.

朱建华,侯振宏,张小全. 2009. 气候变化对中国林业的影响与应对策略. 林业经济,**11**:78-83.

朱乾根,林锦瑞,寿绍文,等. 2000. 天气学原理与方法. 北京. 气象出版社.

朱玉祥,丁一汇,2007.青藏高原积雪对气候影响的研究进展和问题. 气象科技,**35**(1):1-8.

朱玉祥,丁一汇,刘海文. 2009. 青藏高原冬季积雪影响我国夏季降水的模拟研究. 大气科学,**33**(5):903-915.

朱玉祥,丁一汇,徐怀刚. 2007. 青藏高原大气热源和冬春积雪与中国东部降水的年代际变化关系. 气象学报,**65**(6):946-958.

邹旭恺,任国玉,张强. 2010. 基于综合气象干旱指数的中国干旱变化趋势研究. 气候与环境研究,**15**(4):371-378.

《城市大气污染总量控制方法手册》,1991,北京:中国环境科学出版社.

Alcamo J, Swart R. 1998. Future Trends of Land-Use Emissions of Major Greenhouse Gases. *Mitigation and Adaptation Strategies for Global Change*, **3**(2-4):343-381.

Andrew A Lacis, Gavin A Schmidt, David Rind, Reto A Ruedy. 2010. Atmospheric CO_2: Principal Control Knob Gverning Earth's Temperature. *Science*, **330**:356-359.

Bailey B, M C Brower and J Zack. 1999. Short-Term Wind Forecasting. *Proceedings of the European Wind Energy Conference*, Nice, Frace, 1-5 March 1999, pp. 1062-1065, ISBN1 902916 X. http://www.truewind.com/.

Both C, S Bouwhuis, C Lessells and M. Visser. 2006. Climate change and population declines in a long-distance migratory bird. *Nature*, **441**:81-82.

Busch U, Heimann D. 2001. Statistical-dynamical extrapolation of nested regional climate simulations. *Climate Research*, **19**:1-13.

Chang C P. 2004. East Asian Monsoon. World Scientific, Singapore, 564.

Chen L T, Wu R G. 2000. Interannual and decadal variations of snow cover over Qinghai-Xizang Plateau and their relationships to summer monsoon rainfall in China. *Adv Atmos Sci*, **17**(1):18-30.

Cutlip K. 2000. Northern influence. *Weatherwise*, **53**(2):10-11.

Dai A G, Trenberth K T, Qian T T. 2004. A global dataset of Palmer drought severity index for 1870—2002: relationship with soil moisture and effects of surface warming. *J Hydrometeorol*, **5**:1117-1130.

Deser C, A Phillips and J Hurrell. 2004. Pacific interdecadal climate variability: Linkages between the tropics and the North Pacific during boreal winter since 1900. *J Climate*, **17**:3109-3124.

Ding Y H. 1994. *Monsoons over China*. Kluwer Academic Publisher. Dordercht/Boston/London. 419.

Ding Y, Shi X, Liu Y, *et al*. 2006a. Multi-year simulations and experimental seasonal predictions for rainy seasons in China by using a nested regional climate model (RegCM_NCC) Part I: Sensitivity study. *Advances in Atmospheric Science*, **23**(3):323-341.

Ding Y, Liu Y, Shi X, *et al*. 2006b. Multi-year simulations and experimental seasonal predictions for rainy seasons in China by using a nested regional climate model (RegCM_NCC) Part II: The experiment seasonal prediction. *Advances in Atmospheric Science*, **23**(4):487-503.

Ding Yihui. 2004. Seasonal march of the East-Asia summer monsoon. In: C. P. Chang Eds, *East Asian Monsoon*, Singapore: World Scientific Publishing, 562.

Duan K Q, Wang N L, Pu J C. 2002. Events of abrupt change of Indian monsoon recorded in Dasuopu ice core from Himalayas. *Chinese Science Bulletin*, **47**(8):691-696.

Duan K Q, Yao T D, Pu J C, *et al*. 2002. Response of monsoon variability in Himalayas to global warming. *Chinese Science Bulletin*, **47**(21):1842-1844.

EEA. 2004. Indicators of Europe's Changing Climate (Prepared by Thomas Voigt, Jelle van Minnen, Markus Erhard, David Viner, Robert Koelemeijer, Marc Zebisch) EEA Copenhagen, Environment Programme (SPREP). *Environmental Monitoring and Assessment*, **49**: 263-270.

Erik L Petersen, Niels G Mortensen, Lars Landberg, *et al*. 1998. Wind Power Meteorology. Part II: Siting and Models. *Wind Energy*, **1**:55-72.

Firland E J, Allerup P, Dahlstrim B, *et al*. 1996. Manual for Operational Correction of Nordic Precipitation Data. *DNMI-Reports*. **24**: 66.

Fisher R A, Tippett L H C. 1928. Limiting forms of the frequency distribution of the largest or smallest members of a sample. *Pro Cambridge Philos Soc*, **24**:180-190

Folland C K, Parker D E. 1990. Observed variations of sea surface temperature. *Climate-Ocean Interaction*, M. E. Schle-singer, Ed., Kluwer, 21-52.

Frank H P, Lars Landberg. 1997. Modelling the Wind Climate of Ireland. *Boundary-Layer Meteorology*, **85**: 359-378.

Frey-Buness A, Heinmann D, Sausen R. 1995. A statistical-dynamical downscaling procedure for global climate simulations. *Theoretical & Applied Climatology*, **50**:117-131.22

Fuentes U, Heimann D. 1996. Verification of statistical-dynamical downscaling in the Alpine region. *Climate Research*, **7**:151-168.

Fuentes U, Heimann D. 2000. An improved statisitical-dynamical downscaling scheme and its application to the Alpine precipitation climatology. *Theoretical & Applied Climatology*, **65**:119-135.

Gong D, Wang S. 1999. Definition of Antarctic Oscillation Index. *Geophys. Res. Lett.*, **26**: 459-462.

Gumbel E J. 1958. *Statistics of Extremes*. New York: Columbia University Press, 375.

Guo Qiyun. 1987. The East Asia monsoon and the southern oscillation, 1871-1980. In "*The Climate of China and Glohal Climate*". Ye Duzhen *et al*. edited. Beijing: China Ocean Press, Spinger-Verlag, 219-255

He Jinhai, Ju Jianhua, Wen Zhiping, et al. 2007. A Review of Recent Advances in Research on Asian Monsoon in China. *Advances in Atmospheric Sciences*, **24**(6): 972-992.

Hou S G, Qin D H, Yao T D, *et al*. 2002. Recent change of the ice core accumulation rates on the Qinghai-Tibetan Plateau. *Chinese Science Bulletin*, **47**(20):1746-1749.

Hulme M, Osborn T J, Johns T C. 1998. Precipitation sensitivity to global warming: Comparison of observations with HadCM2 simulations. *Geophys. Res. Lett.*, **25**, 3379-3382.

IPCC. 1990. *Climate Change: The IPCC Scientific Assessments*. Cambridge: Cambridge University Press, 365.

IPCC. 1995. *Climate Change 1995: The science of climate change*. Cambridge: Cambridge University Press.

IPCC. 2001. *Climate Change 2001*. Cambridge: Cambridge University Press, 881.

IPCC. 2007. *Climate Change 2007*. Cambridge: Cambridge University Press, 996.

IPCC. 2010. *Climate Change 2010*. Cambrideg: Cambridge University Press.

Jin Qihua, He Jinhai, Chen Longxun, Zhu Congwen. 2006. Impact of ocean-continent distribution over southern Asian on the formation of summer monsoon. *Acta Meteo Sinica*, **20**(1): 95-108.

Jones P D and Briffa K R. 1996. What can the instrumental record tell us about longer timescale paleoclimatic reconstructions? *Climatic Variations and Forcing Mechanisms of the Last 2000 Years*, P D Jones, R S Bradley and J Jouzel Eds., Springer, 625-644.

Jones P D and Moberg A. 2003. Hemispheric and large-scale surface air temperature variations: An extensive revision and an update to 2001. *J Clim*, **16**: 206-223.

Ju J H, Lv J M, Cao J, et al. 2005. Possible impacts of the Arctic Oscillation on the interdecadal variation of Summer Monsoon rainfall in East Asia. *A. A. S.*, **22**(1): 39-48.

Karl T R, Kukla G, Razuvayev V N, et al. 1991. Global warming: Evidence for asymmetric diurnal temperature change. *Geophy. Rev. Lett.*, **18**: 2253-2256.

Kerr R. 1999. A new force in high-latitude climate. *Science*, **284**(5412): 241-242.

Kiehl J T, Trenberth K E. 1997. Earth's Annual Global Mean Energy Budget. *Bull Amer Meteor Soc*, **78**: 197-208.

Klysik K, Fortuniak K. 1999. Temporal and spatial characteristics of the urban heat island of Lodz, Poland, *Atmos. Environ.* **33**, 3885-3895.

Li J, Wang J. 2003. A modified zonal index and its physical sense. *Geophys Res Lett*, **30**(12): 1632.

Li J, Wang J. 2003. A new North Atlantic Oscillation index and its variability. *Adv Atmos Sci*, **20**(5): 661-676.

Liu Y M, Ding Y H. 2002. Simulation of heavy rainfall in the summer of 1998 over China with regional climate model. *Acta Meteorology Sinica*, **16**(3): 348-362

Mann M E, Bradley R S, Hughes M K. 1999. Northern hemisphere temperatures during the past millennium: Inferences, uncertainties, and limitations. *Geophys Res Lett*, **26**(6): 759-762.

Matthes F E. 1939. Report of the committee on glaciers, transactions of the America. *Geophysical Union*, **20**: 518-523.

Mitchell T, Jones P D. 2005. An improved method of constructing a database of monthly climate observations and associated high-resolution grids. *Int J Climat*, **25**: 693-712.

Nan S, Li J. 2003. The relationship between summer precipitation in the Yangtze River valley and the previous Southern Hemisphere Annular Mode. *Geophys Res Lett*, **30**(24): 2266.

Nicholls N, Tapp R, Burrows K, et al. 1996. Historical thermometer exposuresin Australia. *Int J Climat*, **16**: 705-710.

Parkinson C L, Washington W M. 1979. A large-scal numerical model of sea ice. *J Geophys Res*, **84**: 311-337.

Peng S L, Mysak L A. 1993. A teleconnection study of interannual sea surface temperature fluctuation in the Northern Atlantic and precipitation and runoff over western Siberia. *J. Climate*, **13**: 876-885.

Peterson T C and Vose R S. 1997. An overview of the Global Historical Climatology Network temperature database. *Bull Amer Meteor Soc*, **78**: 2837-2848.

Prinn R G, et al. 2000. A history of chemically and radiatively important gases in air deduced from ALE/GAGE/AGAGE. *J Geophys Res*, **105**(D14):17751-1779

Prinn R G, et al. 2005. The ALE/GAGE/AGAGE Network: DB1001. Carbon Dioxide Information and Analysis World Data Center, http://cdiac.esd.ornl.gov/ndps/alegage.html.

Qian, W H, Kang H S, Lee D K. 2000. Seasonal march of Asian summer monsoon. *Int J Climat*, **20**(11):1371-1378

Qin D H, Mayewski P A, Kang S C, et al. 2000. Evidence for recent climate change from ice cores in the central Himalaya. *Ann Glaciol*, **31**:153-158.

Quayle R G, Easterling D R, Karl T R, et al. 1991. Effects of recent thermometer changes in the cooperative station network. *Bull Amer Meteor Soc*, **72**:1718-1724.

Rasmusson E M, Carpenter T H. 1982. Variations in tropical sea surface temperature and surface wind fields associated with the Southern Oscillation/El Nino. *Mon Wea Rev*, **110**:354-384.

Ren J W, Qin D H, Kang S C, et al. 2004. Glacier variations and climate warming and drying in the central Himalyas. *Chinese Science Bulletin*, **49**(1):65-69.

Rhoades D A and Salinger M J. 1993. Adjustment of temperature and rainfall records for site changes. *Int J Climat*, **13**:899-913.

Somerville R, H Le Treut, U Cubasch. 2007. Historical Overview of Climate Change. In: *The Physical Science Basis*.

Tao S Y, Chen L X. 1987. A review of recent research on the East Asian summer monsoon in China. In: Chang C P, Krishnamurti T N., eds. *Monsoon Meteorology*. Oxford University Press, 60-92

Thompson D W, Wallace J M. 1998. The Arctic oscillation signature in the wintertime geopotential height and temperature fields. *Geophy Res Lett*, **25**(9):1297-1300.

Thompson T M, et al. 2004. Halocarbons and other atmospheric trace species. In: Climate Monitoring and Diagnostics Laboratory, Summary Report No. 27 [Schnell, R. C., A.-M. Buggle, and R. M. Rosson (eds.)]. NOAA CMDL, Boulder, CO, pp. 115-135.

Vose R S, et al. 1992. The Global Historical Climatology Network:Long-Term Monthly Temperature, Precipitation, Sea Level Pressure,and Station Pressure Data. ORNL/CDIAC-53, NDP-041, Carbon Dioxide Information Analysis Center, Oak Ridge National Laboratory,Oak Ridge, TN, 325.

Wang B, Lin H. 2002. Rainy season of the Asian-Pacific summer monsoon. *J Climate*, **15**:386-398

Wang N L, Yao T D, Pu J C, et al. 2003. Variations in air temperature during the last 100 years revealed by in the Malan ice core from the Tibetan Plateau. *Chinese Science Bulletin*, **48**(19):2134-2138.

Wang W C, Zeng Z, Karl T R. 1990. Urban heat islands in China. *Geophys Res Lett*, **17**:2377-2380.

Wen Min, Zhang Renhe. 2005. Possible maintaining mechanism of climatological atmospheric quasi-biweekly oscillation around Sumatra. *Chinese Science Bulletin*, **50**(10):1054-1056.

WORLD METEOROLOGICAL ORGANIZATION GLOBAL ATMOSPHERE WATCH, No. 172-WMO Global Atmosphere Watch (GAW) Strategic Plan: 2008-2015.

Wu Bingyi. 2005. Weakening of Indian Summer Monsoon in Recent Decades. *Adv Atmos Soc*,**22**(1):21-29.

Wu G, Liu Y, He B, et al. 2012. Thermal Controls on the Asian Summer Monsoon. *Sci Rep*, **2**:404.

Xiao C, Liu S, Zhao L, et al. 2007. Observed changes of cryosphere in China over the second half of the 20th century: an overview. *Annals of Glaciology*, **46**:382-390.

Yang B, Braeuning A, Shi Y F, et al. 2003. Temperature variations on the Tibetan Plateau over the last two millennia. *Chinese Science Bulletin*, **48**(14):1446-1450

Yao T D, Wang Y Q, Liu S Y, et al. 2004. Recent glacial retreat in High Asia in China and its impact on water resource in Northwest China. *Sci China D*, **47**(12): 1065-1075.

Zhang Y S, *et al*. 2004. Decadal change of the spring snow depth over the Tibetan Plateau: the associated circulation and influence on the East Asian summer monsoon. *J Climate*, **17**:2780-2793.

Zhou T, Yu R. 2006. Twentieth century surface air temperature over China and the globe simulated by coupled climate models. *J Climate*, **19**(22): 5843-5858.

Zurbenko I, Porter P S, Rao S T, *et al*. 1996. Detecting discontinuities in time series of upper-airdata: Development and demonstration of anadaptive filter technique. *J Climate*, **9**: 3548-3560.

附录 1

天津 11 月以来降水稀少,但对农业影响尚未凸显

天津市气象局
2010 年 1 月 27 日

摘要: 2010 年 11 月以来,天津大部分地区降水稀少,气象干旱严重。截至 2011 年 1 月 26 日,全市平均降水量仅为 0.8 mm,比多年平均值(18.5 mm)少 17.7 mm,为 1951 年以来历史同期最少值。塘沽和蓟县 2010 年 10 月 25 日至今连续无降水日数达 94 天,该年为塘沽 1951 年以来连续无降水日数最多的一年,同时为蓟县 1957 年建站以来第三多年;其他大部分区县自 2010 年 12 月 22 日夜间出现一次小雪过程后连续 35 天无降水。由于天津市冬小麦冬前普遍浇灌了越冬水,目前麦田墒情较好,可满足麦苗对水分的需求。但后期如果降水继续偏少,对春季小麦返青分蘖以及春播将会造成影响。持续降水偏少,空气干燥,建议消除火灾隐患并加强森林防火。具体分析如下:

一、前期降水量概况

2010 年 11 月以来,天津大部地区降水量异常偏少(附图 1.1)。截至 1 月 26 日,天津全市平均降水量仅 0.8 mm,较多年平均值(18.5 mm)少 17.7 mm,为 1951 年以来历史同期最少值。其中,11 月除武清降水量为 1.0 mm 之外,其他大部分区县基本无降水。12 月全市平均降水量仅为 0.7 mm,较常年同期偏少 8 成,主要降水过程出现在 12 月 22 日夜间,全市普降小雪,最大降雪量出现在市区,为 1.7 mm。2011 年 1 月以来全市无降水过程出现。

蓟县和塘沽 2010 年 10 月 25 日至今连续无降水日数达 94 天,该年为塘沽 1951 年以来连续无降水日数最多的一年,同时为蓟县 1957 年建站以来第三多年;其他大部分区县自 2010 年 12 月 22 日夜间出现小雪以来,连续无降水日数达 35 天,较常年同期多 17 天,为近 60 年以来第 11 个同期连续无降水的年份。

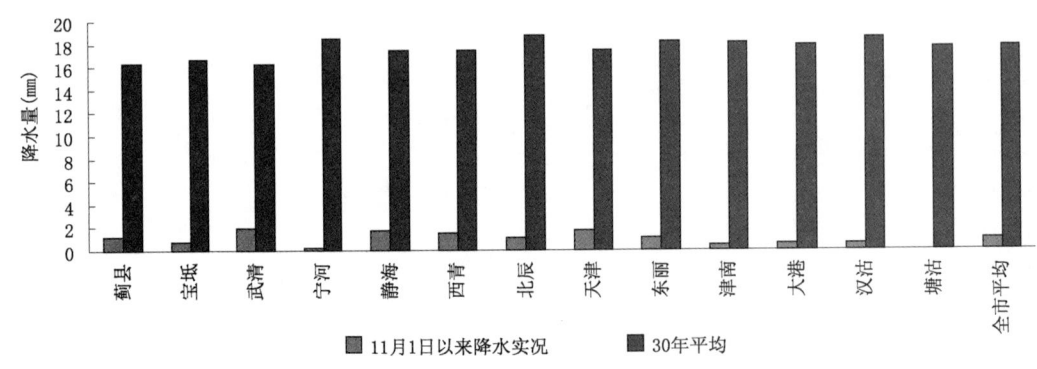

附图 1.1　2010 年 11 月 1 日以来天津市降水量与历史同期平均比较

二、气象干旱影响分析

目前天津市各区县均出现了严重的气象干旱。由于目前田间作物仅为处于越冬期的冬小麦,且冬前麦田普遍浇灌了越冬水,麦田墒情较好,基本满足麦苗对水分的需求,因此对农业生

产的影响不大。

1月中下旬天津市气温较常年偏低,但日照条件好,设施农业生产正常,总体气象条件对设施农业生产有利。充足的日照时间和良好的日照质量保证了温室的增温和蔬菜生长需要,今年冬季温室气象条件明显好于去年同期。

三、造成天津市气象干旱的主要原因

一是欧亚中高纬度的冷空气势力强并且不断扩散南下,华北等地一直受干冷气团控制;二是2010年7月以来热带太平洋快速发展的拉尼娜事件有效地抑制了暖湿空气的向北输送,导致华北乃至天津缺乏降水形成所必需的水汽。

四、未来天气气候趋势展望

预计未来一周,天津仍没有出现明显降水的可能,气象干旱将持续。

预计2011年后冬至初春,天津大部地区降水量总体偏少。预计2011年2月天津市大部地区气温接近常年同期,降水量较常年同期偏少2至3成(北部多年平均为4.9 mm,中南部多年平均为4.2 mm,东部多年平均为3.4 mm);月平均气温为$-1\sim0$℃,极端最低气温为-10℃左右。

预计2011年3月天津市大部地区气温略偏高,降水量略偏多。月降水量为10 mm左右(北部地区多年平均为9.7 mm,中南部地区多年平均为8.3 mm,东部地区多年平均为7.6 mm)。月平均气温为6℃左右,极端最低气温为-6℃左右。

五、应对措施及建议

(1)冬麦区需做好冬小麦越冬期间管理,因时因地因墒因苗落实春管措施,强化病虫害防控工作,防止气温回升病虫害扩散蔓延。

(2)2月下旬至3月上旬,天津小麦将进入返青期,如不能及时灌溉返青水,可能影响小麦春季返青分蘖。而持续干旱少雨可能影响正常春播。建议提前采取相关措施,为作物灌溉准备充足水源。

(3)今冬天津风大雪少,尤其是蓟县和塘沽已经连续94天无降水,存在极高的火灾隐患。建议及时清理可燃物,消除火灾隐患并加强森林防火。

(4)气象部门将密切监测气象干旱等的发生发展,加强冬末初春天气滚动预报预测,及时发布预警预报和服务信息。

附录 2

6 月北京降水偏多
7—8 月降水将继续偏多　需关注城市内涝

北京市气象局
2012 年 6 月 26 日

摘要：6 月以来，北京市平均降水量为 73.9 mm，比常年同期（53.7 mm）偏多 37.6%，比近 10 年同期平均值（60.8 mm）偏多 21.5%，但比去年同期（115.9 mm）偏少 42 mm，尤其是朝阳地区偏多近 1 倍。预计 7—8 月，北京市降水量将继续偏多，平均气温偏高，需重点关注城市内涝和山区地质灾害的发生，以及强对流和高温天气带来的不利影响。

一、6 月以来北京降水偏多

6 月以来（6 月 1—25 日），北京市平均降水量为 73.9 mm，比常年同期（53.7 mm）偏多 37.6%，比近 10 年同期平均值（60.8 mm）偏多 21.5%，但比去年同期（115.9 mm）偏少 42 mm。除斋堂和大兴降水量较常年同期偏少外，其他地区均偏多，其中朝阳地区偏多近 1 倍。降水量最多的地区依次是朝阳（109 mm）、门头沟（105.2 mm）和上甸子（104.5 mm）（附图 2.1）。

6 月以来，北京市降水次数较多，局地雷雨天气多。以观象台为例，共出现 8 次降水（常年 7.7 次），其中雷雨天气 6 次（常年 5.7 次）。6 月 24—25 日，北京市出现了大范围降水，为入夏以来最大，全市平均降水量为 41.4 mm，城区平均降水量为 58.0 mm，最大降水量出现在昌平香堂，为 92.0 mm，最大雨强出现在昌平古将，25 日 00—01 时小时降雨量达 31.8 mm。

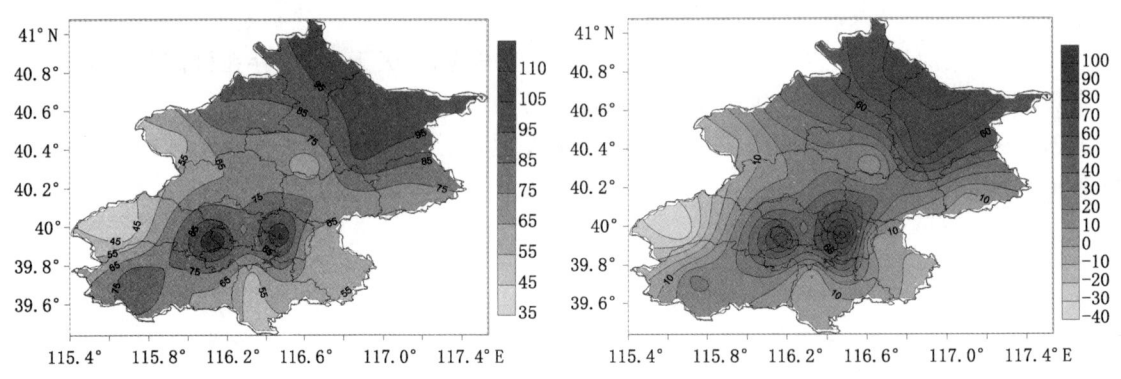

附图 2.1　2012 年 6 月 1—25 日北京市降水量（左图，单位：mm）
和降水量距平百分率（右图，单位：%）分布图

二、预计 7—8 月北京降水继续偏多

预计 7—8 月，北京市大部分地区降水量为 310～370 mm，比常年同期（314.1 mm）偏多，比近十年同期平均值（251.1 mm）偏多；平均气温为 26℃左右，比常年（25.6℃）略偏高。

预计 7 月份，北京市平原地区平均降水量为 170～210 mm，比常年（171.2 mm）偏多；平均气温为 26～27℃，比常年同期（26.3℃）略偏高；月极端最高气温为 37～39℃。

三、关注建议

今年以来,北京市天气气候总体较平稳,极端天气事件少。根据预测,今年汛期北京市降水量比常年同期略偏多,同时局地出现强降水,发生城市内涝的可能性很大。

1. 预防暴雨内涝和山区地质灾害

汛期降水量可能偏多,城区和山前迎风坡等地区容易出现局地强降水天气,建议有关部门加强城区防洪排涝设施检查,提高重点地区(立交桥、低洼地带)的防汛能力,加强对地质灾害易发区、山区公路沿线的地质灾害隐患巡查工作。

2. 关注强对流天气造成的影响

汛期是雷电、大风等气象灾害的多发期,应加强重点场所及人口密集地区防雷装置的规范安装和定时检测,加强路标和广告牌,以及危旧房和悬挂物的抗风能力。

3. 关注高温天气的影响

汛期高温闷热天气对城市用水用电有非常大的影响,需要关注城市用水用电的合理调度,避免对城市运行、市民生活造成不利影响。

附录3

北京"7·21"降水强度超百年一遇 亟待加强城市气象灾害风险管理

国家气候中心 北京市气象局
2012年8月6日

摘要： 2012年7月21—22日，北京市出现了自1951年有完整气象记录以来日最强特大暴雨，全市平均降雨量达190.3 mm，城区平均雨量达231.0 mm，全市86%地区出现大暴雨，其中11个气象站日降水量突破历史最大值记录。与1951年以来北京发生的7次特大暴雨过程相比，此次过程列第六位，具有雨量大、雨势强、范围广、极端性突出等特点，全市日降水强度超百年一遇。

随着北京经济社会的快速发展，北京对气象灾害的脆弱性和敏感性越来越大，气象灾害的风险越来越高。据北京市统计局资料显示，与2001年相比，2010年全市GDP增长了2.8倍，建成区面积增加了72%，常住人口增长了40%，人口密度高达1195人/km²，拥有车辆增长了1.6倍。

随着全球气候变化，极端气候事件增多增强，强化城市气象灾害风险管理显得十分重要和必要。因此，我们建议：一要加强大城市气象灾害监测预警和预警信息发布；二要开展大城市的气象灾害普查，分析城市安全运行的脆弱性；三要加强城市规划建设的气候可行性论证，开展气象灾害风险评估。

一、北京"7·21"特大暴雨引发严重灾害

1. 暴雨过程的极端性

2012年7月21—22日，北京市出现历史罕见强降雨过程（附图3.1），为1951年以来最强的一次全市性特大暴雨过程，与历史上北京发生的7次特大暴雨过程（1952年7月20—24日、1955年8月15—17日、1956年7月29日—8月6日、1958年7月11—15日、1959年8月3—7日、1963年8月3—9日、1979年8月9—16日）相比，此次暴雨过程具有雨量大、雨势强、范围广、极端性突出的特点，全市日降水强度超百年一遇。

雨量大。 全市平均（20个国家气象站）降雨量为190.3 mm，城区平均雨量达231.0 mm，最大降雨量在霞云岭观测站，为337.5 mm，房山区河北镇自动雨量站（水文站）观测到460.0 mm的降雨量。就过程降雨量而言，北京"7·21"暴雨过程列自1951年有完整雨量观测以来的第六位，前五位分别是1956年（389.0 mm）、1963年（281.8 mm）、1958年（226.8 mm）、1952年（210.1 mm）、1959年（194.5 mm）。

雨势强。 有18个气象观测站（含自动气象站）小时降雨量超过80 mm，最大小时降雨量达100.3 mm，历史上少见。此外，降水过程历时短（21日10时至22日06时），但全市平均日降雨量达190.3 mm，列第一位（见附表3.1）。

范围广。 强降水覆盖面大，出现大暴雨（100 mm以上）的范围占全市总面积的86%以上。

极端性突出。 全市日降水强度超百年一遇，有11个气象站日降雨量达到1951年以来的历史极值；西南部山区平均日降雨量（212.6 mm）较此前的历史纪录（140.1 mm）偏多72.5 mm。

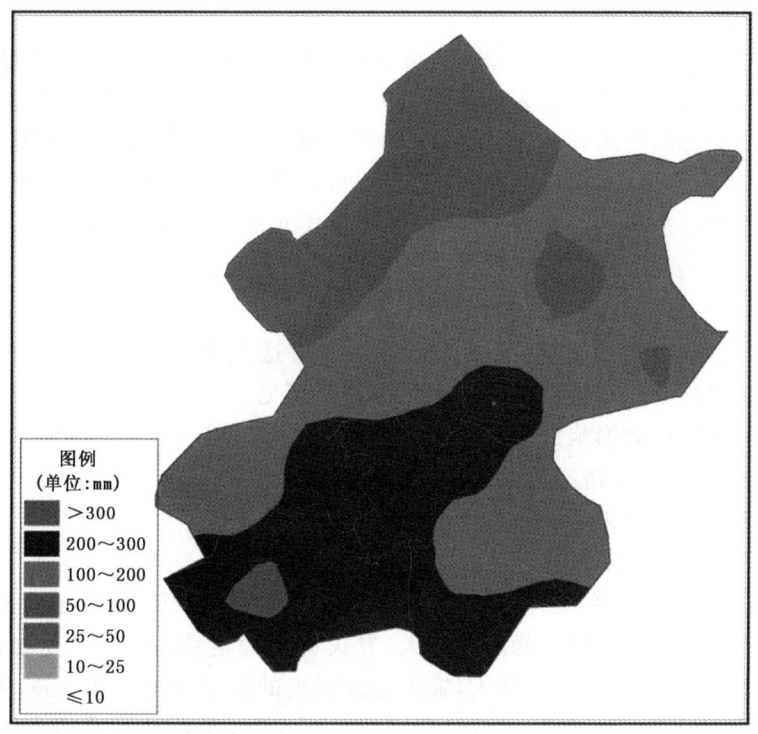

附图3.1 北京2012年7月21—22日过程降水量分布科(引自国家气候中心)

附表3.1 1951年以来北京市主要暴雨过程降雨量情况

降水过程时间	北京地区过程雨量(mm)	最大平均日降雨量(mm)			最大单站日降雨量(mm)		
		北京地区	北京城区	西南部山区	北京地区	北京城区	西南部山区
1952年7月20—24日	210.1	144.3	144.3	—	144.3 观象台	144.3 观象台	—
1955年8月15—17日	181.2	90.9	85.1	—	96.7 昌平	85.1 观象台	—
1956年7月29日—8月6日	389.0	95.8	117.7	—	117.7 观象台	117.7 观象台	—
1958年7月11—15日	226.8	97.8	90.5	—	170.2 昌平	90.5 观象台	—
1959年8月3—7日	194.5	57.4	98.3	66.8	137.7 房山	104.2 丰台	137.7 房山
1963年8月3—9日	281.8	100.7	217.6	108.1	220.3 丰台	220.3 丰台	124.9 房山
1979年8月9—16日	165.0	46.4	61.1	62.0	95.3 大兴	79.4 观象台	81.8 霞云岭
2012年7月21—22日	190.3	190.3	231.0	212.6	290.9 霞云岭	234.3 石景山	290.9 霞云岭

2. 暴雨灾害影响严重

北京"7·21"特大暴雨造成160.2万人受灾,79人死亡,直接经济损失超过100亿元。

一是多种灾害叠加,造成死亡人数多。公布的死亡79人不完全是暴雨造成的,49名"溺死"人员中也不能全部归到溺死类别中,应分为驾车溺亡(11人)、山洪造成死亡、滑坡造成死亡等,还有触电、房屋倒塌、雷击等。在暴雨灾害前,通州及周边地区出现雷雨大风(有专家事后认为是龙卷风)天气造成多人死亡,这不能作为这次暴雨灾害的死亡人数。山洪、滑坡等(发生在山区或大江大河流域)造成的死亡也不能简单地归并到溺死人员中。这都是给社会造成这次暴雨灾害严重性的"放大效应"。

二是对城市运行(特别是交通)影响大。此次灾害造成全市63处严重积水、多处交通瘫痪、机场滞留人员及被取消和延误航班之多等为近年罕见。

三是经济损失重,社会影响大。此次灾害造成的直接经济损失多达116.4亿元,为北京市近5年气象灾害造成直接经济损失总和的3倍多,占2011年北京市全年GDP的0.73%。

二、城市快速发展导致灾害风险加大

1. 城市承灾体的暴露度增加

承灾体暴露度是指暴露在受灾区域上的诸如人口、房屋、农田、设施等承灾体数目和价值量,反映了可能遭受损失的总量。暴露量越大,其灾害风险也就越大。北京经济的快速发展,使得城市面临的各种灾害风险越来越大,灾害造成损失的数量也呈上升趋势,主要体现在:

城市经济快速增长。根据北京市统计局资料分析显示,2001年北京市生产总值为3710.5亿元,2005年为6969.5亿元,2010年达14113亿元,2010年GDP较2001年增长了2.8倍。

城市面积迅速扩大。2001年北京城市建成区面积为747.8 km^2,2010年达1289.3 km^2,较2001年增加了72%。

城市人口急剧膨胀。北京市人口增长快,密度高。2001年北京市常住人口1385.1万人,2005年为1538万人,2010年达1961.2万人,较2001年增长了40%;2010年,北京市人口密度高达1195人/km^2。

城市车辆急剧增加。近10年,北京汽车数量增长迅速。2001年全市拥有车辆173万辆,2005年有214.6万辆,2010年达到452.9万辆,较2001年增长了1.6倍多。

2. 城市应对极端强降水的脆弱性增加

脆弱性是指承灾体遭受损失的容易程度,反映了承灾体抵御致灾因子打击的能力。随着经济发展和城市化推进,城市应对强降雨等极端气候事件的脆弱性凸显,主要体现在:

城市道路面积增加使地表汇流量增加。北京市2010年城市道路面积较2001年增加了55%。道路面积的增加,使土地吸收和渗透性减弱,越来越多的雨水集中在地表,加之排水能力不足,极易造成内涝。

城市扩建使低洼和内涝区域扩大。随着城市扩张,在低洼地区建设的项目增多,使可能发生内涝的区域增加。城市化向农村扩展,甚至在行洪区或附近建设,造成河道行洪不畅,一旦发生洪水,极易造成重大伤亡和财产损失。

城市道路迅猛发展使易被淹地段增多。2010年北京市拥有的桥梁和立交桥分别较2001年增加了1.1倍和1.6倍。公路桥、立交桥、过街地下通道等地势偏低点增多,如果排水系统不畅,遇有强降水,往往形成积水,造成交通堵塞、人员伤亡等。

此外,老城区规划改造破坏原有的排涝设施,城市现有排水设施和管网容量不足、运营效率低,城市缺乏科学合理的雨水储存、利用的空间和措施,城市缺乏统筹协调、严密有效的防洪抗涝应急和风险管理机制,城市管网设计不适应新的气象灾害特点,等等,也是造成城市内涝的因素。

三、城市可持续发展应强化气象灾害风险管理

随着全球气候变化和经济社会快速发展,极端天气气候事件将增多增强,城市暴露度越来越大,气象灾害风险越来越大。尽管7月20日对北京"7·21"暴雨已经做出预报、发出预警信息,暴雨来临前,政府各部门也采取各种措施,但造成的损失还是很大,因此很有必要加强城市气象灾害的风险管理。我们建议:

一要加强大城市气象灾害监测预警和预警信息发布。进一步构建完善气象灾害实时监测、短临预警和中短期预报无缝衔接,预警信息发布、传播、接收快捷高效的监测预警体系。力争做到气象灾害性预警信息能提前发出,气象灾害预警信息公众覆盖率达到90%以上。进一步提高预警信息发布时效性,消除预警信息发布"盲区",逐步建成功能齐全、科学高效、覆盖城乡和沿海的气象灾害监测预警及信息发布系统。

二要开展大城市气象灾害风险普查,分析城市安全运行脆弱性。应建立相应的管理机构,尽早筹划开展大城市气象灾害风险普查,全面查清城市发生的气象灾害种类、次数、强度和造成的损失等情况,组织开展基础设施、建筑物等抵御气象灾害能力普查,推进气象灾害风险数据库建设,编制分灾种气象灾害风险区划图。开展大城市气候变化影响、脆弱性和适应性研究,使适应策略更有针对性,适应措施更有效。从而在风险事件发生前,预见将来可能发生的损失并加以防范。同时应从长远考虑制定减少灾害损失的应急管理办法。

三要加强城市规划建设的气候可行性论证,开展气象灾害风险评估。根据新时期气象灾害特点和趋势,逐步改造基础设施,通过有计划、有组织、有指导和控制等过程,综合、合理地运用各种科学方法来实现其灾害风险管理目标。在城市规划编制和重大工程项目、区域性经济开发项目建设前,要严格按规定开展气候可行性论证,充分考虑气候变化因素,避免、减轻气象灾害的影响,确保大城市安全运行。

附录 4

1991 年江淮暴雨致灾因素及减灾措施

国家气候中心
1991 年 9 月 10 日

摘要：1991 年夏季，江淮流域出现了三段梅雨，分别为 5 月 19—26 日、6 月 2—20 日和 6 月 29 日—7 月 13 日。梅雨期具有来得早、雨势猛和持续时间长的特点，是近几十年来仅次于 1954 年的洪涝年。据初步统计，江苏、安徽两省的直接经济损失达 400 亿元以上。"前事不忘，后事之师"，对 1991 年发生在江淮流域的严重洪涝灾害的致灾因素进行认真分析，以便见微知著，未雨绸缪，减轻今后灾害损失。

一、1991 年洪涝期间天气气候特点

1. 汛前降雨偏多，江河湖库底水充足

1991 年入春后，江淮地区和太湖流域在 3 月 6—10 日、3 月 20—21 日、4 月 12—19 日先后出现三段连续 5 天以上的连阴雨，降雨量普遍达 300～500 mm，比常年同期偏多 2～3 倍。江、河、湖、库等蓄水量大大增加，4 月 2 日太湖水位就开始超过 3.5 m 的警戒水位，达到 3.55 m。在入汛以前就处在这样高的水位，为历史所少见。这是造成梅雨汛期暴雨洪涝灾害的主要原因。

2. 梅雨季节明显提前

正常年份，江淮地区的梅雨季节多在 6 月中旬前后开始，7 月上旬末结束，持续 25 天左右。但 1991 年，安徽 5 月 18 日入梅，江苏 5 月 21 日入梅，比正常年份提前 1 个月左右；与 20 世纪著名的 1954 年大水相比，江苏推后 5 天，安徽提前 17 天。在 3—4 月汛前雨水异常偏多、江河湖库底水充足、水位较高的前提下，梅雨季节又明显提前，再加上梅雨期间出现连续、集中的大暴雨，更使现有水利设施的调蓄、排泄功能显著减弱，洪涝灾害的危险性增大。

3. 雨季较长，雨量特大

1991 年的梅雨季节，安徽为 5 月 18 日—7 月 12 日，江苏为 5 月 21 日—7 月 15 日，均长达 56 天，比正常年份长 1 个月左右，与 20 世纪梅雨期最长的 1954 年相同。梅雨期间的降水量，安徽除淮北北部和江南局部地区外，其余地区都超过常年全年总雨量的 50%，其中有 37 个县（市）超过 7000 mm，26 个县（市）超过 9000 mm，10 个县（市）超过 1 倍以上。与历年同期相比，安徽沿淮和江淮分别为历年同期的 2～3 倍，其中沿江、沿淮和江淮东部均超过了 1954 年。江苏太湖流域和里下河地区 1 天、3 天、30 天、60 天的最大降水量和整个梅雨季雨量，都明显超过了 1954、1931 年同期降水量和常年全年总雨量。

4. 暴雨雨势凶猛强烈，落区少动

1991 年梅雨期间的暴雨雨势凶猛强烈，不但持续时间长，而且落区少动。其中尤在 6 月 8—15 日、6 月 28 日—7 月 3 日和 7 月 5—12 日等 3 个时段，整个江淮地区和太湖流域几乎天天都有暴雨或大暴雨，而且落区少动。大暴雨覆盖面积每天都在 5 个县（市）以上，特别是 7 月 5—6 日，达 31 个县（市）。这样大面积的大暴雨也是江苏、安徽两省自有气象记录以来所未曾有过的。

5. 反复受涝、灾上加灾

江淮地区和太湖流域 1991 年的梅雨主要由 5 月 18—20 日和 6 月 28 日—7 月 5 日两段梅雨中 7 次暴雨和大暴雨过程所组成。每段梅雨甚至每次暴雨和大暴雨过程，均因雨势过分凶猛强烈、落区重叠少动造成。尤其是安徽的大别山西部和巢湖地区，在地面积水尚未全部排出的 8 月 3—7 日又出现了第 8 次降水量为 100～200 mm 的大暴雨过程，形成 8 次反复受涝。

二、1991 年洪涝灾害的天气气候成因分析

1. 东亚大气环流异常

洪涝灾害形成与中高纬度稳定的环流系统调整和西太平洋副高位置的相互配置、制约有关。5 月份东亚地区上空的大气环流过早发生了季节性调整，副热带高压北抬，5 月 24 日第一次向北越过 20°N，致使该年入梅期异常地早。入梅后，西太平洋副高势力稳定，120°E 副高脊线位置维持在 20°～23°N，西南暖湿气流活跃，冷空气频繁南下。6 月 20—27 日，副高南压，梅雨中断了 8 天。28 日开始，副高再次北抬稳定在 21°～24°N。500 hPa 上鄂霍次克海上空阻塞高压形成，构成了典型的梅雨阻塞形势。梅雨锋系和暴雨带在淮河以南地区南北摆动，连降暴雨或大暴雨。直到 7 月 16 日赤道辐合带活跃北移，副高增强北抬至 27°N，7 月 15 日淮河以南出梅。直接引起梅雨带维持在长江中下游地区的西风带系统主要是位于黄渤海一带的梅雨槽，而梅雨槽深浅却又与欧亚中高纬度阻塞高压位置以及其前部冷空气补充至梅雨槽有关。也就是说，梅雨期强降水集中期出现的原因，除了副高脊线持续稳定在 20°～25°N 外，西风带中高纬度的乌拉尔山、鄂霍次克海、贝加尔湖阻高的存在是必备的条件。1991 年梅雨期共有 11 个候，存在阻高的候有 9 个。从 5 月第 5 候到 6 月第 4 候以乌拉尔山阻塞高压为主，6 月第 5 候至 7 月第 3 候转为贝加尔湖—鄂霍次克海阻高或贝加尔湖北部—鄂霍次克海北部阻高（东西伯利亚阻高）。由于阻高的稳定维持，东亚西风带出现明显的分支现象，副热带锋区显著偏南偏强，地转风急流轴稳定在 32.5°～37.5°N，迫使西太平洋副高位置异常偏南，造成我国主要雨带位置也显著偏南，滞留在江淮流域。在此极为有利于暴雨产生的背景之下，在 6 月 8 日受东移低槽和低空暖切变影响，6 月 12—14 日受静止锋影响，普降暴雨，6 月 28 日—7 月 8 日的 11 天中共有 4 次西来低槽和 1 次切变线影响，江淮地区均出现了大暴雨过程，反映出西来低槽对产生区域性大暴雨的激发作用。

2. 热带太平洋海温场异常

1991 年厄尔尼诺开始于春季，4—5 月开始进入厄尔尼诺的初期阶段，7—10 月进一步持续发展，11 月份进入盛期阶段。1991 年 1 月西太平洋暖池海温很低。因此，热带太平洋海温场的异常，是造成江淮流域洪涝的十分重要的外部因素。

三、洪涝成灾的主要原因

1. 低洼地形和封闭性水系特征

江苏里下河腹部太湖平原地形即为低洼，地势周高中低呈碟形。每逢暴雨，四周高地径流迅速向腹部汇集，极易形成涝渍灾害。太湖水系是以太湖为中心的湖泊水网系统，属吞吐型湖泊，由于太湖来水增加，排水困难，水位居高缓降，太湖水域封闭度增加，水利环境趋向恶化。随着江河来沙量增加，河流比降减小，泄洪滞缓；而且下游河道束窄，一旦出现持续暴雨，洪水壅阻，宣泄不及，积水成涝。

2. 盲目围垦湖泊洼地

随着人口增长，江淮两岸淤长的洲滩洼地不断地被围垦开发，发展成为主要的经济区域。

如太湖,自 1964 年以来全流域蓄水面积减少了 650 km²,相当于 1/4 个太湖。有 165 个湖荡被围垦,减少调蓄水面达 365.9 km²,因各种原因消亡的湖荡面积达 121 km²。里下河地区,1965 年原有湖荡面积为 992.6 km²,1980 年降为 495.7 km²,1986 年又降为 348.7 km²,1990 年只剩下 209 km²,仅为原有面积的 1/5。湖荡面积的大量减少,滞涝库容急剧下降,当发生较大洪水时,这些原来就是洪蓄泄回旋的场所,必然要受到洪水威胁,而且导致外河水位的猛涨。

3. 水利工程因素

在 1991 年抗洪涝斗争中,水利工程发挥了巨大作用。例如:滁河流域的大型水库蓄水错峰,拦蓄近 3 亿立方米洪水,驯马山引江水道与马汉河分洪道总共分泄滁河洪水总量的 70%以上。里下河地区按照"下排、上抽、中滞"的排涝原则,梅雨期内抽排涝水 4 亿立方米,占梅雨期总径流量的 54%。太湖流域上游青山、对河口、沙河等大型水库拦蓄水 3 亿立方米,环湖大堤从警戒水位 3.5 m 开始到 4.79 m 共拦蓄洪水 30 余亿立方米。但是,沿江河蓄滞洪区的水利工程建设和管理还存在着许多问题,主要反映在骨干工程与地方工程不配套,好内与好外治理速度不平衡。例如:治理太湖的十项骨干工程尚未按规划实施,反而苏州边界的青松大包围、联好工程及太湖堤防工程等地方性工程先行,其结果是堵断了不少排水河道、减少过水断面,导致 1991 年太湖排水量仅相当于 1954 年出水流量的 1/3。又如里下河好区各排涝站,流动泵外排能力达 6000 m³/s 以上,而河道外排能力只有 2400 m³/s。一遇内涝,坪区迅速向外排水,河道水位急剧上涨,甚至冲破堤坪或闸坝。

4. 法制观念差,防洪意识淡薄

尽管这几年《水法》、《河道管理条例》等法规陆续颁布,明文规定"禁止围湖造田"、"禁止围垦河流"、"阻水障碍物按照'谁设障,谁清除'的原则"、"在规定的期限内清除"、"在防洪河道和滞洪区、蓄洪区内,土地利用和各项建设必须符合防洪的要求"等,但有些单位或个人法制观念差,有法不依,有禁不止,依旧在河道上人为设置坝埂等障碍物,任意侵占行洪通道,使行洪能力普遍下降。

四、暴雨洪涝灾害带来的启示

1. 要加强水利工程设施的建设

淮河流域和长江中下游地区是暴雨的多发地带,而淮河、太湖等河流湖泊抗洪的能力非常低,我们必须进一步对其洪涝的成灾规律进行一系列研究,提出有效的综合治理方案。例如:在工程设施上应该在上游修建水库,旱时灌溉,涝时拦洪错峰;对淮河支流和小流进行水土保持治理,减少泥沙对干流和湖泊的淤积;拓宽水道,加高加固干流河堤;制止盲目围垦湖荡,清淤清障,开拓新水道;等。

2. 要提高暴雨特别是连续性强暴雨的预报能力

洪涝灾害是因气象原因而引发的自然灾害,准确及时的天气预报对减轻洪涝灾害起着不容忽视的作用。准确的长期气候趋势预测将使各级部门有足够的时间采取有力的减灾措施。但是目前以统计相关为基础做出的长期预报的可信度还不高,使用部门难以据此做出相应的决策。因此,加强长期预报的研究、提高其准确度是一项较长期的任务。

中期预报近年来借助高速计算机的发展有了长足进步,西方一些发达国家和我国均能做出 3~5 天甚至更长时效的数值预报,检验表明这类预报具有一定的可信度,而且建立在数值预报基础上的模式输出统计等方法也具有广阔的发展前景,日益准确的中期预报可为抗洪救灾赢得较充分的准备时间。

短期预报具有较高的准确度,1991年大水期间,大部分暴雨时段都为短期预报报出就是很好的佐证。但是,目前对一些突发性暴雨的预报能力还较差。例如,1991年6月12日江淮地区出现突发的大范围强暴雨,但直至暴雨出现前几小时的该日早晨,大部分气象台对其出乎意料的降水强度预报偏离较大。因此,加强暴雨特别是突发性暴雨和持续性暴雨的发生机制及预报方法的研究仍是暴雨预报的重要课题。

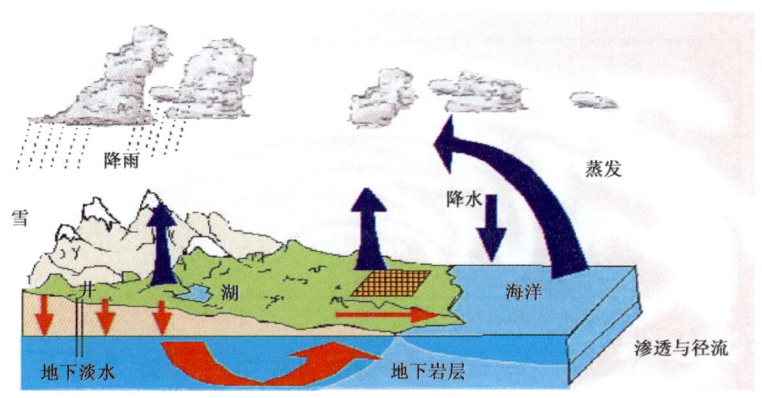

图 1.3 气候系统中水圈示意图(引自李维京 2012)

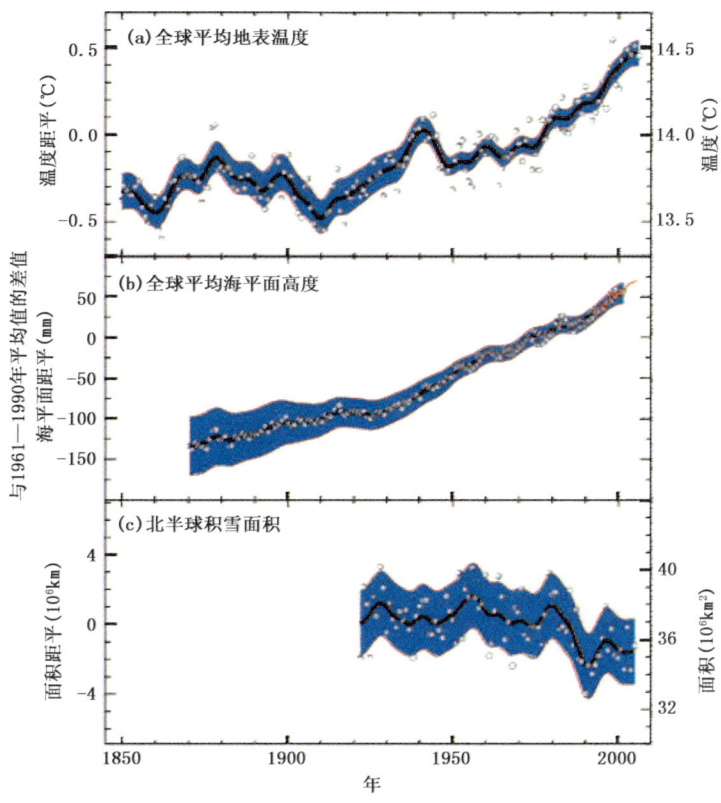

图 1.5 已观测到的全球平均地表温度(a)、分别来自验潮仪(蓝色)和卫星(红色)的全球平均海平面高度(b)以及 3—4 月北半球积雪面积(c)的变化。所有变化差异均相对于 1961 年至 1990 年的相应平均值。各平滑曲线表示十年平均值,各圆点表示年平均值。阴影区为不确定性区间,根据已知的不确定性(a 和 b)和时间序列(c)综合分析估算得出(引自IPCC 2007)

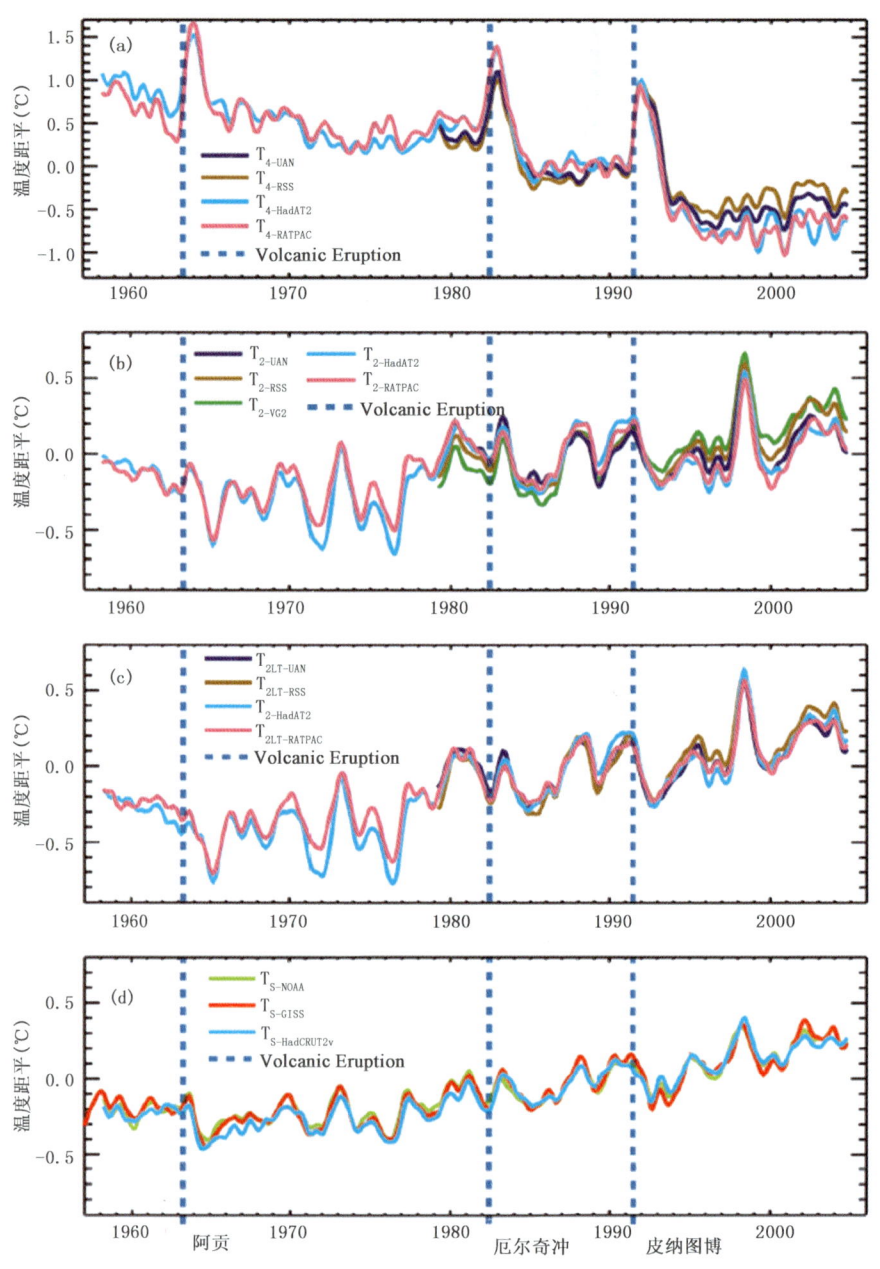

图1.6 观测的地面和高空温度距平(引自IPCC 2007)

(a)平流层低层 T_4、(b)对流层中高层 T_2、(c)对流层低层 T_{2LT},数据来自 UAH,RSS 和 VG2 的 MSU 卫星分析,以及 UKMO HadAT2 和 NOAA RATPAC 的无线电探空仪观测;(d)地表 T_S,来自 NOAA,NASA/GISS 和 UKMO/CRU(HadCRUT2v)的地表数据记录。所有的时间序列为相对 1979—1997 年的月平均异常。垂直蓝色虚线表示主要的火山喷发线

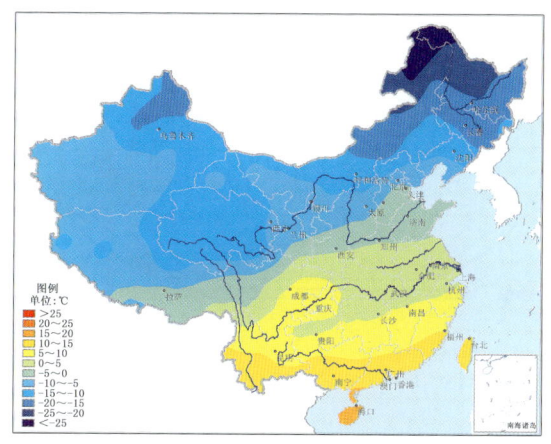

图 3.6　1971—2000 年我国 1 月平均气温分布图
（引自国家气候中心）

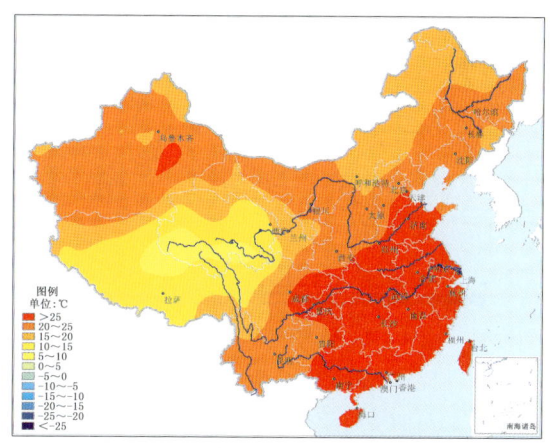

图 3.7　1971—2000 年我国 7 月平均气温分布图
（引自国家气候中心）

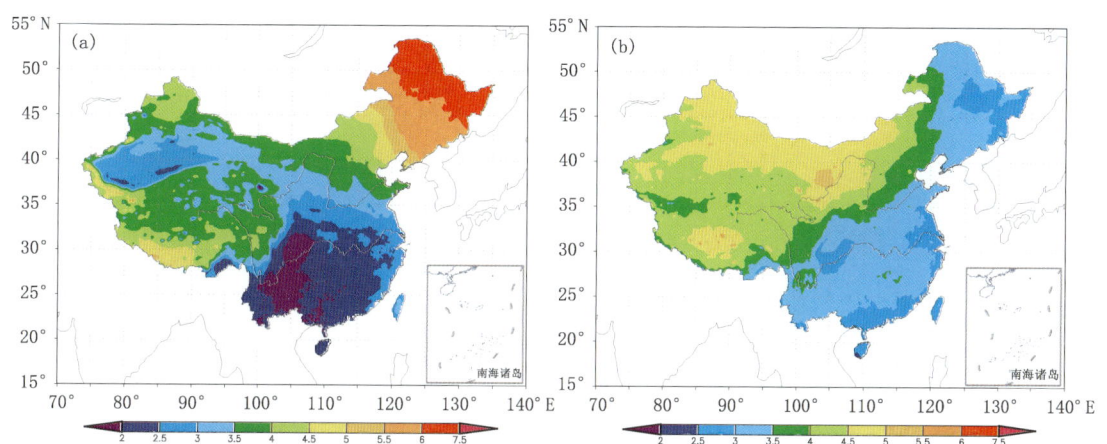

图 6.6　中国地区 21 世纪末气温的变化（单位：℃）（引自《现代气象业务丛书：气候变化业务》）
(a)区域模式模拟的冬季变化；(b)区域模式模拟的夏季变化

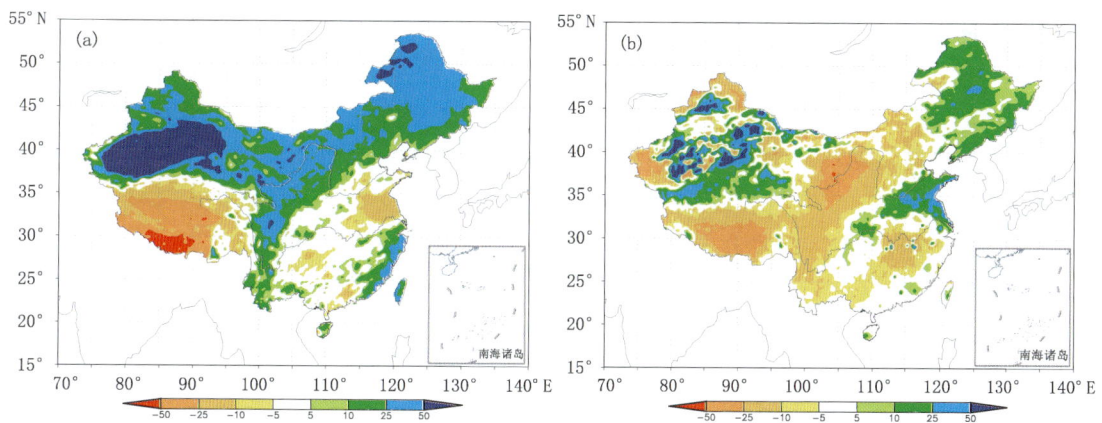

图 6.7　中国地区 21 世纪末降水的变化（单位：%）（引自《现代气象业务丛书：气候变化业务》）
(a)区域模式模拟的冬季变化；(b)区域模式模拟的夏季变化

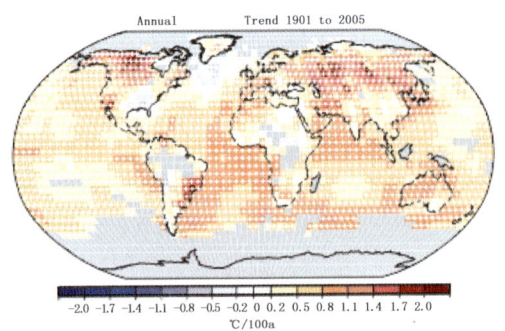

图 5.2 1901—2005 年全球表面年平均气温变化趋势的空间分布（引自IPCC 2007）

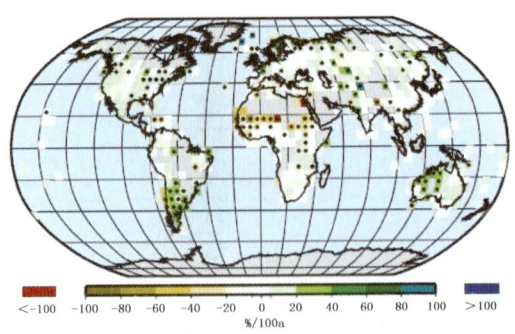

图 5.4 1901—2005 年陆地年降水量的线性趋势分布（引自IPCC 2007）

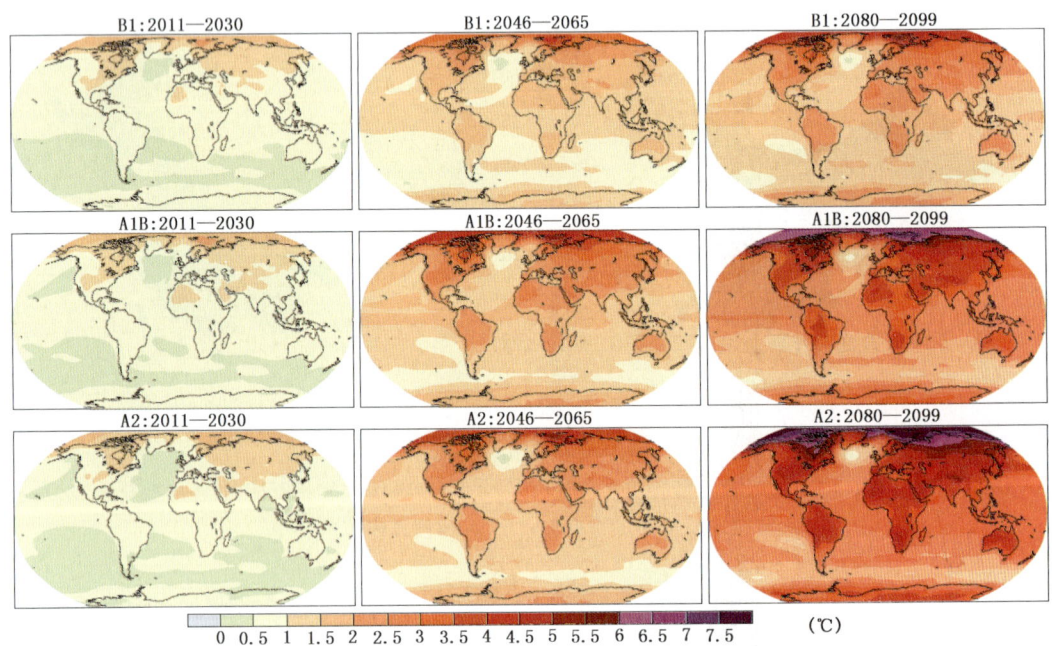

图 6.2 在 SRES B1、A1B 和 A2 排放情景下，多模式集合预估的本世纪不同时段年平均地表气温相对于 1980—1999 年平均的变化情况（引自 IPCC 2007）